0~3岁婴幼儿心理与优教

韩棣华 著

只有了解才能因势利导

上海科学普及出版社

图书在版编目（CIP）数据

0~3岁婴幼儿心理与优教 / 韩棣华著．——上海：上海科学普及出版社，2014.1
ISBN 978-7-5427-5852-1

Ⅰ．①0… Ⅱ．①韩… Ⅲ．①婴幼儿心理学－基本知识②婴幼儿－早期教育－基本知识 Ⅳ．①B844.11②G61

中国版本图书馆CIP数据核字(2013)第183430号

责任编辑　郭子安

0~3岁婴幼儿心理与优教
韩棣华　著
上海科学普及出版社出版发行
（上海中山北路832号　邮政编码200070）
http://www.pspsh.com

各地新华书店经销　上海金顺包装印刷厂印刷
开本 787×1092　1/16　印张 13　字数 260 000
2014年1月第2版　2014年1月第1次印刷

ISBN 978-7-5427-5852-1　　定价：23.80元
本书如有缺页、错装或坏损等严重质量问题
请向出版社联系调换

内 容 提 要

孩子，特别是1岁内的婴儿，既不会说话也不会走路，但他也要吃喝拉睡，也会头痛脑热，在婴幼儿期他们变化很大，"一天一个样"，"一个月比一个月灵"。那么怎样理解他们呢？本书作者根据婴幼儿身心发展的规律和特点，从他们的哭——"婴儿最初的语言"、笑——"婴儿最初的交际形式"，以及面部表情、动作姿态等方面，了解他们身心发展所需要的信号，让家长及时准确地给予恰当的满足。

本书按婴幼儿生长发育的顺序，以100个问题的形式，阐述了0~3岁婴幼儿的身心特点及其活动规律，并据此提出培育的方式和方法，再以回答在日常带孩子过程中常常会遇到的问题或困难的形式来阐述，这就使读者更感亲切和"解渴"。本书不仅注意早期开发婴幼儿的各种感知觉、记忆力、想象和思维能力，还特别注意在早期就对他们的个性进行培养。每篇后均附有对同龄婴幼儿体格发育和智能发育的测试方法。附录中选有18张表，包括婴幼儿体格发育、智能发育、科学喂养、疾病预防等资料供参考。

婴幼儿身心发育好不好关键在父母，本书为您和您的孩子准备好了必要的精神食粮，如果我们能有意识、有计划地进行科学的早期教育，那么您就会惊奇地发现，您的孩子正在健康地超常发展。

本书有一个小小的秘密希望你能发现，在书页的角落上有一个小娃娃，他在每一页上的动作都是不一样的，如果你能按一定速度翻看，这娃娃将会怎样……

● 作者简介 ●

韩棣华 1926年出生，1947年毕业于华西协合大学理学院家政系儿童专业，并获华西协合大学及美国纽约州立大学学士学位。退休前任上海市儿童医院、上海市儿童保健所高级儿童保健师，指导上海市各区县儿童保健所业务。

半个世纪以来，致力于婴幼儿保健、心理及早期教育的研究、指导、培训、咨询等工作。主编及专著有：《婴幼儿卫生习惯培养》、《婴幼儿运动能力发展及体格锻炼》、《婴幼儿家庭教养全书》等数十本书以及多种有关科学育儿的音像制品。

韩棣华曾当选为上海市第四届妇女代表，曾多次获得先进工作者称号，并获中华人民共和国卫生部授予的从事卫生防疫工作30年荣誉证书。被中国国际交流出版社收入《世界名人录》，并聘为特约顾问编委。现定居澳大利亚，并任澳大利亚医学保健咨询中心理事。

序

　　父母是孩子的第一任老师，家庭教育直接影响孩子的成长。因此，提高父母的素质，使家教科学化就成了全社会关注的大事。这方面书籍的大量出版就是一种标志。但是有些偏重于理论阐述，读者阅读以后，虽然了解了有关的理论知识，但是不知道在实际家教中如何应用，缺乏可操作性。有些则偏重于具体的方法介绍，由于这些方法多半是经验性的，因此在实际应用上又带来了局限性。本书则取这两类书籍之所长，力求避免其所短。也就是说，以孩子身心发展为经线，以家教实际应用为纬线，使介绍的具体方法，具有科学的理论依据，通过对一些方法的介绍，又能使读者获得关于孩子身心发展的科学知识。这样，在遇到新的情景时，就可以根据本书介绍的科学知识，举一反三地设计出新的家教方法。所以本书介绍的是活知识。

　　这本书为什么要以介绍心理学、幼儿教育学的知识为主，并辅以必要的生理学、医学、卫生学和营养学的知识呢？因为家庭教育是一项很复杂很细致的工作，它需要各方面的知识。父母在家庭中担当的角色，既是家长、又是教师，还应该是朋友，特别是婴幼儿的家长，还应该是一个称职的保健医生。作为家长，对孩子有义不容辞的抚养责任；作为教师，要懂得教育科学，讲究育人艺术；作为朋友，应该使孩子愿意向你倾诉衷肠，成为他的知音、知心和知己；作为保健医生，就要懂得孩子在什么时候需要进行什么样的身心锻炼，以使孩子发育得更为健康。而所有这一切，都要以对孩子的理解为依据。到理解孩子什么时候有什么样的生理、心理需要，并及时地给以满足，使其身心得到健康的发展。但是理解孩子的身心需要又是一件很难的事情。特别是婴幼儿，他们几乎天天在发展，正像本书作者说的，他们是"一天一个样"，"一个月比一个月灵"。那么怎样理解他们呢？本书作者根据婴幼儿身心发展的规律和他们的活动特点，从他们的哭——"婴儿最初的语言"、笑——"婴儿最初的交际形式"等情绪变化，以及爬行等形体动作中，了解他们发出的身心发展所需要的信号，使我们的家长能及时、准确地给以恰当的满足，从而使他们得到身心发展所需要的各种"养料"。

本书不仅注意早期开发幼儿的各种感知觉、记忆力、想象和思维能力，还特别注意在早期就对他们的个性进行培养。早期的智力开发固然是很重要的，但同样重要的个性培养，却为有些人所忽视。其实培养具有创新精神、能适应各种环境的个性品质，对于新世纪的新一代来说，是更为重要的。本书在这方面也作出了贡献。

本书按婴幼儿生长发育的顺序，阐述 0～3 岁婴幼儿的身心特点及其活动规律，并据此提出培育的方式和方法，再以回答在日常带孩子过程中常常会遇到的困难或问题的行式来阐述，这就使读者更感亲切和"解渴"。孩子好不好关键在父母，在你的孩子还未出世时就为你准备好了必要的"粮食"，这就是本书第一篇的内容。你可以根据需要随时查阅有关的题目，相信能为你解惑。当然也可以系统阅读，以获得孩子身心发展的较为系统的知识。

本书作者不但有着很好的心理学、医学、营养卫生学、幼儿教育学方面的知识，有丰富的临床经验，而且有教育孩子的亲身实践。在撰写过程中，作者又吸收了国外育儿方面的最新科研成果。因此，本书可说是融知识性、科学性、可读性和实用性为一体的读物，相信读者会喜欢它的。

为培养新世纪的新人，教育任务尤为重要，而早期教育更是重中之重。早期教育的重要性虽然已为社会认同，但是对它在孩子一生成长过程中潜在的巨大功能还认识不足，估计不足。如果我们有意识、有计划地进行科学的早期教育，那么在以后的日子里，你将会惊奇地发现，你的孩子正在健康地超常发展。愿本书能成为你育儿过程中的良师益友。

上海师范大学教授　洪德厚

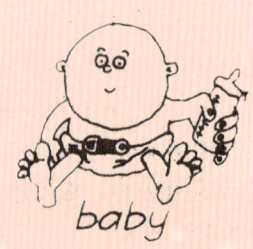

编 者 的 话

——父母要了解孩子的心理才能教育和保健好孩子

父母们，当你们的小宝宝哇哇大哭一声来到人间的时刻，你们是多么地幸福，祝贺你们！做父母是人类的天职，是一种责任也是一种享受。真正要做好父母更是一门科学，一种塑造人的艺术。不仅要学会合理地爱他，严格地对他要求，还要循循善诱地去教导他，这就需要去了解孩子的心理，还要具备养育和教育孩子的科学知识，并亲身去实践，摸索科学育儿的有效方法，可见做父母不是一件轻而易举的事。

目前我国的家庭多为独生子女，父母都是第一次尝试养育孩子，都缺少经验，若不事先做好准备，就会在养育和教育孩子的事上有所失误，那将会造成终生遗憾。人的生命只有一次，人生不能重演，孩子若因父母的无知而造成身心发展受到阻碍或损伤，这将对他的一生带来不可挽回的后果。尤其在人类生命的头三年中，这时期是孩子生长发育和智力开发以及性格形成的重要阶段，也是生理和心理发展的重要时期，孩子虽小但已具有巨大的潜在能力和惊人的学习能力，从初生起就要对他进行优育优教以保证身心健康成长。

我国的教育现在正面临着从知识教育向素质教育转变的时期。素质教育要求做一个合格的公民不仅应具备有健康的体魄、有知识修养、还要有健康的心理和良好的品德行为。由于科学发达、技术进步，使父母有条件运用新的科学技术去了解孩子的体格、智能、情绪、性格、行为等方面的变化和发展，用更新的科学去研究孩子的实际情况找出影响孩子成长的各种因素。每个孩子的成长由于其所处的家庭环境、父母的文化素质和教育方法以及社会因素、遗传因素的各不相同，而使孩子的身心发展情况也不一样。父母对孩子的养育和教育是一种创造性活动，可以各显神通，但都必须掌握各年龄时期孩子的生理和心理特点才能更好地进行优育和优教。

本书分四篇共100个题，提供父母必学的心理知识和优教方法供父母在科学育儿时作参考。其中第一篇塑造人的雕塑家，包括父母对孩子的优教认识和心理准备30题。第二篇可爱的小天使，包括0～1岁婴儿的心理与教育23题。第三篇勇敢的探险家，包括1～2岁幼儿的心理与教育22题。第四篇精灵的小能人，包括2～3岁幼儿的心理与教育25题。书后附录共有18张表，包括婴幼儿的体格发育、智能发育、科学喂养、疾病预防等资料供查阅参考。希望父母在进行心理教育的同时应注意身体保健，因为身体保健是心理健康的基础，而心理健康又可促进身体健康，两者紧密结合才能培养好健康、聪明、活泼、可爱的后代。

　　本书适合广大读者的水平，通过通俗易懂的科学理论结合实际的操作方法，图文并茂，易懂易学。本书以婴幼儿的父母及家庭成员为主要对象，并可作为托幼机构保教人员、父母学校教师及学员、医务人员及其他研究儿童的人员参阅。有不足之处请读者指正。

　　参加本书编写的有韩棣华、周璐、周枫，主编为韩棣华。本书在编写过程中承蒙上海师范大学洪德厚教授审阅指导并作序，特在此致以衷心的感谢。对于本书提供图片资料的《上海名园撷英》、罗英、朱金梅、陈涛和陶萍同志表示衷心感谢。

编　者

| 第一篇 | 塑造人的雕塑家 | 1 |

——父母对婴幼儿优教的认识和心理准备

1. 从科学的摇篮里开始 ⋯⋯⋯⋯⋯⋯⋯⋯⋯⋯⋯⋯⋯⋯ 3
   ——优生是优教的基础
2. 胎儿也要上"胎教大学" ⋯⋯⋯⋯⋯⋯⋯⋯⋯⋯⋯⋯ 4
   ——孕妇心理和胎儿的反应能力
3. 优境育新苗 ⋯⋯⋯⋯⋯⋯⋯⋯⋯⋯⋯⋯⋯⋯⋯⋯⋯ 5
   ——创设一个促使孩子身心健康的环境
4. "小花朵"的未来 ⋯⋯⋯⋯⋯⋯⋯⋯⋯⋯⋯⋯⋯⋯⋯ 7
   ——以全面发展的目标去培养孩子
5. 从启蒙老师到终身顾问 ⋯⋯⋯⋯⋯⋯⋯⋯⋯⋯⋯⋯ 8
   ——父母的天职是优教
6. 孩子是父母的"镜子" ⋯⋯⋯⋯⋯⋯⋯⋯⋯⋯⋯⋯⋯ 9
   在父母榜样中接受教育
7. "家长学校"的启示 ⋯⋯⋯⋯⋯⋯⋯⋯⋯⋯⋯⋯⋯⋯ 10
   ——教育者自身先受教育
8. 不要错过"教育的最佳期" ⋯⋯⋯⋯⋯⋯⋯⋯⋯⋯⋯ 12
   ——结合孩子心理发展的规律和特点进行适时教育
9. 优教从出生开始 ⋯⋯⋯⋯⋯⋯⋯⋯⋯⋯⋯⋯⋯⋯⋯ 13
   ——早期精神发育和智力发展的重要性
10. 教早了会损害孩子的身心健康吗? ⋯⋯⋯⋯⋯⋯⋯ 14
    ——早期教育的生理和心理基础
11. 教育婴幼儿从何着手? ⋯⋯⋯⋯⋯⋯⋯⋯⋯⋯⋯⋯ 15
    ——正确理解早期教育的内容
12. 知识不等于智力 ⋯⋯⋯⋯⋯⋯⋯⋯⋯⋯⋯⋯⋯⋯⋯ 16
    ——什么是知识与智力以及它们之间的关系
13. 大脑也需要每天"进食" ⋯⋯⋯⋯⋯⋯⋯⋯⋯⋯⋯⋯ 17

——如何促进智能器官大脑的发达
14. 早期开发智力的"钥匙" …………………… 18
　　——促使婴幼儿智力发展的方法
15. 怎样使孩子聪明 …………………………… 21
　　——培养智力品质的几个方面
16. "弱智儿"也能提高智慧 …………………… 22
　　——及早对"弱智儿"进行教育训练
17. 3岁前是"模式时期" ……………………… 25
　　——婴幼儿以模式识别方式接受教育
18. 怎样使孩子精神饱满地生活 ……………… 26
　　——按大脑皮质镶嵌式活动的规律安排生活
19. 为孩子选择喜爱的伴侣——玩具 ………… 28
　　——按孩子身心发展的特点选择合适玩具
20. 双语教育在早期同步进行 ………………… 29
　　——汉语与外语的同步培养是学语言的捷径
21. 不要将孩子关在"笼子"里 ………………… 32
　　——社会性教育与婴幼儿心理的发展
22. 爱孩子的学问 ……………………………… 33
　　——父母的爱与孩子性格的形成
23. 也要歌颂父爱 ……………………………… 34
　　——男性的个性对孩子心理的影响
24. 从孩子脸上的"晴天"和"雨天"谈起 ……… 36
　　——婴幼儿情感的特点和培养
25. 不要对孩子制造心理障碍 ………………… 37
　　——谈谈恐吓对婴幼儿心理的危害
26. "挨打诗"说明了什么？ …………………… 39
　　——体罚孩子产生的不良后果
27. 母亲研究员 ………………………………… 40
　　——用科学的方法来研究塑造人的工程
28. 孩子从小要懂"规矩" ……………………… 41
　　——婴幼儿早期的家规教育
29. "我从哪里来？" …………………………… 43
　　——早期婴幼儿的性教育
30. 孩子在想些什么？ ………………………… 45
　　——正确对待孩子的心理需求

第二篇　可爱的小天使 ··· 47
　　　　——0～1岁婴儿的心理与教育

31. 一天一个样 ·· 49
　　——新生儿的心理特点与教育
32. 一个月比一个月灵 ·· 50
　　——婴儿的身心发育特点与教育
33. "生物钟"要按时走 ·· 52
　　——建立动力定型培养良好习惯
34. 睡眠是婴儿生活中的头等大事 ································· 54
　　——睡眠既保证生长发育又促进智力发育
35. 母乳喂养是母子心灵交往的好时机 ·························· 55
　　——滋生母爱促使大脑发育形成良好性格
36. 婴儿惊人的学习潜力 ··· 56
　　——婴儿具有主动探索外界的潜在能力
37. 从摇篮曲的妙用说起 ··· 58
　　——启蒙的音乐教育
38. 哭——婴儿最初的语言 ·· 59
　　——从哭声中了解婴儿心理的需要
39. 笑——婴儿最初的交际形式 ···································· 61
　　——笑能增进社会交往和有利智力发育
40. 从躺卧到行走的变化 ··· 62
　　——婴儿动作发展的规律与训练
41. 手巧促心灵 ··· 64
　　——婴儿手的动作发展和训练
42. 体健智能高 ··· 65
　　——婴儿的体育锻炼与智能发育的关系
43. 不要忽视婴儿爬行 ·· 66
　　——爬行对婴儿身心发育的重要意义
44. 眼睛是智慧之窗 ··· 67
　　——婴儿视觉的发育与训练
45. "听"是语言的开端 ·· 68
　　——婴儿听觉的发育与训练
46. 你能辨认婴儿的体态语吗？ ···································· 70
　　——婴儿的面部表情、动作姿态与心理活动
47. 婴儿吮手指是智力发展的信号 ································· 71

　　　　——从生理和心理上理解婴儿吮手指的意义

48. 谈谈"认人"和"怕生" …………………………………… 72
　　　　——婴儿感知和记忆能力的发展

49. 吃奶和断奶的心理卫生 …………………………………… 73
　　　　——防止消极情绪影响心理健康

50. 让婴儿保持自己发展的特殊风格 ………………………… 74
　　　　——婴儿具有自己独特的个性特点

51. 婴儿玩些什么玩具？ ……………………………………… 76
　　　　——适合0～1岁婴儿身心发展的玩具

52. 你的婴儿发育正常吗？（一） …………………………… 77
　　　　——0～1岁婴儿体格发育测试

53. 你的婴儿发育正常吗？（二） …………………………… 79
　　　　——0～1岁婴儿智能发育测试

第三篇　勇敢的探险家 …………………………………… 83
　　　　——1～2岁幼儿的心理与教育

54. 婴儿向幼儿过渡时期的变化 ……………………………… 85
　　　　——1～2岁幼儿的身心发育特点和教育

55. 最初的行为习惯不可忽视 ………………………………… 86
　　　　——运用条件反射和条件抑制培养行为习惯

56. 清晨，怎样诱导孩子自然觉醒起床 ……………………… 87
　　　　——正确理解孩子的睡眠生理过程及睡眠状态

57. 让孩子愉快地进餐 ………………………………………… 88
　　　　——保持良好的情绪进餐能促进身心健康

58. 孩子摔跤的"学问" ……………………………………… 90
　　　　——1～2岁孩子摔跤动作训练及意志培养

59. 不能说的一句话 …………………………………………… 91
　　　　——孩子适应集体生活的心理准备

60. 从学一个词到说一句话 …………………………………… 92
　　　　——1～2岁幼儿语言发展的特点与培养

61. 念儿歌、学说话 …………………………………………… 93
　　　　——儿歌是幼儿早期学说话的阶梯

62. 让孩子"迷恋书"的诀窍 ………………………………… 96
　　　　——促进孩子早期认知的有效方法

63. 真像个小小"探险家" …………………………………… 97
　　　　——孩子的好奇心和探索行为的发展

64. 不要忽视第六感觉 ·············· 99
    ——重视对孩子直觉的培养

65. 在"扔东西"中长见识 ············ 100
    ——孩子自我意识萌芽期的认识过程

66. 孩子为什么喜欢撕书？ ············ 101
    ——撕书是孩子自我意识表现的一种方式

67. 孩子为什么咬人？ ·············· 102
    ——1~2岁幼儿特有的与人交往方式

68. 孩子发脾气怎么办？ ············· 103
    ——从心理上正确对待孩子的消极情绪

69. "别哭！我扶你起来！" ··········· 105
    ——及早对孩子进行情感教育

70. 从孩子注意看蚂蚁说起 ············ 106
    ——从小培养孩子的注意力

71. 怎样使孩子记得又快又好 ··········· 108
    ——早期孩子记忆力的培养

72. 散步是实施早教的好时机 ··········· 109
    ——散步有助于孩子体智德美全面发展

73. 两只巧手比一只巧手好 ············ 111
    ——发挥大脑左右半球的功能促双手动作协调发展

74. 2岁儿玩什么玩具？ ·············· 112
    ——适合1~2岁幼儿身心发展的玩具

75. 怎样知道2岁儿的发育水平？ ········ 113
    ——1~2岁幼儿体格发育与智能发育的测试

第四篇 精灵的小能人 ··············· 117
    ——2~3岁幼儿的心理与教育

76. 小能人的成长 ················· 119
    ——2~3岁幼儿的身心发育特点与教育

77. 不要让孩子养成"拖拉"的习惯 ······ 120
    ——注意从小培养孩子的时间观念

78. 伶牙俐齿、能说会道 ············· 121
    ——2~3岁幼儿语言发展的特点和培养

79. 故事——孩子的精神食粮 ·········· 123
    ——讲故事的作用和孩子的心理特点

80. 一问一答增长智慧 ············· 124

——培养孩子的语言和思维能力

81. 先学"猜猜看"后学"猜谜语" ………………………………… 126
　　——培养感知、想象和思维能力的好方法

82. 往大脑图书馆多储藏"书" …………………………………… 128
　　——感知经验的储存和运用

83. 你看！"2"像不像小鸭？ ……………………………………… 129
　　——在生活中运用实物形象教幼儿识数

84. 在地球仪上找姨妈 ……………………………………………… 131
　　——抓住兴趣苗子培养认识能力

85. "我家里有小轿车"——是想象还是撒谎？ ………………… 132
　　——正确理解孩子特有的"假想行为"

86. "我妈妈有一条尾巴" ………………………………………… 134
　　——想象力培养的最初阶段

87. "得宠"与"失宠"引起的嫉妒 ……………………………… 136
　　——如何疏导孩子的嫉妒心

88. 孩子的过失和"破坏行为" …………………………………… 138
　　——从生理和心理上理解孩子的"破坏行为"

89. 什么都想自己干 ………………………………………………… 139
　　——正确理解和对待孩子的"第一反抗期"

90. 用扫帚柄开灯 …………………………………………………… 141
　　——创造性思维培养的初始阶段

91. 小树要经得起风霜 ……………………………………………… 142
　　——适当的"劣性刺激"能锻炼孩子心理承受力

92. 不可忽视暗示效应 ……………………………………………… 144
　　——暗示对孩子心理和行为的影响

93. 孩子争吵不一定是坏事 ………………………………………… 145
　　——在争吵中学会辨别是非和与人相处

94. 音乐——开启孩子智慧宝库的"金钥匙" …………………… 147
　　——婴幼儿的音乐启蒙教育

95. 画出心中的世界 ………………………………………………… 148
　　——早期绘画着重培养孩子的想象力

96. 孩子能经常看电视吗？ ………………………………………… 150
　　——电视对幼儿身心发育的影响

97. 让孩子欢欢喜喜渡过人生的第三关 …………………………… 152
　　——培养孩子对新环境的适应能力

98. 在玩中学习 …………………………………… 154
　　——玩是最适合孩子心理需要的学习方式
99. 3岁儿玩什么玩具？ ……………………………… 155
　　——适合2～3岁幼儿身心发展的玩具
100. 怎样知道3岁幼儿的发育水平？ ………………… 157
　　——2～3岁幼儿体格发育和智能发育的测试

附录 ………………………………………………………… 159
　一、婴幼儿体格发育指标参考表(上海地区,2005年制定) … 159
　　1. 市区0～6岁男童体格发育五项指标评价参考值 ……… 159
　　2. 市区0～6岁女童体格发育五项指标评价参考值 ……… 161
　　3. 郊区0～6岁男童体格发育五项指标评价参考值 ……… 163
　　4. 郊区0～6岁女童体格发育五项指标评价参考值 ……… 165
　　5. 0～6岁男童按身高测体重 …………………………… 167
　　6. 0～6岁女童按身高测体重 …………………………… 168
　二、小儿身高、体重、出牙计算公式 ……………………… 169
　三、乳牙萌出的时间与顺序表 ……………………………… 169
　四、婴幼儿智能发育筛查(丹佛)参考表 ………………… 170
　五、婴幼儿饮食和睡眠时间表 ……………………………… 172
　六、婴儿辅助食品添加顺序表 ……………………………… 172
　七、婴儿每日食品摄入量参考表 …………………………… 173
　八、幼儿每日食品摄入量参考表 …………………………… 173
　九、儿童每日膳食中营养素供给量 ………………………… 174
　十、儿童主要食物中铁的吸收率比较(%) ……………… 174
　十一、常见食物成分表(食物100克的含量) …………… 175
　十二、计划免疫程序表 ……………………………………… 187
　十三、常见传染病的潜伏、隔离和检疫期限表 …………… 187
　十四、出疹性疾病的鉴别 …………………………………… 188
　十五、小儿外科选择性手术年龄参考表 …………………… 188
　十六、最常用化验的正常值 ………………………………… 189
　十七、家庭常备药物参考表 ………………………………… 190
　十八、家庭通用量器与法定计量单位比较 ………………… 192

第一篇　塑造人的雕塑家

——父母对婴幼儿优教的认识和心理准备

1. 从科学的摇篮里开始

——优生是优教的基础

父母在迎接新生命诞生时,不仅要建造生活的摇篮,而且还要建造科学的摇篮。使孩子在整个成长过程中,以家庭为起点,以科学育儿为始端,随着孩子年龄的增长,紧密地配合托儿所、幼儿园、学校及社会教育,促使孩子处于不断完美的优教中成为德、智、体、美全面发展的优质人才,这既是父母的愿望,也是国家建设的需要。

要实施优教,必须以优生为基础。"优生"是生得"优"与"优教"是教得"优"紧密联系在一起的,只有以"优生"为基础,再加上"优教"才能保证孩子身心健康的发展。

有些青年父母仅仅在怀孕以后,注重保健、营养,认为这样就可以优生,其实这只是一个方面。要做到优生,必须从恋爱开始到结婚、怀孕、分娩,以至新生儿出生层层把关,才能实现这个愿望。

首先,要从优生的角度来选择配偶。有些青年人在谈恋爱时,只注重外表、感情,而草率地与有遗传病的患者或近亲结婚。等到生出的后代是痴呆儿或畸形儿后则后悔不已。世界人群中有遗传负荷的约占人口的10.8%,这些遗传病都有先天性、终身性、遗传性,仅我国先天愚型就有300多万人。若对这些孩子进行优教,给予智力投资,只能事倍功半。

其次,应在生育年龄和怀孕的时机把关。生育年龄关系到后代的身心健康,女性最佳生育年龄为25～29岁,最迟不超过30岁。若超过35岁,妇女年龄过大,卵细胞发生畸变的可能性增加,出生畸形儿的可能性也较大。选择适宜的受孕时机很重要,最好不要在新婚及旅行期受孕,以免在疲劳状态时受孕,影响精子和卵子的质量。为优生选择最佳期,应在婚后经过一段时间,感情更加深厚,双方生活能相互适应,协调一致时受孕。受孕最理想的月份是每年7～8月,因受孕后的3个月中,正是胎儿大脑皮质细胞发育的时期,此时夏末已过,秋高气爽,瓜果蔬菜多,利于母体摄取营养。有助于胎儿发育,而到隔年4～5月新生儿出生时,正值春末夏初,气候适宜于新生儿护理与生长发育。

其三,在怀孕及分娩过程中把关。此时期要注意影响优生的各种因素:如孕母的健康、营养、精神状态,以及所处的环境等因素。因为早在出生前,胎儿已在孕母的子宫中感受大自然和人类社会。借助母体对她的影响,母亲的生理和心理状态、生活习惯和生活方式都将影响胎儿的成长,对胎儿施加良好的科学生理、心理的作用和影响,能使胎儿在遗传基础上获得最佳发育。反之,孕母怀孕时营养不良,患有严重的疾病(如活动性肺结核、糖尿病、精神病或风疹、巨细胞病毒感染),服过有毒性的药物,受到

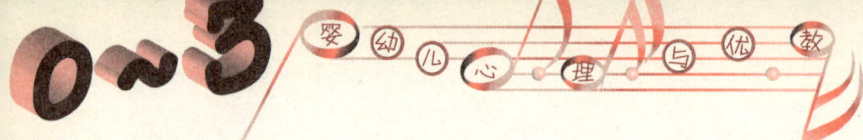

环境有害气体、水质的污染,以及孕期中受巨大的惊吓,强烈的精神刺激等都会对胎儿施加不良的、反科学的作用和影响,而使胎儿发育受到严重阻滞、伤残,甚至造成胎儿夭折,如生下的是聋儿,不能培养成音乐家,生下后有先天性心脏病,不能培养成运动员;生下来是白痴,更不能培养成才。这说明生得"不优"也无法教得"优"。

因此,青年夫妇要在优生的基础上为未来的"小公民"的"优教"做好一切准备,严格地进行婚前检查、遗传咨询、定期产前检查、密切注意胎儿生长发育情况,并加强孕期身心保健和胎教。这样才能使孩子获得优生,并在科学的摇篮里,为接受优教打下良好的基础。

2. 胎儿也要上"胎教大学"

—— 孕妇心理和胎儿的反应能力

你听说过胎儿也要上"大学"吗?

胎儿上"胎教大学",这是人生最早接受教育的阶段。

美国加利福尼亚州希霍市产科专家凡特卡医师于1979年创办了一所"胎教大学",专门教导孕妇如何对胎儿进行教育。从怀孕4个月开始到新生儿出生为学习时期,凡是毕业的新生儿都戴上"博士帽",照一张毕业像,载入该校的史册,并记录有关资料,便于今后进行科研追踪,以了解胎儿教育的成效。

该校胎教的方式是通过有计划、有系统的教育对胎儿说话、给她听音乐,以及用手去抚摸、轻拍母腹等动作,对她进行训练。

"胎教大学"的课程有语言教育、音乐教育和运动训练等3门主课。

语言教育:要求孕妇用扩音器把简单的单词或词组向母腹中的胎儿一再重复播放。特别是在出生前1个月,母亲可以经常讲一些出生后6个月以内经常要讲的词。如吃奶、奶瓶、张嘴、尿布、毛巾、灯、爸爸和妈妈等,还可以在此时给胎儿取名字,每天叫她的名字。这样的胎儿在出生后,已经掌握了不少词汇,而隐隐约约地懂得它们的意义,特别是听见叫她的名字时有欢乐的反应。

音乐教育:母亲将玩具乐器或录音机放在自己腹壁上,使胎儿能感知奏出的音乐声,每天给胎儿听音乐的次数为2~3次,一般可安排在早、中、晚各一次,每次为5分钟左右。

运动教育:主要是训练腹中胎儿踢腿动作,从胎儿5个月开始,每天上两课,每课5分钟,母亲或父亲用手轻轻拍打胎儿脚踢的位置,以后胎儿学会在成人用手压按之处作出反应。

这3门课也可以配合在一起上,如胎儿7个月时,母亲可将语言课和运动训练结合起来进行。一面讲一些单词:"拍一拍"、"摸摸你"、"捏呀捏"、"搓一搓"等词组,一面在腹部做拍、摸、捏、搓的动作;或者一面听音乐,一面做抚摸动作。

这所"胎教大学"创办的目的,并不是为了孩子都能成为智力高超的婴儿,而是使胎儿发育正常及精神发育水平更高。凡特卡医师说:通过"胎儿大学"学习的胎儿,出生后都有很强的反应能力及学习能力,她们与众不同,有的胎儿在出生后4个月已会说"Hello"("哈罗"是对人的招呼语)。有的出生不久就会用手摸母亲的脸。这些罕见的现象在未经过"胎教"的婴儿中是从未见到的。

其实,胎教并不是外国的新发明,早在祖国医学中《黄帝内经》一书就曾有胎教的论述,认为胎儿在母亲体内并不是恬恬入"梦",而是一开始就接受母亲的生理、心理变化的影响,因此,要求孕妇在孕期清心养性,避免七情(喜、怒、忧、思、悲、恐、惊)所伤。母亲的喜怒哀乐通过神经递质的变化,影响胎儿的生理机能。据《史记》中胎教最早的记载,"太任有娠,目不视恶色,耳不听淫声,口不出傲言",论证了孕妇的精神活动可以影响胎儿的健康,也说明胎儿可以通过母亲的心理活动接受教育,母亲心理状态的好坏会影响到胎儿的身心发育。

胎儿要在母体内生存280天左右,她的生长发育与孕母的生理和心理上的变化息息相关。在生理上,胎儿从母体摄取营养借以发育成长。在心理上,孕母和胎儿之间虽无精神联系,但通过孕母的情绪能改变植物神经活动,从而影响激素,并通过血液渗透过胎盘,传递信息影响胎儿。因此,何以依据母亲的情感活动来促进胎儿感觉器官的发育。当胎儿的耳、眼等感觉器官日臻完善后,对母体的血流声、谈话声和她的呼吸、心跳、关节动作的声音,甚至对外界的音乐、噪声等各种声响都能有感觉而会产生反应。年轻的父母不应忽视这一时期对胎儿的优教育胎和对孕母自身的优境养胎,使孕母有一个优美的生活环境、舒畅的心境,良好的心理状态,可使胎儿有较强的反应能力,易于接受胎教。若能注意这些方面,你的胎儿出生后,将会是一个身心健康,反应灵敏的小天使。

3.优境育新苗

——创设一个促使孩子身心健康的环境

新生儿来到人间,家庭应具有一个良好的环境,使孩子顺利地适应新生活,健康地成长,优境育新苗不仅需要良好的物质生活环境,还需要有良好的精神生活环境,才能保证孩子身心健康地成长。

家庭的物质生活环境对孩子的影响很大,如婴幼儿需要有空气新鲜的住房、促进生长发育的营养食品、有利于教育的玩教具,以及医药保健用品和设备等都直接与孩子的优育优教有密切的关系。有的家庭住房条件好,但家长喜爱吸烟,室内烟雾缭绕、空气混浊,无形中影响了孩子的身体健康。有的家长花高价购买各种高级

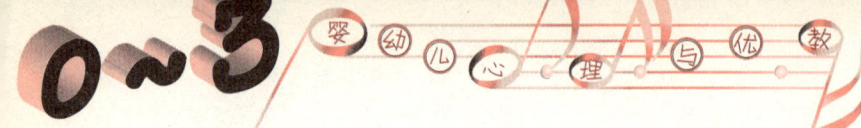

营养补品,但饮食安排不平衡、喂养不当,造成孩子营养不良或营养过剩,有的甚至成了肥胖儿,影响智力发育。有的家庭经济条件好,花了昂贵的代价买来不合适的玩具,孩子只能看不能玩,一不小心就弄坏、搁置一旁成废物。还有些家庭忽视了适合孩子身体的桌、椅、床等设备,以致影响孩子骨骼的生长发育及正确的姿势。因此,家庭要根据孩子每一时期的年龄特点及身心发展的需要,安排好孩子的物质生活环境。

家庭的精神生活环境对孩子的影响更为重要。科学家曾做过一项实验:用同等的两只小白鼠放在不同的环境中生活,一只小白鼠生活在能看、能听、能玩的正常环境中生活;一只小白鼠的笼子用黑布遮盖,既看不见又听不见,仅按时供给维持生命的食物和水。经过一段时间后,发现前者生长发育好,后者发育差,功能退化。此实验说明动物受环境的影响,成长后的差别很大。在我们人的社会里,也有许多古今中外的例子说明精神生活环境的作用。

我国明代朱棣夺取皇位时,曾将建文帝之幼子关了50年之久,虽每日供给食物维持生命,但释放时已成白痴。印度一婴儿被狼叼去后,在狼群里生活了8年后又回到人类社会,她的一切发展都大大落后于同龄正常儿童,后来经过9年的人类生活获得正常教育和精神生活,到了17岁时,她的智力也只相当于3～4岁孩子的水平,心理发展极不正常。这说明在人生的早期,没有良好的环境和教育,会严重地影响到孩子的身心健康。

美国的威廉·詹姆士·赛兹是一位著名的心理学家,他出生后就开始在良好的精神生活环境中接受教育,3岁时能读、写,6岁入小学,8岁进中学,11岁进入哈佛大学,15岁毕业后并取得博士学位。德国的卡尔·威特,出生时智力平庸,但通过他父亲创设的良好精神生活环境,并有目的、有计划的教育,3岁识字,8岁时学会6国语言,9岁考上莱比锡大学,14岁获哲学博士学位,16岁获法学博士学位,并担任大学教授之职。我国古时,人才辈出于良好环境的教育者也不乏其人,如"孟母教子三迁"使其子孟轲成才。近年来,我国有越来越好的精神文明的社会环境和教育,各行业的优秀人才不断涌现,在音乐、体育、数学、物理、文学、医学、工业等方面具有世界先进水平的人才不胜枚举,这都说明家庭的小环境和社会的大环境为孩子在早期创造的精神生活环境和科学的教育方法,对培养孩子是至关重要的。

家庭的环境中还应注意家庭的气氛,家人要和睦相处,相互关心,尊老爱幼。孩子也会情绪良好、健康、愉快。相反,父母吵架,婆媳不和,会使孩子心灵受到伤害。精神上受到压抑,对孩子的身心健康发展极为不利。

因此,优境育新苗,是一代新人成长的大事,父母在孩子成长的先天条件——良好的遗传,获得优生的基础上,努力去为孩子创造成长的后天条件——良好的环境(包括教育),使孩子身心健康地茁壮成长。

4. "小花朵"的未来

—— 以全面发展的目标去培养孩子

"孩子是祖国的花朵、人类的希望和未来。"可是"小花朵"的未来是个什么样子？许多年轻的父母未必认真地考虑过。有的父母对孩子过分娇宠、溺爱，只顾眼前欣赏这枝小花朵的美丽，不管将来成长的后果，以不适当的爱去"浇灌"，而使这枝花尚未盛开就早早地被"淹没"了。有的父母认为"树大自然直"，对孩子听之任之，未在早期教育的关键时期精心培育，而使"小花朵"过早枯萎、凋谢或畸形生长。我们对待孩子不能只陶醉于目前这支盛开的小花上，而应及早注意培养小花朵在未来能结成什么样的果实。这就要有一个正确的培养目标。我国的教育方针是："使受教育者在德育、智育、体育几方面都得到发展，成为有社会主义觉悟，有文化的劳动者。"这是各个教育阶段的共同目标，这个目标也就是父母教育子女最好的指南。

婴幼儿的早期教育也应该根据这个教育方针结合这时期的年龄特点和发展水平来进行。只有这样，才能使孩子成长为体魄健壮、智力发达、品德良好、富于创造性、有进取心、性格坚强的社会主义崭新的一代。

健康的体魄是孩子全面发展的物质基础，是保证孩子活动、学习及成长后劳动、工作的重要条件。因此，从小要培养良好的生活习惯和卫生习惯，保证供应生长发育所需的营养及合理喂养，发展基本动作，增强活动能力，进行适宜的锻炼，以及做好预防疾病的工作等都必须在早期进行。如果不重视，孩子体弱多病，不仅影响身体发育，而且会影响智力的发展和道德品质的形成。在婴幼儿时期体魄是具有特殊的价值，它将放在培养目标的首位。

智力的开发是采用多种科学的方法，全面地促进孩子的感知、观察、注意、记忆、想象、思维和语言、实际操作以及创造性等方面能力的发展。从初生开始，及时地发展感知觉，教会孩子学说话；通过认识自然和社会，教给简单的知识；启发孩子的求知欲，学习思考和提问题；培养学习兴趣以及学习的好习惯。虽然婴幼儿时期，孩子能掌握的知识和具有的能力是有限的，但孩子的智力能充分发展，对学习有极大的兴趣，将是进一步掌握知识，为入学打下良好基础的重要条件。智育对婴幼儿极其重要，因为这时期是智力的生理基础——人脑的细胞发展最迅速的时期，又称关键期，此时孕育着婴幼儿极大的智慧潜力，如能正确引导，则为将来成才打下良好的基础。

品德的高尚是孩子全面发展的方向。婴幼儿时期的品德教育也是围绕爱祖国、爱人民、爱劳动、爱科学及爱护公共财物的"五爱"教育，采用简单易懂的方法来进行，并结合实际生活培养孩子诚实、勇敢、团结友爱、有礼貌、守纪律等优良品德和行为习惯。婴幼儿

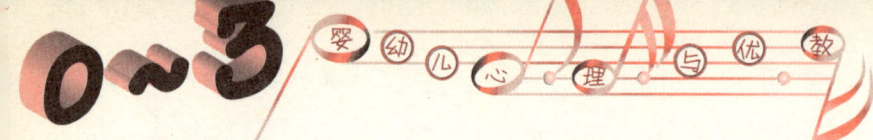

时期可塑性很大,可以趁着孩子头脑中有关品德行为的条件反射联系处于"空白"状态时就以良好的行为模式去"先入为主"的灌输给他,就能为以后形成高尚的品德奠定坚固的基础。

美的感受和审美能力的培养,是通过接触大自然和社会生活中的美好事物来对孩子进行教育,感化孩子的心灵,培养高尚的情操。孩子在生动、鲜明、优美的艺术形象、声音和语言中获得美的感受及对美好事物的兴趣和爱好。音乐、图画、儿歌、故事等对婴幼儿有很大的吸引力,能激起其学习音乐、美术、艺术的兴趣和简单的技能,发展想象力、创造力,并孕育着美好的心灵和初步的审美能力,为培养心灵美、仪表美、语言美、行为美,区别美和丑的能力创造有利的条件。

体、智、德、美四育作为培养孩子的目标是互相联系、不可分割的,不能对任何一方面有所偏向,如果孩子体弱多病,品德不好,那么他的智力也难以充分发展。若父母只重视孩子智力的开发而忽视品德的培养,将来也很难保证他能把聪明才智贡献给国家。当父母带孩子去郊外春游时,除了让孩子尽情地欣赏大自然美景进行美的教育以外,还能激发孩子愉快的情绪、消除疲劳、促进健康。并能开阔视野、增长知识,促使智力发展。使他小小的心灵中迸发出热爱祖国的山河、花草、树木、田野的感情,从中孕育着孩子的良好品德。因此,父母在辛勤培育你们可爱的"小花朵"时,千万不要忘记以全面发展的目标去培养孩子。

"小花朵"的未来世界,将是科学技术高速发展的新时代,他不仅要具有健康的身体,良好的品德行为和习惯,还要求他兴趣多样、知识面广、思想活跃、活泼勇敢、反应灵敏,将来能具有开拓精神、创造才能、洞察能力和竞争能力,以适应未来高速度发展的需要。而这一切都要从婴幼儿时期进行早期培养。

父母们,在你们的精心培育下,通过教养实践、探索科学培育途径,你们的"小花朵"将来会结出丰硕的果实!

5. 从启蒙老师到终身顾问

—— 父母的天职是优教

孩子出生后,最初接触的人是父母,特别是母亲,第一个给他哺乳,使他感到温暖、安全,生理上得到满足,在成长的过程中,也都是父母教会他游戏、走路、说话、认识周围事物,适应社会生活和自然环境。父母每天与孩子朝夕相处,每时每刻都通过自己的思想、感情、言语、行为,以及生活习惯等影响着孩子,不管父母愿不愿意,孩子都会在与你们的生活中潜移默化地接受着教育。

你不妨分析一下,目前你所具有的兴趣、能力、情感、意志、性格的特点,以及道德品质和行为习惯的形成,往往是与你童年时期父母对你的教育分不开。这些最初的影响往往终身难忘。这些都是父母在孩子生活的早期给予启蒙教育的影响,因此父母是孩子的第一任教师,从孩子出生起已担负起教育孩子的天职。

家庭对孩子教育的影响,不同于托儿所、幼儿园、学校,这些教育机构的教师是在孩子成长的某一个时期影响着孩子。在孩子的一生中可以接受许多不同教师的影响,而家庭则不同,孩子和父母在一起的时间比任何教师都长,甚至到他长大成人,踏上工作岗位,成家立业之后,还和父母保持着亲密联系,受到父母的启示和教导。因此,父母不仅是孩子的启蒙教师,还常常成为孩子的终身顾问。如伟大的革命导师列宁的父亲是一个忠于事业,有远大理想的人。虽父亲早死,但父亲早期的教导令他终身不忘。父亲的言行给予了列宁启蒙教育,使列宁对革命、对理想有坚定的信念。从古到今,许多父母的早期启蒙教育,反映在知识、技能各种职业的"传统"方面,形成了许多"世家",如"中医世家"将祖国的医学代代相传,此外还有"音乐世家"、"国画世家"、"书法世家"等等,这些孩子在父母的启蒙教育下,产生了浓厚的兴趣、爱好来专心学习。父母是他的终身顾问,甚至影响着孩子的一生。

目前,有些父母常强调工作忙,没时间教育孩子,将教育的责任推卸给家中老人、保姆,或托儿所、幼儿园、学校的教师,而自己仅仅充当配角。这是对孩子不负责任的表现。现代家庭一般仅有一个孩子,父母应认识到自己是教育子女最主要的教师,从启蒙教育到终身顾问是一个很艰辛的教育过程,应该履行父母的天职,做好优教,使孩子成为优秀的后代。

6. 孩子是父母的"镜子"

——在父母榜样中接受教育

古人常说:"有其父必有其子"。这是指父亲的榜样对孩子所起的作用。心理学研究指出:"模仿是人类最基本的学习手段之一。"孩子从生命开始的第一年就学会了模仿。整个婴幼儿时期,模仿是一种重要的心理特点。这时期,孩子对父母生活上的依赖,感情上的亲近和依恋,在孩子的心目中父母是最有权威、无所不能的"英雄"。于是父母的一言一行、一举一动都自然地成为他的模仿目标。因此,孩子是父母的"镜子"。从孩子这面"镜子"里,可以看到父母自己的影子。

家庭教育的成功与失败,常常取决于父母的榜样。父母的好榜样对孩子的成长起着良好的作用。如著名的文学家老舍,早年丧父,与母相依为命。老舍从小爱花草、爱整洁、讲礼貌、守秩序。长大后性格豪放,富有不屈不挠的精神,这些都是从母亲身上学来的。他说:母亲给他的是"生命的教育",也就是从无声的榜样中获得的教育。反之,家风不正,父母不良的思想、作风、品德、行为习惯,也容易为孩子模仿,甚至会使孩

子走上邪路。如有的父母喜贪小便宜,随意将公家的东西拿来私用,孩子也会模仿着将托儿所、幼儿园的玩具拿回家自己玩,有的父母对此不以为然,不去教育,久而久之,孩子就会养成小偷小摸的坏行为。笔者看到一位父亲,当邻居向他借自行车去办急事时,他撒谎说:"自行车给孩子的妈妈骑走了"。其实自行车藏在家里,不肯借。哪知,孩子的小眼睛将父亲的所作所为看在眼里记在脑里。当邻居的小朋友来向他借皮球玩时,他也模仿父亲的样子说:"皮球不见了。"从此孩子就学会了撒谎。鲁迅曾说:"父母许多精神上物质上的缺点,也可以传给子孙。"由此可见,父母的榜样对孩子的影响是多么巨大。

随着孩子年龄的增长,他的认识能力和分析能力也逐步地提高,加上进入了托幼机构及学校后,听从老师的教导和以教师为榜样,这时对自己父母的所作所为,逐渐有了自己的"见解"和"评价",他不像过去那样盲目地"崇拜"父母。如果父母所讲的和所做的不一致,都瞒不过他,他也会提出异议,不像过去那样"言听计从"了。如有的父母要求孩子学习好、守纪律,而自己既不学习又不看报,乘车既不排队还要抢座位;有的父母要孩子爱劳动、尊敬长辈、有礼貌,而自己在家里事事要老人服侍,百般苛刻老人,甚至虐待;有的父母要孩子与人友好、不要打架,而自己却和邻居小吵大打,矛盾不断。这样的父母,言行不一致,不能以身作则,这样的榜样就会产生不良的影响,一旦孩子有了正确的是非观念,父母的权威性就会降低,孩子就不会顺从听话,也不愿接受父母的教育。

常言说:"要正人先正己"。"其身正,不令而行,其身不正,虽令不从"。父母教育子女,一不靠上课,二不靠书本,而是靠行动。教育浸注在全部的生活中,正如苏联教育家马卡连柯所说:"不要以为你们和儿童谈话的时候才执行教育儿童的工作。在你们生活的每一瞬间都教育着儿童。甚至当你们不在家里的时候……你们如何穿衣服,如何和另外的人谈话,如何谈论其他人;你们如何欢乐和不快,如何对待朋友和仇敌,如何笑,如何读报纸……所有这些对儿童都有很大的意义。"因此,父母要加强自身的修养,严格要求自己,以模范行动去影响孩子,树立良好的榜样,让孩子在父母的榜样中接受教育,获得教益。

7. "家长学校"的启示

——教育者自身先受教育

苏联当代著名的教育家苏霍姆林斯基为了提高家长的素质,创办了"家长学校"。这所学校从学龄前到中学共分5个班。孩子入学前两年,家长先入学,等到孩子中学毕业,家长也同时毕业。学习的内容分为140个题,包括:

心理学知识	24个题	(其中学前班4个题)
德育知识	79个题	(其中学前班15个题)
智育知识	19个题	(其中学前班5个题)

体育及生理知识　　　　　11个题　　（其中学前班5个题）
美育及其他知识　　　　　7个题　　（其中学前班2个题）

　　从学习内容中可见心理学知识和德育知识占总数的73.5%（共有103题）。尤其是学前班的心理学和德育知识的谈话题有19题，占学前班总数的61.3%。这说明家长学校要求家长首先要掌握孩子的心理特点，重点培养孩子良好的思想品德和行为习惯，这也是家庭教育的主要内容。通过学习，家长懂得了教育孩子的任务是如此的重要，不仅要根据孩子各年龄时期身心发展的特点来进行教育，还必须加强自身的修养，不断地在实践中学习才能成为一个称职的教育者。

　　家庭教育是一门综合性的科学。它涉及到优生学、生理学、卫生学、营养学、心理学、教育学、人才学、伦理学，甚至与美学也有关。要使孩子身心健康地成长，做父母的除了要加强自身的修养外，还应该掌握有关家庭教育的科学知识，才能运用科学的方法对孩子进行教育。"教育者必先受教育"。实践证明：家长不懂家庭教育的科学知识，就不能正确地教育子女。一个父亲责怪自己2岁的儿子抢别人的玩具，硬从儿子手中夺走了玩具。儿子则放声大哭，再将玩具抢回才罢休。其实，若是懂得孩子的心理，就知道这时期孩子的占有欲特别强，认为什么东西都是"我的"，我都可以拿来玩，并不懂什么是"抢"，这是一种正常的心理状态。随着孩子的知识经验的增长，逐渐学会与人交往，分清"你的"、"我的"会自行克服这种行为的。还有个母亲说她的儿子淘气、顽皮，整天坐不定，手脚不停地动，误认为是患了多动症，去求医诊治。这也是不了解孩子的生理和心理特点，孩子生来是好动的，喜爱活动与游戏的，如果学了生理和心理的知识，就不会产生这些误解了。

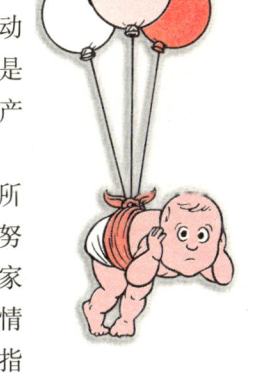
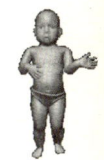

　　教育孩子是一项细致而艰巨的工程，正如苏霍姆林斯基所说："没有比父母在培养人时所用的智慧更复杂，我一生都在努力探求这种智慧的所在。"的确，每个家庭都是各不相同的，如家庭成员结构不同，父母的认识基础，知识水平、兴趣爱好、道德情操、性格才能、以及职业都不相同。而世界上又没有一套教育指南或万能灵方，能适用于一切家庭的教育。因此，父母必须要独立思考，创造性地运用各种知识和自己的智慧去努力探索。根据自己家庭的独特情况，自己孩子的个性、特点、兴趣、爱好，不断地在家庭中进行教育实践，从成功中取得经验，从失败中得到教训。遇到难题可以请教书本和教育有方的父母，还可以主动地和托儿所、幼儿园和学校教师共同商讨，研究一些适合于教育自己孩子的方法。

　　"家长学校"的启示中，使我们青年父母认识到做父母也要从头学起，而且要先于孩子进学校，好家长不是天生的，只要努力学习，通过长期的教育实践，将会成为合格的父母。

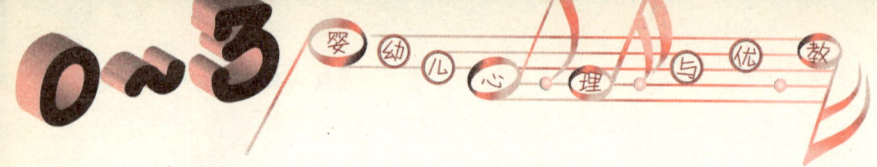

8. 不要错过"教育的最佳期"

——结合孩子心理发展的规律和特点进行适时教育

什么时候是人们接受教育的最佳时期？古人流传了三句话："一年之计在于春"，"一日之计在于晨"，"一生之计在于童"。并说："3岁看大，7岁看老"。国内外的心理学家研究证明："大脑生理的发展关键期在生后两年，此时已具备成人大脑的主要特征。7岁时孩子与成人的大脑没有多少区别。"美国著名心理学家布卢姆（B·S·Bloom）对近千名儿童的智力发展进行探索的结论是：人生最初4年的智力发展速度相当于4~17岁的13年总和。苏联教育家马卡连柯也指出："教育的基础主要是在5岁前奠定的。它占整个教育过程的80％，在这以后，教育还要继续进行，人进一步成长。"这些古人的经验和今人的研究都说明了童年时期，特别在5岁前的学前期是人的一生中接受教育的最佳期，孩子在此时期已具备了接受教育的生理和心理基础。

为什么不能错过"教育的最佳期"？一般来说，儿童的智力发展的速度是随着年龄的增长而递减。科学家们研究证明："儿童的潜在能力是遵循着一种递减规律而发展的。例如人生下来具有100分潜在能力，若能从出生的那天起就进行良好的教育，可以使孩子的潜在能力百分之百地发挥出来；若从5岁才开始教育，即使理想的教育也只能成为有80分能力的人；若从10岁开始教育就只能成为具有70分能力的人；如果放任不管，就只能有20分或30分的能力。"这个递减规律说明教育得越晚，儿童所具有的潜在能力发挥出来的比例就越少。人的潜在能力若不在发展期得到适时的教育，就会错过良机，孩子的潜在能力得不到发挥，以后进行补救就事倍功半。

什么时候进行什么教育内容好？孩子的某些能力发展是有时间性的，在某一时期孩子对某种能力的发展或学习某种知识、技能比较容易，若错过这一时期再教育，要花费更多的精力和时间。因此，要掌握进行教育的有利时机，过早启蒙及过晚教育都不利于智力的发展和品德的形成。一般来说：0~2岁是感知和动作发展的最佳期，这时可以教孩子多听、多看，训练动作。2~3岁是发展口语的最佳期，可以教孩子讲话，说儿歌，讲故事，还可以在此时教简单的外语。3~4岁是认知发展最佳期，可培养孩子的音乐、绘画能力。5岁是数字概念形成的最佳期，可教孩子数数和简单的加减运算，特别是以游戏方式学珠算，更能迅速地掌握数的运算。此外，还应在孩子4岁前重视良好习惯的培养，因为人体的感觉发育关键期是在4岁之前，这时期孩子对事物的感知能力特别敏感。常言道："习惯成自然"，幼小时期养成的行为习惯经常都能保持到老，对人的一生影响是很大的。因此，要抓住在这最佳的教育时期进行培养。

为了提高孩子的智力和潜在能力，希望父母们不要错过"教育的最佳期"。

9. 优教从出生开始

——早期精神发育和智力发展的重要性

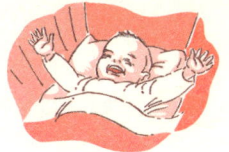

有这么一个小故事：在100多年以前，有个年轻的母亲带着孩子去请教大科学家达尔文。她问："请问先生，我的孩子应该何时开始教育？"达尔文问她："你的孩子有多大了？"那位母亲得意地说："他才2岁半呢！"这时达尔文惋惜地回答："夫人！你已经迟了2年半了。"

时隔100多年的今天仍有不少父母对一出生就要接受教育不以为然，认为孩子还小，等到上幼儿园或小学再受教育也不迟。这是因为他们不了解新生儿有着惊人的潜在能力，从出生起，对外界的刺激就有反应能力。刚出生不久的婴儿，一听到声音，就会发生转头追逐声音的反应，表明已有听觉——视觉——动作的空间定向的协同活动。出生10~14天就有避开刺激以及转向刺激的活动，如闻到臭气头会转向避开，闻到母乳香嘴就伸向乳头吮奶。1~2个月喜看人脸，见人会笑。5~6个月能区分亲人和陌生人，并有喜欢和惧怕的反应。由于新生儿出生后就有能力接受教育，目前，有些产院开始注意到新生儿出生后的教育作用，设定了母婴同室，让新生儿生下后就睡在母亲身边的小床上接受母爱和教育训练。有个产院曾将刚出生24小时的新生儿分为两组：一组新生儿睡在婴儿室内，与母亲分开，另一组睡在母婴室内，与母亲朝夕相处，以后婴儿出院了也是这样分成两组，过了两年，发现后者的幼儿语言能力比前者发展得快。因此，优教应该从0岁就要开始进行。

为了研究早期环境刺激在人的智力发育中的作用，心理学家和教育学家曾对动作作过大量的实验研究，瑞士动物学家普尔特曼曾对人类和各种脊椎动物的胎儿以及出生以后的婴儿进行研究比较，他发现幼猴出生一周后就能和大猴一起行动；又观察到狗、猫、马等动物出生后就能下地，用四条腿站立行走。它们之所以能在极短时间内同成年动物一样的行走，是因为支配它们行动的大脑已经和成年动物成熟的程度相同。人类的新生儿出生后虽和成年人一样具备有呼吸、消化、吸收、排泄等维持生命的机能，但脑的发育及成熟程度远不及动物健全。根据普尔特曼的计算，婴儿的脑要成熟到生下来就会走的程度，就必须在母胎内发育到21个月再出生。但由于人类需要直立行走，胎儿不能在母体内等待脑发育到全部成熟后再出生，故早产了10~11个月。由于大脑在出生时呈未成熟状态，出生后大脑的发育需要食物营养和良好的刺激（即精神营养，也就是早期教育与训练），才能使大脑逐渐发育到成熟。从生理学研究中也认为：人的大脑生理发展的关键期是在出生到2岁末。这时是大脑发育的"黄金时

代",如果这时得不到良好的刺激和教育,那么脑的功能就会发展迟缓,甚至会逐步退化。说明早期的环境刺激和教育训练对孩子的智力发展是多么重要。

因此,父母千万不能满足于对新生儿的身体保健,仅注意孩子吃饱、睡好、清洁卫生等。还要从孩子出生的第一天起创造适当的环境和教育条件,有目的、有计划地给予新生儿适当的刺激,锻炼孩子的各种感官及器官,以促使孩子的智力得到迅速的发展。

10. 教早了会损害孩子的身心健康吗?

—— 早期教育的生理和心理基础

有些父母怀疑,孩子太小,能接受教育吗?有的父母担心,教早了会损害健康;还有些老人认为,聪明的孩子会短寿,这种种顾虑,使不少家长不敢对孩子实施早期教育。

其实,父母只要了解早期教育的生理和心理的基础,就完全可以消除这些不必要的顾虑。

从生理上看,孩子接受早期教育的器官是大脑。成人的脑重约为 1 400 克左右,新生儿脑重约为 390 克,是成人的1/3,9 个月时约为 660 克左右,为成人的1/2,几乎增长了 1 倍,3 岁时约为 1 100 克左右,为成人的 2/3,约增加了 2 倍多,7 岁时已达 1 280 克左右,是成人的9/10,约增加了 3 倍,基本接近成人的脑重。由此可知婴幼儿时期脑重发展是最快的时期。脑的结构在新生儿出生时已接近成人,例如大脑皮质与成人一样分为 6 层,也和成人一样具有沟和回,只是比成人浅,脑神经细胞的数目也与成人一样多,约达 140 亿个,只是体积小,呈分离状态,但在出生后脑神经细胞急剧地生长出许多分枝的树状突起,像"桥"一样地把细胞联系起来。这些神经细胞的联结70%~80%是在 3 岁前形成的。这时神经通路逐渐畅通,于是大脑就具备了反应和传递外界信息的功能。说明大脑已能进行工作了,这就是婴幼儿可以接受早期教育的生理基础。

从心理上看,脑是心理的器官,早期教育就是要在婴幼儿身上,引发一系列的学习行为。这是一种心理活动,而这种活动的生理基础就是条件反射。新生儿出生后就具有一系列的反射能力,如生下来就会吮奶(吸吮反射),触动眼皮就会眨眼(眨眼反射),手掌碰到东西就会抓紧(抓握反射)。这些都是无条件反射,是生来具有,不学而能的。出生 10 多天的婴儿由于神经细胞间已开始联结起来,就能在无条件反射的基础上建立条件反射,使自己能适应新的复杂多变的生活环境,学会了抱起来就知道找奶头,想要人抱就哭。这说明婴儿对外界的刺激有惊人的反应能力,并具有对事物的学习能力。心理是脑的机能,婴幼儿脑的机能已具备了接受早期教育的条件。

既然婴幼儿在生理和心理上都具备了接受早期教育的条件,说明孩子虽小,但完全可以接受教育的。

教早了,会损害孩子的健康吗?不会。科学家曾经研究过人的脑细胞:普通寿命的人仅用了一部分脑细胞,而相当部分未被利用,认为大脑还有90%的潜力未曾使用,尤其在婴儿期具有未被充分利用的财富,等待父母去开发。这充分说明对婴幼儿进行早期教育是挖潜力,而不是强加于他的正规的,仅局限于知识教育,因此,不会损害孩子的健康。从古今中外的名人中去分析,虽然他们都用脑很多,但平均寿命都比较长,如德国的大诗人歌德、法学家卡尔·威特,从小经过早期教育,聪颖过人,而他们都活到83岁,我国的大诗人白居易享年74岁。这些事例都说明从小接受了早期教育,使孩子早些懂得科学的道理,养成良好的行为习惯及品德性格,不仅于身体无害,而且有益于身心健康,使他们早日成才。相反的,如果在生命的早期,对婴儿不加以教育,大脑缺乏外界的刺激,就会使孩子发育迟缓,而影响孩子的身心健康发展。

11. 教育婴幼儿从何着手?

—— 正确理解早期教育的内容

一提起教育,人们往往认为就是学文化知识,因此有些父母希望孩子早日成才,也都过早地要求孩子早识字、背诗、计数、学外语等,有的甚至将小学一年级的课本拿来教婴幼儿死背硬记,仅仅局限在文化知识方面去教育孩子。孩子年龄小,对他过高的要求,往往会使他知其然,不知其所以然,难以接受。如孩子学计数,他只会机械地记忆,问他:"1+2"等于多少?他能记得是3,再问他:"2+1"是多少?他就回答不出。

对婴幼儿进行早期教育,学习的内容要适合他们的年龄特点、智力发展水平和健康状况。学习的方法要从启发孩子兴趣着手,采取游戏的方式,多从接触到的社会环境和自然环境中去学习,使孩子见多识广,而不应局限于文化知识教育,而文化知识教育仅仅是早期教育的一个方面,不是全部的教育内容。因为婴幼儿的早期教育是培养人的科学,要使孩子成为一个健全的人,就应该在孩子的身体、智力、品德、审美等方面进行启蒙的基础教育,学习的内容也应从这些方面去考虑。

教育婴幼儿应从训练感知觉、发展能力和挖掘智力的潜力着手。为了发展孩子的听力,可以向其播放悦耳的音乐,朗诵有韵律的儿歌和诗篇;为了发展他们的视力,可以给他们看美丽的图画,去大自然中观察美丽的风景;为了发展孩子的认识、思维、想象能力,可以让他们接触日常生活中的人和物,亲自去接近周围的人和社会环境、亲自动手去摸一摸,用一用经常使用的餐具、用具,玩弄各种适合他们年龄的

玩具,让他们从中了解各种东西的特性,自然而然地接受教育。

如果父母对早期教育有了正确的理解,相信你们一定能够从早期开始,运用适合孩子的教育内容,创造性地去着手教育你们的孩子。

12. 知识不等于智力

—— 什么是知识与智力以及它们之间的关系

常有人认为知识就是智力,以为知识多的人智力也高,其实知识并不等于智力。

知识是人对客观事物及其规律性的认识,是前辈人的经验传授或从书本中获得的。知识的内容极其深广,包罗万象,如政治、历史、经济、文学、法律等社会知识,地理、生物、数学、物理与化学等自然知识,此外还有美术、音乐、戏曲等文艺知识。人的一生竭尽全力去学,也仅能掌握极其有限的部分知识。

智力是人们获得知识和运用知识的能力,它所表现出的智慧为观察力、记忆力、思考力、想象力和实践能力。这些智能之间是相互联系,相互制约的。其中每一种能力的发挥都要依赖于其他能力的发挥,并作为一个统一的整体来发挥作用。如从画人测验中可以了解孩子的智力发展的情况:图画的形象是否完整,比例是否恰当,是静止还是动态的人形等等,这都要发挥孩子的观察、记忆、思考和想象等能力,共同来完成这幅图画。

知识与智力不能等同,知识多不等于智力发达。有个父亲为他的儿子能背诵十几首诗而骄傲,认为自己的孩子智力发达,其实这孩子仅是被动地接受,死记硬背,是一种机械的记忆,而不理解诗中的意义,这只能说孩子的记忆力强,而不能称为智力发达。有一个2岁半的孩子,人家开玩笑地问他:"两个牛和两个马相加等于什么?"在旁边的人都估计这个年龄的孩子一定无法回答,因为数学中有一条原则,不同单位是不能相加的,但是这个孩子思考了一下就回答:"两个牛和两个马相加等于四个会耕田的东西。"出人意外的,不同单位不能相加的原则竟被一个2岁半的孩子推翻,而有了新的概念。他的知识是从看图画书上得来的,从书中知道了南方用牛耕田,北方用马耕田,他们都是耕田的东西。可见这个孩子虽然知识获得的并不多,但他能运用获得的知识,通过注意、观察、记忆来思考,说明这孩子的智力发展得是比较快的。

知识虽不等于智力,但它们之间是有密切联系的。智力是通过知识的掌握而形成与发展起来的。而掌握知识的难易和速度,又依赖于智力的发展水平。因此,对婴幼儿进行早期教育,绝不能用填鸭式的方法,仅仅去向孩子灌输知识,而应激发孩子的兴趣、求知欲,积极主动地去思考,提出问题。并要认真地去回答他们的问题。

满足他们的求知欲愿望。这种方式的教育是孩子最易接受的。父母要经常带孩子去散步、游公园、参观、旅行,扩大孩子的生活与活动范围,开阔孩子的视野,并将看到、听到的知识,结合图书上的知识来教孩子认识,启发孩子多用脑去思考,让孩子能从多方面获得知识,启迪智慧,这样就能使知识与智力密切地结合起来,相辅相成、交互作用、互相促进,有利于孩子全面健康地成长。

13. 大脑也需要每天"进食"

—— 如何促进智能器官大脑的发达

在人脑的世界里,居住着比地球上人口多十几倍的"公民"——神经细胞和胶质细胞,它们互相协调地生存和活动着。其中约有80%的"公民"是胶质细胞,它们主要负责脑的供养工作,而140亿个左右的神经细胞,则是大脑神经系统的结构和功能单位。神经细胞大小不一,主要是由细胞体和细胞体生发的轴突和树突所组成(如图示),其职责是接受刺激与传导冲动。

这么多"公民"居住在脑中,它们需要生存,每天需要"进食"。供给的食物有两种:一种是物质的食物,即高蛋白的营养,它是参与人体细胞的构成,维持生命的主要营养成分,来源于动物蛋白质,以乳、蛋、鱼、虾、肉、肝类为主,以及植物蛋白质,以

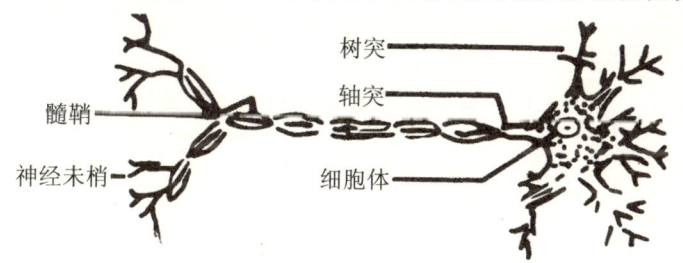

神经元模式图

豆类及其制品(如豆浆、豆腐、豆腐干等)、谷类(如米、麦、玉米等)、硬果类(如花生、瓜子、核桃、芝麻等)为主。其中以乳蛋白质、鱼类蛋白质及豆类蛋白质对于婴幼儿最适合,特别是人乳蛋白质所含的氨基酸对婴儿最为理想。这些高蛋白营养素被摄入人体后,经过胃肠的消化,再由血液带着氧循环到脑子中去,供给脑细胞生存的需要。脑内血管分布的密度极大,脑的血流量占全身的1/6。若失血4分钟以上,脑细胞就会因"营养缺乏"而死亡。另一种是精神的食物,即外界的各种刺激——信息。人通过眼、耳、鼻、舌、皮肤等感觉器官,将外界的信息传送到大脑,经过大脑将这些信息汇总、分析、判断、加工,作出相应的反应,这就是获得了精神食物而形成的。

婴儿期是大脑发育与发展最迅速、最关键的时期,新生儿的大脑细胞数目几乎

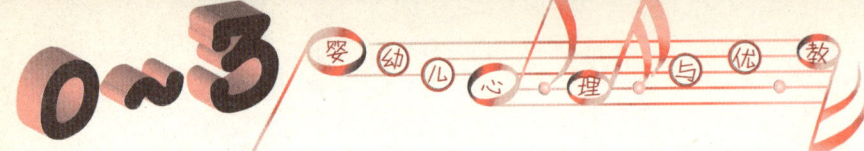

与成人差不多,出生时大脑只是初具数量和形态,脑细胞的体积小,不丰满且结构简单,不成熟,脑神经细胞的轴突和树突纤细短小,彼此间的联系尚处于接线阶段。任何单独的脑细胞都不能完成神经系统的活动,任何一个简单的神经反射都是数个神经细胞协作的结果,要协作就需要神经细胞之间彼此建立联系。新生儿出生时的神经细胞近似一盘散沙,要使这些神经细胞不断地发育,并使他们之间联系起来,除了供应必要的"物质食物"外,还需要每天给予大脑适量的"精神食物"——各种刺激。促使脑细胞的树突急速生长,并与其他的脑细胞轴突末梢呈交叉接触,在原有的树突上分出许多侧枝,使更多的神经细胞相互接触,相互联系,相互协作而形成大脑的功能。由此可见大脑素质的提高,关键在于树突之丛生。大科学家爱因斯坦逝世后,医学家对他的大脑进行了解剖,发现他的大脑重量和脑细胞的数目与普通人无差别,但他的脑细胞之间的树突比一般人多了好几倍,且侧枝繁茂,这是因为他的大脑接受外界的信息多,"精神食物"丰富之故。

因此,父母要使孩子聪明起来,必须每天要给予其大脑丰富的"精神食物"。这种"精神食物"应随着孩子的生长发育的需要来"配制"、"烹调",使它能"吃饱"、"吃好",并能消化、吸收。只有抓住时机,在大脑尚未发育成熟之前,多给大脑输入信息,才会促使大脑神经细胞树突的增生。要让孩子勤用感官,多多观察,经常活动,早学说话。孩子在父母爱的灌溉培育下,树突就会像雨后春笋般地争相生发,大脑也就越来越发达,智慧之花也将枝繁叶茂。

14. 早期开发智力的"钥匙"

——促使婴幼儿智力发展的方法

当今社会,父母仅有一个独生子女,都想通过各种办法来开发孩子的智力,促使早日成才。因此,有的父母花了昂贵的代价购买智力玩具进行智力游戏,有的带孩子去报名参加智力竞赛,有的到医院及心理咨询机构为孩子智力测验,讨教开发智力的方法。父母都煞费苦心地为孩子开发智力创造条件。

如何开发智力?这是一个值得研究的问题。尤其是在生命的早期,应该采取什么方法呢?我们知道智力的开发主要是启迪孩子智慧的潜力,使之得到最大限度地发挥。由于智力是脑神经活动的心理表现,它有遗传而来的生理基础,智力的发展和提高都只能在它的生理基础上,与外界条件相互作用下实现,要开发智力就必须刺激孩子脑神经的活动,大脑也需要营养和进补,这种营养除了物质营养如增加蛋白质以外,还要有精神营养进补,需要各种开发智力的良好刺激,使其头脑敏锐,反应迅速、思维活跃、判断力强、想象丰富、有创造性等智力品质，要达到这些要求，就必须在婴幼儿时期进行培养，为将来智力的发展和提高打下良好的基础。智力培养的内容要适合孩子的年龄特点、智力发展的水平和健康状况，培养的方式要从启发孩子的兴趣出发，采取游戏式的方式，并要从生活中去学，从社会环境和自然环境中去学，使孩子见多识广，全面发展。父母不妨试试以下几种方法：

多观察：婴幼儿认识世界主要靠观察，人的信息80％～90％是通过眼睛视觉而得到的。人们称"眼睛是智慧的窗户"。因此，婴儿出生后应从训练感官开始，视觉和听觉是与人交往的渠道，让孩子多用眼去看东西，用耳去听声音，感知周围世界。按年龄的增长，从近到远，由浅入深地逐步发展。开始时可从认识自己的父母，吃奶的奶瓶，自己的手脚，经常接触到的用品和玩具开始，逐步加深到观察社会环境中的人和物，自然环境中的花草树木及各种动物等。父母应启发孩子观察的兴趣，由引导孩子观察到学会自己主动注意观察。将观察的事物和图画书上的画面结合起来认识、比较，这样就能使大脑感知的事物增多，促使智力发展。如一个2岁的孩子，他看到图画书上有大、中、小三个圆形。他会指着大圆形说是西瓜，说中圆形是苹果，说小圆形是糖丸。说明他从平日吃的东西中观察到西瓜、苹果、糖丸的大小、形状而结合到图画中来分辨，而且经过比较得出大中小的比例很恰当。

多记忆：观察好比是获得知识经验的"大门"。记忆就是储存知识和经验的仓库。从小要培养孩子有良好的记忆力。不仅要求孩子学会记忆，而且还要求记得正确，回忆敏捷，保存记忆持久。可以通过实物、图像来记忆；数字及词汇来记忆。如和孩子玩"寻物游戏"时，背着孩子将玩具或实物藏在不同的地方，让孩子去寻找，找到后要他说出名称。这游戏能促进孩子回忆，要敏捷地找出藏物并记住它们的名称。初步学会回忆后，可以隔时间长一些再玩此游戏，如晚上睡前藏好玩具，次日要孩子寻找，可以增强记忆的持久性。婴儿一般在5～6个月出现记忆现象，表现在认识自己的妈妈表示快感，见了陌生人要避开。2岁左右能回忆，3岁时记忆保持的时间可达半年以上。父母要善于引导孩子将观察到的事物，正确地去识记，反复教认，复习巩固，孩子听儿歌故事，希望大人教他时能重复地讲，甚至讲几十次也不厌烦，这样可以逐步训练孩子记得快、记得多、记得牢、记得准、记得完整。这也是智力发展的一个重要因素。

多思考：思维是智力的核心，孩子出生后不会思考，1岁左右幼儿随着语言的发生，对事物有了初步的知识和经验。开始出现了直观的、概括性的思维活动。如将玩具汽车、火车、电车都以"嘟嘟"声来表示，来概括他看到的车，这时是概括事物最鲜明、突出的外部特征（如汽车、火车、电车都是会开动，会发出声音的）。1岁后思维是在动作中进行的概括，孩子在玩水的活动中学着用物体进行各种动作，同样玩水，动作可不同。如塑料鸭放入水中推着玩，拿小勺放入碗中取水玩，

两手拿两个瓶子倒水来玩。2岁后孩子掌握了初步的语言与人交往,此时是词的概括,开始按物体的某些比较稳定的主要特征进行概括。如将"汽车"这个词作为公共汽车、轿车、货车、救护车等各种类型汽车的标志,来以"汽车"这个词来概括。又如将水果这个词作为苹果、香蕉、生梨、橘子的概括。3岁后出现了新的思维方式,主要依靠事物的具体形象或表象来进行思维。同时抽象逻辑思维的方式开始萌芽。父母必须根据各个年龄的思维特点来培养孩子。可以通过日常生活中的事物采取各种方法进行培养:如对2岁以后的孩子可采用以下几种方法:

(1)分类法:让孩子将糖果分成两盘,一盘放红色纸包的,另一盘放绿色纸包的。还可要他将玩具如皮球、积木、娃娃等各种玩具整理分类放到不同的纸盒或布袋中。

(2)比较法:去找出事物的差别,如西瓜比苹果大,花和草的颜色不一样,树叶和草同是绿色。可采用顺序排列法来活跃思维,如让孩子分水果按大小顺序排列来分,最大的要分给年纪最大的爷爷和奶奶,中等的分给爸爸和妈妈,最小的分给自己。

(3)逻辑推理法:让孩子通过观察去思考,如给孩子玩水,将面盆盛满水后,让他将各种东西放入水中,有木片、塑料玩具、石子、铁球等,孩子从观察中知道木片和塑料玩具浮在水面,石子和铁球沉在水下,可以去思考为什么会有这样不同的现象。当然还有许多方法可以促进孩子思维能力,父母可以结合实际生活想出适合于自己孩子的各种方法来培养。

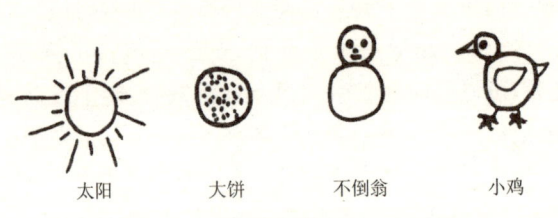

成人在纸上画一圆形

太阳　　大饼　　不倒翁　　小鸡

孩子添画

多想象:想象和思维是构成一切创造性智力活动的基础。1岁以内的婴儿没有想象,1～2岁幼儿只有想象的萌芽,将日常生活中的行动运用在游戏中,表现出想象的因素。如抱娃娃喂奶,想象自己是妈妈,娃娃是孩子。2～3岁时想象逐渐发展,但处于最初状态,想象的内容简单,没有目的,创造性成分少。并且常把想象与现实混淆起来。父母掌握了孩子想象的特点,可以通过绘画、讲故事、音乐、游戏等方面去培养。如教孩子画图时,成人先画一个圆给孩子在纸上补充画他自己想象的东西。孩子凭自己的经验和想象会添画在圆形周围加几条长短不等的线条说是太阳,也可以在圆上打上无数点说是大饼,还可以补充一个小圆圈在大圆圈上说是不倒翁、小鸡或小鸭等(附图如后)。又如成人讲故事时,先讲上部分,到结尾时让孩子接下去。如讲小白兔去菜园里玩,看见萝卜,小白兔拔萝卜力量小拔不起,怎么办呢?请你帮忙想个办法,孩子会接下去自己编讲结尾的情节。在做游戏时,结合他以往的生活经验来扮演角色,想象自己是小白兔等故事中的主角等。

婴幼儿时期是开发智力的关键期,父母应抓紧时机,除为孩子智力发展创造各种条件外,还必须结合孩子的个性、特点、兴趣、爱好来进行培育;不要将自己的愿望强加给孩子,强迫孩子去做不喜欢和不愿意做的事,或是超过他的身心发展水平去拔苗助长,这样对孩子的智力发展都是不利的。

15. 怎样使孩子聪明

——培养智力品质的几个方面

父母掌握了早期开发智力的方法之后,要进一步地使孩子聪明起来,就要注意培养孩子的智力品质,使孩子思路广阔、深刻、灵活、敏捷,并具有独立性、批判性和逻辑性。让孩子在具有观察、记忆、思维、想象等能力的基础上进一步培养孩子的实践能力,解决问题的能力和独创能力。我们可以从以下几方面去培养。

培养智力品质的敏捷性:主要是培养智力活动的速度,也就是反应智力敏捷的程度。一般人们将反应敏捷称之为聪明,即思考问题敏捷,反应速度快。如向3岁的幼儿提问:"桌上有两个苹果,再放一个苹果,你们看看桌上现在有几个苹果?"这一简单的运算题,每个孩子的反应有显著的差异,快慢不一。有的孩子立即反应,正确回答,有的则要想许久才答出,有的则答不出。智力敏捷是可以培养的。平日除要求孩子掌握各方面的知识外,还要在日常生活中多多训练,可以先从孩子的生活方面训练起,如要求孩子在一定的时间内完成洗手、穿鞋子、收拾玩具等行为。逐步要求在劳动、活动、游戏以及学习、思维等方面也要在规定的时间内完成任务。经常训练孩子可以逐步提高智力品质的敏捷性,这样就不致产生惰性。如每天妈妈上班前送孩子上托儿所,事先要提醒孩子,动作要敏捷,要配合妈妈穿衣、吃饭。动作做得又快又好,妈妈要口头进行表扬,使孩子形成动作敏捷的良好习惯。

培养智力品质的灵活性:人们一般将灵活性叫做"机灵",是指智力活动的灵活程度,它反映智慧能力的"迁移"。如人们在思考问题时,从分析"迁移"到综合,再从综合"迁移"到分析的活动过程要灵活。因此,从小要培养孩子善于动脑、多思考,在智能之间"迁移"方面打下基础,能见机行事地去解决问题。如有个孩子的妈妈在洗衣时,让孩子将一盆水帮忙倒掉,盆子大,水又多,孩子仅3岁,拿不动。怎么办呢?

妈妈要孩子动脑去想想办法,孩子想了一想,就拿了肥皂盒盖将水从大盆里舀到塑料小桶内,再将塑料小桶中的水,提到水槽中倒掉。就这样,他终于化整为零地将一大盆水"转移"完了。从这件小事中孩子表现了他的智慧灵活性。

培养智力品质的深刻性:是指智力活动的深度、广度和难度。可以从培养幼儿的概括能力、推理能力、归纳能力和理解能力着手。如在孩子游戏结束时,要求孩子将自己玩的玩具和书籍按种类归类整理好,如积木、木珠、拼板、游戏棒分别整理在不同的盒中放好。书籍按大、中、小分开放在抽屉中或书柜中。如果幼儿长期停留在直觉行动思维上而不善于概括、归类,就会影响他以后的抽象思维能力,甚至到上小学时,还只会掰着手指来运算,这就会影响到孩子的智力发展水平的提高。

培养智力品质的独创性:主要是培养孩子智力活动的创造能力。在实践中,不但要孩子善于发现问题、提出问题和思考问题,更重要的是要有创造性地解决问题的能力。一个人成就的获得需要有独创性的智力品质,如历史上的司马光在童年时期见到同伴跌入水缸中,立即搬石头砸大缸救小孩的故事就是这种智力品质的表现。如一个3岁的孩子玩球时,将球滚入大柜子下面,无法拿出来,能在短时间想到去用扫帚扫出来,也是这种智力品质的萌芽。父母应培养孩子从小独立思考与创新的好习惯,可为以后培养创造性人才奠定可靠的基础。

当今社会,父母都重视从小教育孩子打下知识基础,往往忽略了智力品质的培养。如果仅仅重视知识教育,而不引导孩子提高以上几方面的智力品质,孩子将来仅有充实的知识基础而缺乏敏锐的头脑,对他的全面发展不利。因此,父母有责任教育孩子,将基础知识的教育和锻炼敏捷、灵活的头脑结合起来,孩子将来会成为一个对国家贡献更大的人。

16. "弱智儿"也能提高智慧

——及早对"弱智儿"进行教育训练

当父母满怀喜悦的心情迎接宝宝诞生时,迎来的却是一个弱智儿。使父母感到多么的不幸,并为孩子的前途担忧。对于弱智儿的态度,有些父母认为他是"处理品"、"废品",丧失了对他进行教育的信心,听之任之、放任不管。有些父母十分怜悯、溺爱、一切代劳、仅养不教。社会上一些人常歧视、讥笑,当面说他笨,常使孩子产生自卑心理,这些错误的态度对待弱智儿,常会阻塞他与社会环境交往的通道,而影响其智力的发展。

弱智儿智力是落后于一般正常儿,这种落后的程度分为三种:较大的称重度智力落后儿,较小的称中度智力落后儿,更小的称轻度智力落后儿。通常是由于遗传及其他因素的影响,而使智力发展迟缓。有的是由于难产窒息缺氧所致,还有的是由于脑部疾患,以致视觉、听觉有缺陷或肢体动作障碍等,妨碍学习而影响到智力发展。

弱智儿在医学上是指智力落后、智力缺陷、智力迟滞、精神幼稚、脑发育不全者,弱智儿的智力落后于一般正常儿,这种落后程度分为四种:

1. 轻度智力落后:孩子一般无脑损伤和神经病理症状,只是脑功能有障碍,约占 80%。

2. 中度智力落后:孩子大多数有脑损伤或其他神经障碍,约占 6%。

3. 重度智力落后:孩子有严重脑损伤,伴有头颅与身体畸形、生活完全不能自理,约占 1.5%。

由此可见,智力低下的弱智儿中以轻度和中度占总数的 95% 左右,是大多数,应该早期发现,早期干预。及早教育与训练,是可以提高智力的。

怎样去发现孩子智力落后呢?一般可以通过症状和行为表现去发现问题:最早的症状表现在以下几个方面:

神经系统:发生障碍,如婴儿吞咽或咀嚼困难,易尖叫。

体态面容:大头或小头、头发色淡、手短面宽、呈通贯手、双眼斜吊、两眼距离宽、颚高塌鼻、嘴常半开、舌向外伸、常流口水。

动作:发育迟缓,如俯卧、抬头、翻身、坐、站、走等方面都落后于同龄正常儿,还表现多动,不能安静。

语言:发育迟缓、发音不清、理解和模仿语言的能力差,甚至到了 3 岁还不会讲完整的语句。

情绪:极不稳定、变化无常,有时表现特别"乖",饿了不哭,逗引不哭;有的烦躁不安,特别吵闹。

其他:婴儿期惊风是智力低下的预兆,是脑发育不全的表现。婴儿 4～5 个月起病、痉挛、抽风、哭叫,如不及时治疗会导致严重智力低下。

父母如发现了以上这些症状和行为表现后,应立即带孩子去医院进行检查、治疗,轻中度智力落后的孩子可进行智力测验,以了解孩子智力落后的程度及存在的问题。

怎样去提高弱智儿的智力呢?父母可以从以下几点去进行:

1. 端正态度:弱智儿是家庭成员,他(她)应该具有人的价值、人的尊严和应当享受的权利。父母对待他要同情、关怀、还需要有爱心、耐心、恒心,坚持不懈地帮助他去克服困难,当他有微小的进步时要给予赞扬、多鼓励。

2. 及早干预:发现孩子有智力低下的表现时,应立即进行干预,因为脑功能在发展过程中具有"代偿作用",由于正常发育的部分大脑在一定条件下能部分地代替被损坏或未发育的部分大脑功能,这种代偿作用在孩子小时更明显、孩子越大,大脑各区的功能趋于固定,干预效果就不会达到最好的水平。早期干预的年龄最好在 3 岁以前。

3. 教育训练:教育弱智儿不同于一般正常儿,它是补偿教育也可称为特殊教育,训练的原则应做到:

(1)循序渐进:每次教的内容不可过多,要循序渐进地一步一步教,训练的目标不要离孩子现有的能力相距太远。

(2)感官刺激:提供丰富的视觉、听觉、嗅觉、味觉、触觉的刺激,加强感知觉对外界事物的认识。

(3)引发兴趣:以游戏的方式进行教育训练,增进训练活动兴趣。

(4)不怕失败:只有承受失败,才能获得进步。

教育训练内容可包括以下几方面:(由"北京新运儿童养育院"提供)

生活自理——训练大小便,自己吃饭,穿脱衣裤等。

发展动作——训练抬头、翻身、坐、爬、站、走、跑、跳等。

手的动作——训练手抓物,对指捏物、手眼协调、折纸、捏泥、握笔作画等。

认识能力——教认颜色、形状、简单分类,1~10 以内的概念,5 以内的加减,分币使用和生活小常识等。

语言——训练发音、理解、说 800~1 000 个单词,说 20~40 个儿歌,讲 10~20 个故事等。

音乐——简单的节奏感,唱 10~20 首歌,会 1~2 种打击乐器等。

社会行为——懂得简单的礼貌用语,知道好坏行为,学习控制自己的行为不扰乱他人,愿意帮助小朋友等。

从这些方面去根据弱智儿的年龄和具体的情况,制定一周学习计划,采取在游戏中激起兴趣,让他积极主动地去学习,父母这时也以学生的身份和他一起学,便于激起弱智儿的兴趣和良好的学习心境。经过了两年的培养,在弱智儿中,有些幼儿已形成了良好的学习习惯,成了"高才生",智力水平也逐步在提高。

国外也重视对弱智儿的研究,如美国费城开设的"人类潜能开发研究所"从事治疗脑残疾儿童的工作已经 40 余年了,他们在治疗过程中,发现弱智儿通过教育训练,智力有明显的提高。甚至有个别孩子能达到"超常"水平。日本有一个孩子出生后不会吮乳和吞咽,也不会哭,又不爱动。直到 6 个月才会吞咽,近 2 岁才会吮乳,学会爬行,人们都认为他是"傻子"。2 岁时他被送到美国这所研究所去治疗,医生对他进行重点教育训练,开发智力,到了 9 岁时,他已会说日语、英语,并能操纵电子计算机编制程序,各门功课成绩优良,并成为一个非常机灵的孩子。

从以上事例来看:若是父母在早期发现孩子是弱智儿,可以在他原有的生理和心理的基础上作为起点,及时地进行教育训练,弱智儿就能发挥潜力,提高智力,并能得到最大限度的发展。

17. 3岁前是"模式时期"

——婴幼儿以模式识别方式接受教育

0~3岁是人类的"模式时期"。新生儿出生后并不像人们过去所认识的那样无能和被动,而是如前面所述:他是具有感知的物质基础和学习能力,能主动探索外界,并有广阔发展的可能性。你看,他从在母亲怀抱第一次吃奶开始,就通过了嘴、眼、耳、手等感受刺激,经过多次吃奶的经验,他逐渐学会了探索外界的事物,认识了奶头的模式。0~3岁之所以为"模式时期"是因为这时期婴幼儿对外界的刺激有了灵敏的反应能力,他对外界的刺激是作为一个综合整体——模式来识别的,他的大脑接受事物的方法与后来的时期比较有所不同。例如婴儿出生不久,无论对母亲的脸,还是对音乐的曲调都有反应,经过多次刺激,在反复观察和感受的过程中,母亲脸的图像就作为模式而编入脑细胞的网络中,于是婴儿逐渐能识别母亲的脸,以后再进一步能分辨母脸和陌生人脸的不同。音乐的曲调也是以模式来识别的,他是以整个音乐的曲调概括地予以接受。而不是从学1 2 3……音符组成的音乐曲调来熟悉这首歌曲。有人实验:给新生儿反复听一首交响乐曲,到5个月时,将这首乐曲放给他听,他立刻出现愉快的表情,而给他听别的乐曲,就无此种反应。这就是那首交响乐曲早期在他大脑中,通过了多次条件反射的刺激,而形成了音乐的模式,被他接受后的反应。

除此以外,这时期婴幼儿的语言、行为习惯、性格品德的形成,也是以这样的模式来记忆而学会的。

语言模式:语言的关键期是2~4岁,其实早在1岁前婴儿就开始在学语。但学语的方式不是先分析、理解了语法后记住的。而是以声音的模式来记住成人讲的话,再从成人对他说话中模仿发音,如发出"爸爸"、"妈妈"的学语声是看见爸、妈的整个图像在大脑里形成神经联系而形成的。听见有人叫他的名字的声音,知道是叫他而愉快地微笑。3岁前学外语,婴幼儿并不知 A,B,C……而是将外语作为发音的模式来听,经过多次听说后而逐渐学会的。

行为习惯模式:从新生儿起就能通过成人耐心持久的培养而形成良好的行为习惯模式。如新生儿出生后天天给他洗澡,他习惯了洗澡的模式,偶尔一天不洗就会吵闹。以后培养婴幼儿定时睡觉,饭前洗手等卫生习惯,多次反复培养,一经作为模式印入脑中,孩子到了规定的时候就自动要求睡觉,偶尔父母忘了给他洗手,他就不肯吃饭。

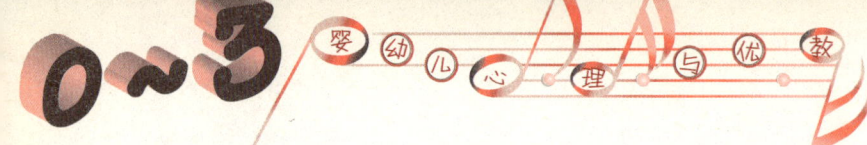

性格品德模式:在3岁前,性格和品德的模式也是完全可以形成的。如对人有礼貌,与人友好的好品德,从婴儿开始就能通过亲亲脸、握握手、对人微笑、见人不怕生、不好哭来形成模式。随年龄增长,语言发展,可进一步学会早上见人说"早上好",晚上睡前说"晚安"。得到别人帮忙时说"谢谢"等。人之初是没有爱憎之分的,性格明朗是孩子的特征,性格的形成是对孩子所处的社会生活条件和所受教育影响的反映,因此良好的社会生活环境和家庭教育是形成良好模式的保证。如热情、勇敢、认真、勤劳等良好的性格是在多次重复培养中逐步形成的。

0~3岁模式时期的教育至关重要。父母应从孩子初生起,给予孩子在早期感受最好的事物,有意识、有计划地去促使孩子在体、智、德、美、劳等方面形成良好的模式。若是在模式时期,父母能给予孩子第一流的教育,就可为孩子将来成为第一流的优秀人才打下良好的基础。

18. 怎样使孩子精神饱满地生活

——按大脑皮质镶嵌式活动的规律安排生活

如果一个人整天都在不停地活动,较长时间地从事于同样的工作,他就会感到疲劳,活动能力会降低。这是因为他的活动违反了大脑皮质镶嵌的活动规律。

人体生命活动是由神经系统来调节的,在神经系统的统一调节下,人体各器官、各系统井然有序地进行着各种生理活动。大脑皮质好比"最高司令部",它主导体内一切活动过程,并调节机体与周围环境的平衡,同时,大脑皮质在指挥全身各个部位工作时,其本身又有明确的分工。在大脑皮质上,分成许多区,有的区管听,有的区管看,有的区管说话,还有的区管运动等。而各个区之间既有分工,又有联系,彼此间又互相影响。而且在同一时间内只有部分区在活动,处于兴奋状态,其他的区在休息,处于抑制、休息状态。因为大脑皮质上有的地方工作,有的地方休息,而形成了复杂而有秩序的图案。随着活动内容的变换,大脑皮质上各个区的活动与休息也交替进行,兴奋点与抑制点也不断转换,使大脑得到有效休息。所以当人们长时间从事某种紧张的劳动,会使活动能力降低,而感到疲劳。

3岁前的孩子,年龄小,生长发育快,对疾病的抵抗力差,独立能力不强,生活照顾所需要的时间多,需要正常的有规律的生活,才能促进身体的健康。由于3岁前孩子的神经系统发育还没有完全成熟,神经细胞的机能较弱、耐受力低、容易疲劳,而这时期的特点是兴奋占优势,而兴奋又容易扩散,不易集中,注意力不能持久,很难抑制自己,因此更需要注意心理保健。要合理地安排孩子的生活,要比成人更频繁地轮换活动方式,动的活动与静的活动交替进行,体力活动与脑力活动互相轮换,以免孩子引起疲劳。

若是合理地安排一个 2~3 岁孩子一天的生活,可以在早上起床、盥洗后做早操,因为孩子睡了一夜,经过较长时间的休息,体力得到了恢复,应该活动身体。早餐后休息片刻,可以安排孩子进行一些脑力活动,如看图说话、听讲故事、学儿歌或唱歌、画图等。这时是在睡好、吃好和生理上得到满足之后,正是神经细胞活动最活跃的时刻、兴奋占优势,注意力又集中,最适合脑力活动,所以此时应让孩子进行脑力活动,进行后可以让孩子随意自己玩玩,再带他到户外去散步、活动,如玩球、踏自行车、玩滑梯等或玩捉人、赛跑、开飞机等运动量较大的游戏。孩子经过体力活动后,会感到疲劳,这时可以回到房间休息,喝些开水或饮料,并给孩子听音乐、搭积木、拼拼板等安静活动。等到吃了午饭后,稍休息就送他上床午睡。经过上午的体力和脑力活动后会感到疲劳,可以睡在床上使全身肌肉放松,舒适地睡眠能使消耗的体力和脑力得以恢复。以迎接下午将要来临的体力和脑力活动。午睡后就给他吃点心,这时又是在睡好、吃好的身体状况下,可再安排一些看图书、猜谜语等用脑的活动,以后也和上午一样带孩子出外散步,认识自然和社会环境中的事物。回家后吃晚饭,在晚饭后及晚睡前,父母要注意不可让他剧烈运动,也不要玩过度兴奋的用脑的游戏。(3 岁以内小儿每日生活活动时间分配请参看附表)

父母若能让孩子每天在一定的时间坚持一定的要求,按时睡、吃、玩,经过长期合理的生活方式,就能使大脑皮质进行有规律的镶嵌式的活动。大脑皮质的各个区能轮换工作和休息,使神经细胞的工作效率提高。孩子才能在一天的生活中自始至终、精神饱满地生活,保持较高的兴奋性和活动能力。从而保证孩子的身心健康和发展。

附表　3 岁以内小儿每日生活活动时间分配表

年　龄	饮食		活动	睡眠			
	次数	间隔时间（小时）	每日安排时间（小时）	昼间		夜间（小时）	共计（小时）
				次数	持续时间(小时)		
2 个月～	6	3~3.5	1~1.5	4	1.5~2	10~11	17~18
3 个月～	5~6	3~3.5	1.5~2	3	2~2.5	10	16~18
6 个月～	5	4	2~3	2~3	2~2.5	10	14~15
1 岁～	5	4	3~4	2	1.5~2	10	12.5~13
1.5~3 岁	4	4	4~5	1	2~2.5	10	12~13

19. 为孩子选择喜爱的伴侣——玩具

——按孩子身心发展的特点选择合适玩具

孩子最喜欢玩玩具，特别是在游戏时不能没有玩具，玩具能提高游戏的兴趣，它的形象生动、色彩鲜艳、造型优美，给孩子以美的感受，它能扩大孩子的眼界，激发思维和想象，启迪孩子的智慧。它又能促进各器官、肌肉、骨骼的发育及动作的发展。玩具具有多方面的教育作用，是孩子在身心发展的各个阶段中不可缺少的伴侣。

常见到一些父母到了玩具店，不知如何选择玩具，自己认为好玩的玩具，买回去后孩子却不爱玩。有的父母只看外观新颖，而将价高质差的玩具买回，孩子玩了几次就坏了。因此，为孩子选择合适的玩具，必须要了解孩子身心发展的特点和各个年龄时期游戏的需要，并知道各类玩具的教育作用，才能使孩子喜爱玩，使玩具能发挥作用。

根据婴幼儿的身心发展特点来选择玩具，应要求玩具的形象要正确美观、设计简单、富有教育意义，如市场上有些红色熊猫、蓝色兔子的绒制动物的形象就不真实，因为现实生活中没有这样的动物，就不能起到教育作用。玩具要安全卫生、结实耐用，反之则易引起伤害，如铁皮、玻璃、带有尖角、锋利的玩具都易伤害孩子，不宜玩。还有些不能洗晒和消毒的玩具也不宜于婴幼儿玩。玩具要使用方便，多用多变，让孩子百玩不厌，如积木、拼板、插木、胶粒等因玩法多、变化多，为孩子们所喜爱。

孩子玩的玩具种类很多，各种玩具都具有其特有的教育意义，对孩子身心发展起着不同的作用。一般可分为：

形象玩具：是表现人或物的各种艺术形象的玩具，如娃娃、动物玩具、交通工具、餐具、炊具和用具等都属形象玩具。孩子想象自己是妈妈，抱娃娃喂饭、穿衣、睡觉。模仿动物叫声做游戏。学驾驶员开汽车都是通过这些形象玩具来认识事物的。

建筑玩具：是一种没有定型的玩具，可以根据孩子的意愿和想象建筑，拼搭成所需要的形象物体。如积木、塑料插片、拼板、彩色胶粒等属建筑玩具。孩子会用这类玩具拼搭、建造成各种各样的物体，如桥、房子、汽车、飞机等，能发展孩子的想象力、创造力，促进智力发展。

运动玩具：是进行各种体育活动的玩具。如发展大肌肉运动的玩具：皮球、拖拉玩具、小自行车等，孩子玩时可做走、跑、踏的各种动作练习。发展小肌肉活动的玩具，如串珠、套碗、转盘等进行手指动作练习。这些玩具能促进动作发展，锻炼体力，增进健康。

音乐娱乐玩具：是一种具有优美动听的音响，逗人愉快的形象，配合孩子动作的玩具。如小铃、小鼓、小钢琴、小手风琴等音乐玩具可以培养孩子的听觉及节奏感，增进美的感受。又如不倒翁、跳蛙、爬猴、母鸡生蛋、熊猫吹泡泡等娱乐玩具能使孩子感到轻松、欢乐，可以促使孩子情绪愉快，培养乐观、开朗的性格。

智力玩具：是丰富知识和发展智力的玩具。如画有大小、颜色、形状及各种图形的图片或拼板、转盘、六面图等玩具，可以促使孩子动脑去思考，对物体进行分析和比较。

游戏材料和自制玩具：孩子喜欢的玩具不一定都要父母花钱买来，在自然界有取之不尽的游戏材料，如水、沙、泥、石子、树叶、树枝、雪、贝壳等，孩子在游戏中可以自由玩弄制成他自己喜欢的玩具。还可以利用家中的废旧物品如塑料瓶、牙膏盒、汽水瓶盖、棒冰棍、包装纸、绳子、碎布等来充当游戏中的代用品去玩，孩子可以将这些东西在父母的帮助下做成各种玩具如：轮船在水中漂，塑料瓶口包上布和棉花做成小娃娃，汽水瓶盖既可做盘子也可做棋子等，这些东西随手可得、变化无穷、百玩不厌。

希望父母根据自己孩子的年龄和爱好来选择合适的玩具。

20. 双语教育在早期同步进行

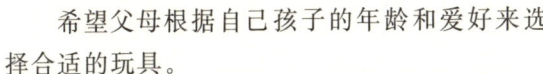
—— 汉语与外语的同步培养是学语言的捷径

不少国家的心理学家研究表明：双语教育在早期是可行的。即使对3岁以下的婴幼儿同时教几国口语，也是有益无害的，而且他们也有能力接受的。笔者见到一个3岁的孩子，他在家和父母讲上海话，到托儿所和老师、小朋友说普通话，与外婆在一起说广东话。从这孩子会说三种语言的启示中，说明婴幼儿早期学语的潜力是很大的。特别在2～4岁时语言的发展最迅速，是学语的关键时期。

婴儿出生后就会辨别声音来自何方，从自我发音到咿呀学语，逐渐理解语言，从模仿发音到学会说话，进一步运用语言和人交往，其中只经过2～3年的时间，比起外国留学生来中国学汉语的时间还短。这是因为婴幼儿模仿力强，在记忆力逐步发展的同时教几种语言，使其在早期建立条件反射，就容易为孩子的语感打下良好的基础，可以起到一箭双雕的效果。这时学外语也如同孩子在早期获得汉语一样，是以一种直接的方式，完整的模式去记忆，经大脑吸收后，再模仿成人的声音来学会的。早期学听、学说比以后读外语学口语更直接，更易于记忆，又可省去汉语翻译成

外语的过程。

国外也有事例说明双语教育是可行的:如曾在夏威夷从事语言研究的西尼卡夫人,在其子撒特希出生后,就用英语(本国语)、芬兰语和日语对他说话,到了第4个月其子就能分清三种语言的不同,以后他掌握三种语言的能力比其他孩子快。

那么,怎样同时进行汉语和外语的教育呢?

3岁前是学语的准备阶段,这时期可以进行启蒙教育。学语的内容一般是孩子生活中经常接触、最熟悉的事物,如常见的人、物、玩具等,要选择易于发音的词汇,从音节少的单词过渡到音节多的单词,从一个单词到学说简单句,再过渡到较长的句子,结合孩子日常生活中的真实情景,运用具体的实物形象、循序渐进地反复教育。

出生后到2岁是训练孩子听音、发音、理解成人说汉语和外语的阶段。如教说英语,在开始时可以经常给婴儿听一些外国的摇篮曲,和简单的英语歌曲,以后可以在孩子吃奶时,教他用手抱着奶瓶时讲:"milk"(牛奶),喂吃苹果或鸡蛋时说:"apple"(苹果)、"egg"(鸡蛋)。和孩子玩时说玩具的名称如"ball"(球)、"car"(汽车)等。在为他洗手脸时,洗到什么部位则讲出该部位的名称"eyes"(眼睛)、"nose"(鼻子)、"ear"(耳朵)、"hand"(手)等。还可指着房间里他经常看到的东西教说:如"light"(灯)、"door"(门)、"desk"(桌)、"chair"(椅)等词。从少到多,逐步增加,每天重复讲几个词,只要求孩子听音、理解词意就行了,能跟着成人学着模仿发音,学多少就多少,让孩子潜移默化、自然掌握。

2岁以后,一般孩子已能初步听懂成人的语言,初步能用简单的汉语来表达自己的意愿时,可以让他在学会汉语的基础上,以汉语作中介,进一步教孩子同时使用外语。如早上起床时父母对孩子说:"起床了",同时说"get up","早安",同时说"good morning"。晚上睡觉时对孩子说"睡觉吧",同时说"go to sleep","晚安"和"good night",并要求孩子跟着学说。每天结合生活中的事物反复地教说,久而久之孩子将认识的事物结合所学的短句建立条件反射,而逐步理解其意义,学着说英语。

在早期对孩子进行双语教育时,要注意几点:

首先,父母或家庭其他成员在教时要注意自己的发音要正确,使孩子一开始学语就能模仿正确的发音,如孩子学说"谢谢"的英语"thank you",时常将[θ]读成[ʃ]的发音。此时成人应让孩子看着自己的嘴的动作来模仿发音。千万不要讥笑他的不正确发音。

其次,要引起孩子学语的兴趣和积极性。父母可以根据孩子好奇心和喜欢游戏的特点,来诱导孩子学语,如玩"奇妙的口袋"的游戏时,将孩子过去认识的水果放入布袋内(或不透明的塑料袋),让孩子用手去摸,孩子摸出什么水果就要他讲出水果的汉语名称,再要他说出英语名称,如摸出橘子要他正确发音"橘子",再讲英语"orange"。

其三,要不断地增加孩子新的知识,扩大眼界;父母要经常带孩子去接触自然环境和社会环境,从中进行双语教育。如带孩子上公园时,将孩子见到的景物中简单易学的外语教孩子,见到树,先问这是什么,孩子回答说"树",就告诉他树的英文名字叫"tree"。走到马路上见到红灯,问孩子这是什么颜色的灯,孩子回答说"红灯",就可告诉他说是"red light"。

其四:让孩子有经常记忆和运用的机会:父母在家要经常将孩子学过的汉语及外语和他交谈,使他有反复记忆和运用的机会,还可以将他学过的外语单词、短句、歌曲用录音机录下来,再放给他听,促使他反复记忆。如出外散步时,见到人会问好,"你好"说"How do you do?"早上起床后,对人唱早安歌,先唱汉语再唱英语(早安歌附后)。反复练唱,以后就学会运用。

在早期进行双语教育,不仅是学习了语言,而且在学语的同时也在学习思维。在认识事物的过程中,增长理解、分析、判断的能力,如当孩子表现好时,父母可以对他说"好","good"(或 yes),表现不好时,对他说"no","这样不好"。经过多次重复,在条件反射的基础上,孩子的大脑皮质对外界"好的"和"不好的"行动中,所产生的认识、理解、分析、判断的兴奋点增多,从而刺激脑细胞的功能提高,使孩子的智力得到发展,变得更聪明。

当今世界,科学技术高速发展,国内外的信息交流频繁,要求未来社会的建设者,具有丰富的科学文化知识和高度发达的思维能力,去适应世界新形势发展的需要,因此也要求我国新一代人掌握 1~2 门外语去进行科学技术研究,文化技术交流,国际贸易合作,旅游观光及国外友好交往等。目前有条件的家庭都可以在婴幼儿时期开始进行双语同步教育,这是学外语的一个捷径。下面是一首早安歌可以让您的孩子学唱。

21. 不要将孩子关在"笼子"里

——社会性教育与婴幼儿心理的发展

小鸟关在笼子里由人喂养,供人欣赏,久而久之,它那高空飞翔的翅膀就无用武之地了,它那锐眼、尖嘴寻食的能力消失了,它只能适应鸟笼中的生活。聪明的父母绝不能让自己的独生子女像小鸟一样关在笼子似的房子里,过分地娇生惯养,供自己怜爱欣赏。这种方式教养的子女常常会养成唯我独尊、孤僻离群、依赖成性、胆小怕事,甚而会逐渐形成不良的精神状态。这些不良的心理特征和行为的出现,关键在于家庭教育中缺乏对孩子社会性的培养。据上海市精神卫生中心儿童行为研究室和华东师范大学心理系对 3 000 名学龄前的儿童进行调查:发现学龄前儿童有不同程度行为问题的占 29.7%,有各种情绪问题的占 25.5%。从这项调查引起深思,孩子在出生后短短的 6 年中,竟会出现这样多的行为和情绪问题。追其根源,几乎所有的心理学家和教育学家都认为是与婴幼儿在早期缺少社会性教育有关。

人一诞生就参与了社会生活,每个孩子都是在与社会的交往中,由一个什么都不懂的生物人逐渐发展成为社会人。家庭是社会的细胞,孩子社会性的雏型是在这里形成的。在婴幼儿成长的过程中,他的兴趣、能力、性格、情感的特点与道德品质的形成,与他所处的社会环境、家庭教育是分不开的。在现实生活中,独生子女在家庭里是受父母、祖父母或外祖父母的包围中成长的,他所接触的早期社会就是这些亲人,若不对他施行正确一致的教育,往往会使孩子"以我为中心",几乎认识不到除"我"以外还有他人存在,不理解自己与他人的关系,一切只考虑自己不顾别人,甚至会滋长自私、妒忌的心理。有个家庭,在祖母过生日的那天,客人送给她一盒蛋糕和精致的巧克力盒装糖。当家中唯一的宠儿看见祖母吃蛋糕和巧克力糖时,他感到惊讶说:"怎么奶奶也要吃我的蛋糕和巧克力糖。"于是就不依,大哭大闹,不许祖母吃。原来过去家中有好吃的东西总是属于他的,他想:"怎么今天奶奶居然会去吃呢? 真是太不正常了"。这种现象的出现是不足为奇的! 因为在最初的几年里,这个家庭忽视了社会性教育,让孩子成了"小皇帝"。

为了发展婴幼儿的社会性,请不要将孩子关在"笼子"里,应该将孩子放到他们自己的世界中去,让他在集体中与同年龄的小伙伴一起生活、游戏,通过与他人交往来了解自己与他人的关系,发展自我意识,学习与人相处,端正行为习惯,掌握是非标准,划清善恶界线。托儿所、幼儿园是婴幼儿的小社会,是为孩子提供社会性教育最好的场所,这里的社会性教育是家庭代替不了的。而小伙伴之间的教育作用也是任何成人代替不了的。因为孩子在这里能与同龄的、各种类型的伙伴进行社会接触,交流生活经验,经受各种锻炼,使他学会尊重别人,尊重集体生活规则,承担起一定的任务,发展社会化性格和适应社会环境的能力,逐步养成良好的性格和品德。

培养婴幼儿具有良好的社会性,还有赖于家长与托儿所、幼儿园的教师合作,结合每一年龄阶段孩子身心发展的特点来进行教育和指导。从婴儿期开始教孩子爱父母和家庭成员,以后逐步扩大社会交往面,带他到邻居、亲友家,和公园里与年龄相仿的小朋友交往,建立友好关系,等到进入托儿所后,与更多的小伙伴共同生活和游戏,让孩子在集体生活中学会关心他人,如从在家中为家人做些小事开始,给爸爸拿报纸,给妈妈拿拖鞋,请客人吃糖果等,进而学会为托儿所新小朋友拿玩具,帮老师做小事情等。孩子从小养成为他人做些小事情,长大后就勇于全心全意为人民、为社会服务。此外,父母还可以通过庆祝生日,参加节日活动,参观旅游,带孩子参加公益劳动等方式进行社会性教育。

父母们!假若你们的小宝宝是整天像小鸟一样关在"笼子"里,与外界隔绝,请赶快打开"笼子"解放他们,让他到孩子们的小社会中去自由"飞翔"!去接受社会性教育吧!

22. 爱孩子的学问

—— 父母的爱与孩子性格的形成

谈起爱孩子,记起前苏联文学家高尔基曾说过的一句话:"爱孩子,这是母鸡也会的事情,可是要善于教育他们,这就是一桩大事。这需要有才能和渊博的生活知识。"显然,怎样爱孩子是一门学问。

爱是一种伟大的教育力量。它对孩子的身心发育起着很大的促进作用,尤其对孩子性格的形成有极大的关系。由于血缘关系,父母对子女的爱是本能的,无条件的,是发自内心的一种真挚美好的感情。这里面包含着体贴、关心、温暖、爱护和信赖等。孩子非常需要父母的爱抚和那充满着感情的教育。由于父母对爱孩子的认识不同,采取爱孩子的方式、方法不同。而影响着孩子性格的形成和发展。

目前我国的家庭多为独生子女。"物以稀为贵"的心理状态使有些父母对孩子的爱过分,使这枝刚出土的独苗浇灌过度,而淹没在爱河之中。这种溺爱变成了"害"。这些父母以为爱孩子就是娇惯宠爱、百依百顺、包办代替、无原则迁就。孩子接受了这种溺爱,就形成任性、自私、唯我独尊、胆小怕事和依赖的性格。这种"爱"反而成了一种不良的教育。

还有些父母爱孩子之"深"是一般父母所不及的,他们将全部的爱倾注在子女成"名"成"家"上,对孩子过高的要求,使孩子感到承受不了。如父母都是音乐家,让自己3岁的男孩整天关在家中练钢琴,不能玩耍,希望他长大成为钢琴家,哪知这孩子爱画画,对钢琴毫不感兴趣。到了上小学时,他逢人就讲,我最恨的东西就是钢琴。父母的爱心和愿望都是好的,但要考虑孩子的年龄特点和心理的需要,还要从孩子的兴趣出发,采取适当的方式方法,千万不能采取强制命令的手段,甚至打骂的方法使孩子服

从。这样做会使孩子蒙受屈辱,幼小的心灵滋生起对父母的反感。父母用心血倾注的"爱"变成了他的"灾难"。久而久之对父母产生隔阂。孩子的性格也逐渐形成冷漠、孤僻、胆小、怕困难,甚至丧失了自尊心。父母这种"严厉"的爱,也是不可取的。

父母应该怎样爱孩子呢?父母对孩子的爱,要合理、正确、有分寸。它包括天然的爱和理智的爱。天然的爱是双亲对子女本能的爱,要求父母对子女的身心发展创造必需的物质条件,同时要传授给孩子适龄的知识和技能。理智的爱是爱孩子要爱在心里并要严格要求,不能感情用事。要教育孩子的思想和行为符合社会道德规范,而不去无原则地满足子女的一切要求和欲望。天然的爱和理智的爱相结合,才能使子女乐意接受父母爱的教导,而有助于良好性格的形成。

人的性格各有不同,一个人在童年时期形成的性格往往可能成为他一生性格的特征,孩子在2岁左右显露出性格的萌芽,开始意识到父母和其他人不同,对父母的爱有依恋感。4岁后想独占父母并讨父母欢喜的感情,6岁左右,孩子初步形成性格的特征。因此,学龄前期,父母爱的情感对子女性格的形成有极大的影响。如一个家庭有两姐妹,姐姐寄养在乡下亲戚家,妹妹在父母身边长大,由于父母和妹妹生活在一起有感情,处处偏爱,在家庭中的地位是处在养尊处优的环境中,姐姐回到父母身边生活后,因父母不喜欢她常被冷落,她处处小心谨慎,唯恐招来是非而受父母的指责。由于父母对姐妹两人的情感不同,待遇不同,姐姐性格日趋胆怯、孤僻、自卑、怕事。而妹妹性格日趋任性、傲慢、自私、蛮横。此例说明父母的爱对子女性格的影响,在同一家庭中爱的深浅不一,偏爱也会影响孩子的性格。

爱孩子是一门学问,孩子从爱中接受教育,但愿父母的爱能使孩子性格良好,心灵完美。

23. 也要歌颂父爱

—— 男性的个性对孩子心理的影响

世界各国的诗人、文学家、音乐家、艺术家都用不同的形式歌颂母爱,赞美它的伟大。因为胎儿自生命开始,经过了孕母十月怀胎及分娩的艰辛历程,来到了人间,投入母亲的怀抱,享受着母亲无微不至的关怀和爱抚,直到长大成家立业后,母亲还念念不忘地关怀着子女的生活、家庭和事业。这种本能的爱、无私的爱,哺育了多少伟人,这是因为母爱注入了子女的心灵而获得丰硕的成果。

自古以来,我国的传统观念:"母主内,父主外","严父慈母"。那时父亲接触子女时间少,即使接触时也都是以严厉的态度来显示自己在家庭中的权威,这样往往使子女畏惧,感情上易产生隔阂,如我国著名的教育家陈鹤琴的父亲对子女非常严厉,6岁前陈先生未曾和父亲同桌吃过饭,平日听见父亲回家来说话的声音,吓得魂飞九天之外,对父亲的命令说一不二,叫立即立,叫坐则坐。使天真烂漫的孩子形如木鸡一般。早期从未享受过父爱的他,深感孩子需要父爱的重要意义,因此当他自己做了父亲时,教育其子女的方法与其父完全不同。他经常与子女作伴玩耍、亲近,并给以父爱,还认真研究孩子的心理,他认为父亲对子女态度严酷、冷淡、漠不关心和听之任之是儿童心理发展的重要危机。

根据国外研究,美国心理学家曾进行过一项追踪调查:得知24年以前的1 000名小学三年级的学生,由于在家受到脾气暴躁的父亲体罚,在他们成长后自己做父亲时,酗酒、打架、虐待妻儿的现象比一般家庭多出好几倍,犯罪率也高,这说明父亲对子女的心理发展产生潜移默化的影响。

如何当好父亲?这不仅是关系到一个人的性格、气质的问题,还与人的道德、情操和思想修养有密切的关系。要做一个合格的父亲,深受子女的尊重和爱戴,必须要以父爱来浇灌子女的心田,使子女沿着正确的方向成长。因此,从孩子出生起就加以关怀,在成长的过程中,对子女的言行给予指导和评价,使其在人生的道路上信心百倍、勇往直前、不断进步、少走弯路。

当好父亲,给予父爱,是在母亲怀孕时就开始对胎儿的成长发挥作用。父亲对孕母的关心体贴,精神上和物质上的需要给予满足,关心胎儿的生长发育,经常检查胎儿心跳和胎动是否正常,给胎儿进行教育,和胎儿说话、听音乐,使孕妇感到舒适愉快,胎儿能健康的发育。当母亲临产前,这时是更需要父爱。国外产院允许父亲在母亲分娩时陪伴在旁,以消除母亲的恐惧,使其顺利分娩,这样还能使父亲体验母亲生孩子时的痛苦、艰辛的过程,从而更加爱护妻儿。

当小生命诞生后,他给小家庭带来了甜蜜和幸福。这时父亲既要照顾母亲产后身体恢复健康,还要学会护理新生儿,学喂水、换尿布、洗澡等事。一方面使母亲得到充分的休息,一方面和小宝宝建立感情,这也是培养父爱的好时机。

孩子一年年成长起来的时候,父爱更是家庭中不可缺少的。父亲坚强果断的性格,严格认真的教导,以及男性特有的性格美,时时刻刻都在影响着孩子。孩子从家庭到托儿所、幼儿园、学校,以后又踏上社会参加工作的过程中,父亲就像园丁对待花朵一样辛勤培育,在走向生活,踏上人生旅途时就像向导一样,不断地指引孩子前进的道路。尤其在我国农村的家庭中,多为男性当权,父亲文化知识水平高于母亲,父亲对孩子的教育能够给孩子新的思想,对子女接受新知识、开发智力有极大的影响,因此更显示出父爱的优越性。

当今世界,科学技术发展迅速,人才培养是每个家庭的大事。对孩子的培养仅靠母爱是不够的,母爱不能代替父爱。孩子既需要母爱,更需要父爱。只有在母爱和父爱共同发挥作用时,才能对孩子的教育密切配合,相互磋商、取长补短,使家庭中哺育出千千万万个伟大的公民。因此,在人们歌颂母爱的同时,也要歌颂父爱。

24. 从孩子脸上的"晴天"和"雨天"谈起

——婴幼儿情感的特点和培养

孩子的脸好像春天的天气,一会儿晴,一会儿雨,常常可以见到孩子玩得正高兴时,脸是"晴天"。突然有人将他心爱的玩具拿走,他就伤心地大哭起来,脸马上会"晴"转"雨"。有时孩子跌一跤在大哭时,妈妈扶他起来,给他一样爱吃的东西,他的脸上还挂着晶莹的泪珠,马上就笑了起来,于是脸上又从"雨"转"晴"。我国古代有句成语"破涕为笑",在孩子身上时有发生。这是孩子情感的特点。

整个婴幼儿时期,情感表现的最大特点是易变、易感、易冲动、易外露。

常常可以见到托儿所在第一天收托孩子入所时,当妈妈离开了托儿所,孩子马上就伤心大哭,这是因为他所处的情境突然变化而引起情感发生变化。3岁前孩子的情绪和情感常常受外界所处的情境支配,往往随着新情境的出现而产生,又随着情境的变化而消失,正因为这样,新入所的幼儿到了托儿所处于陌生的环境之中而妈妈又不在身边时,情境变化了,会产生不愉快的情绪。若是老师安慰他并给他玩有趣的玩具,这种不愉快的情绪随着情境的变化而消失,并能和小朋友一起愉快地玩起来。这种极易变化的情感,就是易变性的特点。

孩子的情绪还极易受到周围人们情绪和情感的感染。当一群2岁的孩子在一起玩时,一个孩子看见了猫,吓哭了,其他的孩子也会跟着哭。有时父母在谈到某件有趣的事而大笑,孩子在一旁并不理解父母说话的内容,但看到父母开心的笑,也跟着笑得欢,这种受他人所感染的情绪,3岁前最为常见,是孩子情绪易感性的特点。

婴幼儿的情感特别容易冲动,又往往难以平静下来,笔者看见一位母亲带孩子去商店买东西,孩子站在玩具柜台边指着旋转的玩具飞机,要妈妈去买,妈妈未买,就睡在地上打滚,大哭大闹。情绪极冲动,不买就不肯罢休。这是因为婴幼儿时期大脑的兴奋机能超过了抑制机能,大脑皮质对皮质下中枢神经的控制和调节能力差,因此兴奋过程容易扩散而不易抑制,容易引起孩子情绪冲动。这一冲动性的特点,父母要善于处理,不可经常迁就孩子,可以用转移目标的办法,使注意力转向其他有趣的事物上,而逐步控制孩子情绪的冲动性。

人所共知,孩子的情感是最真实的,没有半点虚假,他们不善于掩饰自己的喜、怒、哀、乐,他们内心情感的体验往往表现在脸上、语言及行动中。当高兴时,他们就手舞足蹈,难过时就哇哇大哭,情感表露十分鲜明。一个3岁的女孩,看见图书中的姑娘善良、可爱,会情不自禁地用嘴去亲吻书上的小姑娘。看见大灰狼真可恶,会气愤得用手去打图书上的大灰狼。这种爱憎分明的情感十分可贵,这种表现是孩子情感外露性的特点。

婴幼儿的情感是处在各种情绪迅速分化,情感初步萌芽的时期。父母应该掌握这时期婴幼儿情感的特点,去培养孩子积极愉快的情绪。它是孩子积极从事探索,发展认识能力的保证。孩子在积极愉快的情绪中易于接受父母的教育和诱导。能取得事半功倍的效果。而消极、不良的情绪是不利于孩子的身心发展,也不易于接受教育。

怎样培养孩子积极愉快的情绪?父母应注意些什么?

从满足孩子生理上的需要开始,婴儿出生后,要让他吃饱、睡好、勤换尿布;有安静、清洁的卫生环境,丰富的营养食物,适合年龄的玩具,都能使婴儿生理上得到满足,产生愉快的情绪。

培养良好的生活习惯,建立合理的生活制度,使孩子吃、玩、睡,清洁等有规律的生活。经调查2岁以下的孩子,常常为了不肯吃饭,到时间不肯上床,不肯洗脸,不肯坐便盆大便等问题而使父母恼怒。父母对他采取强制的办法,孩子不愿意,而产生不愉快的情绪。要避免这种消极情绪的产生,就应从小养成孩子良好的生活习惯,遵守生活制度,按时吃饭、睡觉、大小便及洗手脸等,学会有规律的生活,这样才能有助于情绪的稳定。

父母和孩子之间要建立亲密的情感,要时刻了解孩子心理的需要:孩子对父母有信任感和安全感的需要、有表达感情和被人理解的需要、有独立感和成功感的需要、有与人交往和了解周围世界的需要,以及良好的自我感受的需要。父母只有了解孩子的这些心理需要,才能对孩子采取正确的教育,孩子也就会在父母爱的情感中产生积极愉快的情感。

创设丰富的生活环境,除了能满足孩子生理上的需要外,更重要的是满足社会性需要。让孩子有机会去参与社会生活,认识社会上的人和事,学习简单的知识和技能,如绘画、捏橡皮泥、唱歌、跳舞、游戏,以及力所能及的劳动等,满足孩子的好奇心和求知欲,使孩子在丰富多彩的教育环境中愉快地成长。

父母们!相信你们了解孩子的情感特点和孩子心理的需要,会让孩子的脸上经常保持着"晴天"。

25. 不要对孩子制造心理障碍

——谈谈恐吓对婴幼儿心理的危害

父母在教育孩子的过程中,往往会因为孩子不听话、对抗而生气。有时气极了就不加思索地采用一些恐吓的办法来驯服孩子。父母们!不妨回忆一下,你们在日常生活中有没有对孩子讲过这一类的话:

"你不睡觉,大灰狼要来捉你了。"

"你不吃饭,老猫来咬你。"

"你再哭不停,医生就要来给你打针。"

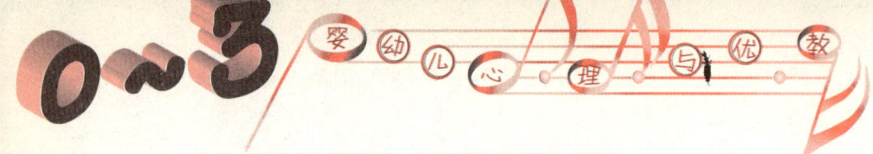

"你不听话,警察叔叔要把你抓走。"

"你不乖!我们不要你了,送你上托儿所!"

这样脱口而出的话,孩子听了,会产生一些什么后果?你思考过吗?

为什么天黑了,孩子不敢一人进睡房,不开电灯就不肯睡觉?

为什么孩子看见老猫来了就惊跳?

为什么看见身穿白衣服的叔叔阿姨就快逃并躲藏?

为什么孩子心目中最惧怕的人就是警察叔叔?

为什么孩子不愿去托儿所?要他去就大哭大闹?

这些都是平时父母用恐吓的办法制造的心理障碍。使孩子怕黑暗、怕大灰狼、怕老猫、怕医生、怕警察,甚至怕进托儿所。恐惧占据了孩子整个的心灵。这对孩子来说是严重的精神创伤,甚至会引起口吃、遗尿、失眠、智力发育迟缓和精神官能症等,并影响到孩子心理的正常发展,造成孩子胆小怕事、懦弱无能,缺乏独立性等不良的性格。

3岁前的孩子,由于缺少经验,不知道外界有些事物对自己的伤害性,因此对任何事物都不知道害怕,好比"初生之犊不怕虎"似的。孩子之所以产生恐惧心是因为他缺乏经验及自卫能力,且易受暗示。若是家长教育不当,而采用不切实际、不科学的甚至是荒谬的话来恐吓孩子,他会十分相信,因为这时期孩子认为父母的话是权威,什么都是对的。这也就是父母采用的恐吓办法能暂时生效的原因。其实,当孩子不懂事或不听话时,父母完全可以采取诱导的方式,先找出原因"对症下药",然后对他讲清道理,进行说服教育。孩子因为相信父母,是会接受教育的。对于已经造

成恐惧心的孩子,父母要细心地观察孩子害怕什么,要设法从孩子心灵中去消除他的恐惧心,克服紧张情绪。如孩子怕黑暗时,可以告诉他,白天和晚上是一样的,没有什么可怕,父母可以在晚上将灯一时开,一时关,让孩子探个究竟,还可以和孩子一起关了灯看电视、听音乐,在黑房间做游戏。使孩子将他感到可怕的事和愉快的事联系在一起,又有他亲近的人陪伴。这样他就会有一种安全感,逐步不怕黑暗,也会逐步习惯独自在关灯的房间里睡觉。

奉劝父母们,千万不要给孩子制造心理障碍。请你们记住美国一位早期教育专家在《自然教育》一书中的一段话:"不要让孩子的心灵装进恐惧、忧虑、悲伤、憎恨、愤怒和不满,这些情绪和情感有害于孩子的神经,引起身心虚弱。同时,孩子会由于这些情感而得病,影响身体健康。要让孩子寄喜悦于今天,高高兴兴地进入梦乡,抱着喜悦的希望早起。"

26. "挨打诗"说明了什么？

——体罚孩子产生的不良后果

孩子不听话，有点过错，说说他还不听，怎么办？有的父母没有那么好的耐心，说不听就骂，骂不改就打，认为打是最好的办法。他们以打使孩子屈服，收到暂时的效果，就得出了"不打不成才"的信条。至于打骂孩子今后会产生什么后果呢？这方面就很少去考虑。有一首"挨打诗"里是这样写的：

首次挨打战兢兢，两次挨打哭不停，
十次挨打眉头紧，百次挨打骨头硬，
千次挨打功夫到，不疼不痒不吭声，
可怜天下父母心，恨铁怎能把钢成。

这首诗告诫人们，打骂是代替不了教育的，打的后果是适得其反，它会产生一些不良的后果，十分不利于孩子的身心健康发展。

打骂会使孩子身体受损伤：由于父母一时气愤不能控制自己的情绪，往往把孩子打伤，严重的还会留下终身残疾。影响孩子的一生。如有一位父亲认为淘气的儿子太顽皮，气愤之下打聋了孩子的左耳；还有位母亲见孩子不听话，气急之下将孩子的头碰撞在墙上造成了脑震荡。

打骂会使孩子精神受刺激：孩子的神经很脆弱，被父母打伤以后，心理上受创伤更甚于身体上的痛苦，常常表现出呆若木鸡、孤僻离群、情绪抵触、爱发脾气等情况，甚至有时蛮横无理动手打人。

打骂会使孩子丧失自尊心：经常挨打的孩子感到挨打是"家常便饭"无所谓，有的甚至在做错事时，自己主动伸出手来让父母打，有的孩子则感到自卑，而失去上进心和自信心。

打骂会使孩子与父母疏远：父母与子女之间的感情是亲子之爱，经常挨打的孩子会感到家庭无乐趣，怨恨父母，就会与父母疏远，也更不听父母的话。

打骂会影响孩子的智力发育：孩子在愉快的环境中会无所顾忌的、积极主动地进行各种有益于身心发展的活动，若是父母经常打骂孩子，会影响孩子积极向上的情绪，孩子深怕自己做错事而受到惩罚，遇事胆小怕事，使思维迟钝，从而抑制了孩子的智力活动。

打骂还会养成孩子不良的行为习惯：孩子的模仿能力很强，父母一言一行对他都

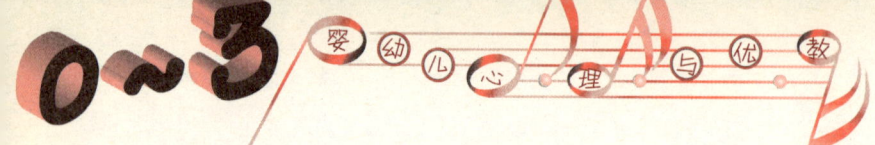

产生极大的影响,父母打孩子的行为连3岁孩子都会模仿。有个3岁的孩子在家常挨打,到了托儿所时就将自己的气愤发泄出来,打他心爱的娃娃,也学着父母的模样,说着"你不听话就要打",进而发展到打托儿所的小伙伴,不能与同伴友好相处,经常发脾气。

因此,打骂孩子后患无穷,会使孩子身心健康受到严重的影响,奉劝父母们以下面几句话为借鉴,常常铭记在心,冷静思考:

动之以情,用爱去触动孩子心灵;
晓之以理,用道理去循循的善诱;
导之以行,用行动去引导好品德;
持之以恒,用毅力去坚持正面教育!

27. 母亲研究员

——用科学的方法来研究塑造人的工程

0~3岁是人生最关键的时期,婴幼儿的健康成长为美好的将来奠定良好的基础。母亲不仅是孩子健康的保健者,教育的启蒙者,还应该是一名探索优生、优育、优教的研究员。

造就人的工程是世界上最伟大的事业,要培养一个身体好、智力高、品德优良的人,是母亲研究员的研究课题。每个新生儿都具有成为未来的伟大公民的可能性。这就需要每个母亲研究员在孩子成长的过程中不断地探索研究。寻找出最适合自己孩子的培养方法,以获得最佳效果。

研究工作应从新生命的受精卵开始,如何避免遗传病,如何选择最佳时期和最佳环境受孕。如何注意孕期的情绪、营养、保健、防病。如何进行胎儿的家庭监护和胎教等优生的研究。就好比种瓜一样,从选择优良种子开始,在适合的时期和适宜的土地上下种,并精心培育以促使将来收获优质瓜。

新生儿降生后的研究项目就更多了,这是出生后的关键时期,最重要的是如何护理新生儿,如何培养吃奶、睡觉、大小便、清洁卫生等方面的好习惯,如何发现新生儿的生理缺陷,如何预防疾病,如何进行早期的教育等等,这些都是最初的优育和优教的研究。

出生后的第一年是婴儿生理和心理发展最迅速的时期,婴儿从躺卧到会走,从哭的发音到咿呀学语,从被动依赖成人照料到主动地学会自己玩,这是生活中重要的转折阶段。细心的母亲研究员密切注意婴儿的生长发育,研究婴儿身长、体重、头围、胸围的体格发育情况及抗病能力。研究婴儿动作、语言,对环境与人的反应和情绪的变化,观察婴儿是否心理发育正常。此外,还应研究婴儿的生活环境及生活制度、饮食情况;如何从吃奶到断奶,如何增加辅助食品,如何进行体格锻炼和游戏,如何开发智力等课题。

2~3岁是在第一年的发展基础上巩固发展走的动作并学会跑、跳、攀登等大动作及掌握手的抓、拿、推、拉和玩弄等精细动作,能运用语言与人交往,初步具有独立生活能力。此时期除了继续第一年的研究项目外,还应研究如何使幼儿的动作协调、熟练。特别是手的小肌肉动作如何独立地操作简单的劳动,学会穿脱衣服和鞋袜、浇花、拔草,以及折纸、绘画、捏橡皮泥等独立的生活能力及初步的技能。如何满足幼儿的求知欲,研究他们的认知水平及提出的问题,研究语言理解与表达能力及语句结构和发音,研究注意、记忆、思维和想象能力以及游戏中的创造性,如何选择玩具及进行游戏,如何在日常生活中利用一切条件来进行智力教育等。

婴幼儿的头三年是一个飞跃的发育过程,特别是大脑的发育极为迅速。人类的进化是经过一个漫长的过程,从非洲古猿人进化到爪哇猿人用了20万年时间,从爪哇人进化到尼安德人用了30万年时间,从尼安德人进化到现代人又用了20万年时间,好不容易人类才有了现代人的头脑。从这个缓慢的进化过程来看婴儿的大脑发育速度是何等之快:婴儿出生后3个月就达到非洲古猿人的大脑重量,到11个月时就与爪哇猿人的大脑一样重了,也就是婴儿出生后3~11个月的这8个月中大脑重量与进化情况相当于人类进化的20万年时间。从婴儿11个月到7~8岁时大脑生长发育情况相当于爪哇人向尼安德人的进化过程,即相当于30万年的时间。由此可见婴儿大脑的发育在早期的研究是多么重要。母亲研究员应在早期对婴儿大脑给予有利的刺激,研究如何发挥孩子潜能,为以后幼儿期及学龄期开发智力打下良好的基础。

塑造人的工程是一项艰巨的工作,母亲研究员必须用自己的聪明才智,细心认真地进行研究,才能培养出优秀人才。

28. 孩子从小要懂"规矩"

—— 婴幼儿早期的家规教育

笔者有一次看见一个3岁左右的孩子拿了他家客人的照相机去玩弄,客人怕他摔坏了,向他索回,孩子却不肯,父母劝阻无效,只好强行夺走交还给客人,孩子不依,欲去抢回但未成功,于是哇哇大哭,赖在地上打滚,使父母十分难堪。又有一次去朋友家做客,进餐时,他家孩子不等客人坐好就爬上餐桌,将自己喜欢吃的肉拿到自己面前,用手抓肉吃,母亲要他吃点青菜,他将青菜丢到桌上和地上,真是"吃相"难看。这些情况的发生,往往是由于父母平日溺爱孩子,让他随心所欲,忽视了从小要对孩子进行家规教育,所以孩子不懂得什么是"规矩"。

俗话说:"没有规矩不能成方圆。"建立家规可以使孩子根据规则行动,避免错误,这将会使他终生受益。孩子是生活在社会的大家庭中,他将要学会遵守道德规则、自然规则以及政府颁布的各项法规,要使他懂得凡是遵守规则的人都会受到鼓励和赞扬,违反规则的则应受到规劝和惩罚。因此,在家庭里应根据孩子的年龄,从少到多、由浅入深、结合家庭实际,建立家规,使孩子从小学规矩,长大后才能成为有道德、守纪律的人。

3岁前的孩子具有喜欢模仿的天性,但他们缺乏自我控制和辨别是非的能力,难免会学来一些不好的行为习惯,因此父母要教育他们懂得什么是可以做的事,什么是不可以做的事。什么是好,什么是不好的,使他们的行动有一个准则。在家规中可以建立睡眠、饮食、大小便、清洁卫生、游戏、安全、待人接物等方面的规则。

首先要求孩子遵守家庭生活方面的规矩,遵守生活制度,对睡眠、饮食、大小便、盥洗等方面都要有明确的要求,培养良好的生活习惯,形成家庭生活的常规。例如要按时上床睡觉,按时起床,安静入睡,不要人陪伴,吃饭时坐在固定的地方,不边走边玩边吃,不挑食等,每天按时大便,不随地大小便,吃东西前和大小便后要洗手,早晚洗脸,不拾地上的东西吃,以及要孩子学会自己能做的事要他自己学做,如洗脸、刷牙、穿鞋袜等,父母可在旁给予帮助和指导。

其次要求孩子的活动要有规矩,孩子喜爱游戏、玩玩具、看图书、画画等,对此可提出明确的要求,如游戏时要在允许他活动的地方玩,不打扰别人,不能玩一些不安全的东西,如刀、电插头、火柴和玻璃类易碎品等;玩具应有固定的地方放置,玩后要自己收拾好;看图书要爱护书,不撕坏,不用笔乱涂;画图要坐端正,不将纸、笔乱丢或放入嘴中等。从小还要养成物归原处的好习惯,别看这些都是小事情,孩子从小有次序地做事,长大后就会有条理地工作。

其三要求孩子在待人接物方面要懂规矩,教育孩子讲文明礼貌、尊敬长辈、关心老人;与同伴友好相处,自己玩具愿与同伴共享,不抢别人的玩具;家中来了客人以礼接待,会招呼客人,向他问好,客人走时会说再见;出外做客,对人有礼貌,不随便翻人家的东西,大人谈话时不去插嘴、打扰大人的交谈;会为家人或邻居做些小事情,如送报纸给邻居、拿拖鞋给爷爷等。孩子从小懂得这些规矩,长大后就会礼貌待人,不妨碍别人,会关心人。

除了以上的家规外,父母还可以随着孩子年龄的增长,在日常生活中通过每件小事情结合实际教育孩子为什么要懂规矩?自己应该怎样去做?还可以通过一些故事、儿歌、歌曲、表演节目和电视中的儿童节目等方式用形象的情节来进行教育。父母仅仅建立了一些家规还不行,应根据孩子喜欢模仿的特点,以自己的身教,树立好榜样来潜移默化地影响孩子,并要不断地坚持不懈地去教育下去,这样才能取得良好的效果。

29."我从哪里来？"

——早期婴幼儿的性教育

"我从哪里来？"对每个孩子来说都是渴望知道的问题。但父母总认为孩子小，又无知，感到难以回答，于是就采取回避或哄骗的办法，不去正面答复而含糊其词地搪塞过去或胡说乱编出各种荒诞的答案来应付孩子，说什么"你是天上掉下来的"、"你是垃圾箱里拾来的"、"你是妈妈腋下窝里长出来的"、"你是爸爸像孙悟空一样吹一口气变出来的"……有的父母甚至不许孩子提到这个问题，甚至训斥或打骂，因此孩子感到困惑而产生恐惧的联想，再也不敢提问，逐渐造成了日后性压抑。孩子在儿童时期无法获得正确的认识，而成长到青少年时期常常由于好奇心的驱使去多方探索这个"神秘"的问题，有的青少年甚至会产生各种变态的性心理。著名的英国哲学家罗素曾说过："一切无知都会令人遗憾，但对性这样事的无知，则是严重的危险。"可见性教育不能忽视，在当今科学技术发达的社会里，必须破除旧思想、旧观念，父母应该面对现实及早给予孩子正确的性教育。

儿童性教育是早期教育的内容之一，它是成年后性心理的基础教育，它对人的一生具有重大的影响。美国性教育专家玛丽·考而伦博士提出："儿童阶段特别是5岁之前是性教育特别紧要而且有效的时期。"过去人们认为性教育是从青春期开始的观点必须修正，应该从婴幼儿时期就开始进行，让孩子早一点懂得简单的人体生理知识，对"性"有正确的认识，同时也应使父母明确性教育的目的是要求孩子体智德美全面发展，奠定孩子成长后做人的基础，培养孩子成为身体健康、品德良好、智力发达、心灵优美的一代新人。因此，性教育的内容就不仅仅是围绕"性器官"方面的问题，它还应包括性爱、性文明修养以及性心理等问题。

从0岁开始到3岁的性教育是根据婴幼儿时期各个年龄阶段的生理和心理的特点，寓教育于日常生活中的启蒙性教育，可分为3个阶段来进行。

婴儿期（0～1岁）：给以"爱"的感情教育。父母要经常给予婴儿肌肤接触，情感满足。新生儿出生后，他的食欲与性欲都是与生具有的行为（本能），男婴可有自发性阴茎勃起，女婴偶尔有阴道分泌物，这都是最初的性表现。婴儿的性满足是肌肤亲近时所体现出的舒适感。著名的奥地利精神病学家弗洛伊德曾说："这种本能在婴儿时期是性欲趋向于在最亲近的人中找对象，男婴通常选择母亲，女婴则选择父亲……"因此，婴儿除了吃饱、睡足，满足其生理需要以外，应该有优美的环境及父母的爱抚，如喂奶时婴儿小嘴与母亲乳头接触，拥抱抚摸婴儿的皮肤，亲吻婴儿的小手、小脸等，使婴儿与父母之间的感情进行交流，让婴儿在接受父母爱的过程中，培养爱的情感，这对孩子

日后成为一个性格良好、仁慈善良、富有同情心的人是非常重要的。

幼儿早期(1~2岁)：教育幼儿在"性自认"的基础上达到"性识别"，防止人为地造成"性偏移"。这时男孩和女孩对性别的"自认"不足，完全是由父母来确定，先有从父母那里接受的"他认"然后才有"自认"，"自认"是"他认"的结果。因此，父母应按孩子的性别称呼及打扮，让孩子知道是男是女，有的父母给男孩穿裙子、留长发、打扮成女孩，觉得很好玩，还有的母亲因为生了女孩不如心愿，将女孩打扮成男孩，常此以往造成孩子"性自认"、"性识别"混淆不清，使孩子的性格、兴趣爱好都会向异性方面发展，这将会造成日后心理上的偏移，甚至心理变态，不能适应社会角色。

这时期孩子开始会说话，能理解成人的语言，父母可以结合日常生活来教孩子认识自己身体的各部位及其简单的功能，如洗手脸时认识手、脸、眼、耳、鼻等，洗脚、洗澡时认识脚、腿、乳部、肚脐和性器官等。这时期孩子常会触摸或玩弄自己的生殖器，这是正常的举动，父母不必过分紧张地去责怪他，因孩子只认为抚弄生殖器与玩手、玩脚是一回事，父母只要正确地告诉孩子说，那是解小便的"小鸡鸡"（即生殖器，以后可告知正确的名称叫阴茎或阴道），摸来摸去弄脏了就要生病，要爱清洁保护好"小鸡鸡"就像保护眼睛、脸一样，孩子到了1岁半以后能控制大小便时，可以穿满裆裤，就会自然而然地减少玩弄性器官的机会，若仍有玩弄的情况，可以设法转移他的注意力到其他有趣的游戏中去。

幼儿期(2~3岁)：父母要让孩子懂一点人类生理及生殖方面简单易懂的知识，用正确的态度回答孩子提出的问题。因为这时期的孩子对各种事物都感到新鲜、好奇，求知欲强，遇事要问，如问"爸爸为什么站着小便？妈妈怎么要坐着（或蹲着）小便？""我是哪里来的？"对于这些问题应该亲切、耐心地正面回答，可以告诉他："男孩像爸爸一样小便的地方叫尿道就在阴茎内，露在外面。所以要站着撒尿，而女孩和妈妈一样尿道在阴道上部，不露在外面，所以要蹲着或坐着撒尿。"对于"我从哪里来的？"这个问题也要实事求是地正确回答，可以采取讲故事的方式告诉孩子："你是爸爸妈妈两人一起生出来的，是爸爸身体里有个小精子，它像小蝌蚪一样会游泳，它游到妈妈身体里和一个小卵子相遇交朋友，天天在一起，后来它们就合起来变成了一个像鸡蛋那样的受精卵，这个受精卵就是小宝宝，他住在妈妈肚皮里的一个地方叫子宫，那里可温暖舒服哩，妈妈每天吃了营养的食物，他也在子宫里得到营养，慢慢长出了身体、头、手、脚，过了几个月他还会在子宫里伸伸手、踢踢腿、翻筋斗，后来这个小宝宝越长越大，妈妈肚皮涨得又大又圆，实在大得住不下了，这时小宝宝动呀动的，急着要钻出来，妈妈被他动得肚子一阵阵地痛，爸爸赶快送妈妈到医院去，医生帮忙把小宝宝接了出来，宝宝一钻出来就哇哇大哭，好像告诉大家：'我出来了！我谢谢妈妈把我生出来了！'"这样亲切地回答孩子，不仅能解除孩子的疑问，取得其信任，而且还能了解有关性的粗浅知识，既满足了孩子的求知愿望又能沟通亲子间的感情。

父母及家庭成员应该破除旧思想观念,在21世纪科学技术迅速发展的新形势下,用新的观点来看"性"问题,自己先接受性教育,学习人体生理卫生和心理卫生方面的知识,才能掌握基本的性知识去对孩子进行正确的性教育。

30. 孩子在想些什么?

—— 正确对待孩子的心理需求

婴儿来到了人间,从最初的时刻起就接受了人类社会的教育,从一个"生物人"逐渐变为"社会人",产生了各种心理活动,在逐步成长的过程中,父母应花一些时间和精力去了解孩子的心理活动,从中悟出他们每个时期的心理需要,以便懂得怎样同孩子进行思想感情和生活体验方面的交流,从而引导孩子身心健康地成长。

0～3岁的孩子除了在生理上满足吃好、睡好、生活上有规律、环境清洁卫生以外,还要满足心理上的需求,他们在想些什么?他们有哪些心理上的需求呢?

清晨醒来想看到父母的笑脸

孩子需求每天有一个良好的开端,早上醒来后不必马上要他起床,而是微笑地对他说:"宝宝早,天亮了,起来吧!"等几分钟后让孩子完全苏醒,再为孩子起床穿衣,洗手洗脸,2岁以后,孩子可以和父母同桌进早餐,使孩子与父母短暂的相处中感到亲切和欢快。当父母离家去上班之前,要拥抱或亲吻孩子,并说上几句鼓励他的话,微笑着和孩子再见。清晨的这一段时间,父母的笑脸和关心会对孩子的一天带来新的气息和良好的情绪。

可是有的父母往往忽视孩子的心理需求,只顾自己忙,遇到自己起床晚了,上班时间快到了,更是心急,情绪不好,常会在动作及语言上表现粗鲁,对孩子说:"快!快点起床。""怎么这么慢?快点吃饭呀!"甚至抱怨孩子:"你天天拖拖拉拉地害得我上班要迟到了。"这样糟糕的一天的开始,使孩子清晨起来看到的不是亲切的笑脸,而是紧张和厌烦的表情,孩子接受了不良的刺激后,情绪消极,心理不安,会影响他一天的正常生活。

想和父母说说玩玩

3岁前的孩子特别依恋父母,常想和父母亲近,说说、玩玩。因此,父母下班回家后,可以花一点时间听孩子讲话、提问,并为孩子念儿歌、讲故事、唱唱歌,或和他游戏。时间不多,自己也可轻松一下,调剂一天工作积聚下来的紧张情绪,又能给孩子带来快乐和安慰。孩子满足了心理需要会很高兴地独自去玩或帮忙父母做一些小事情。

但有的父母上班忙工作,下班忙家务,有的晚上读夜校,有的晚上自己要看电视

或打麻将,常会忽视孩子的心理需求,不把孩子放在心上,当孩子拿了玩具找父母玩或对父母说话时,听到的回答是:"别来打扰我,你自己去玩吧!"有的甚至嫌孩子干扰了他而骂孩子:"你真讨厌!你没看见我正在忙吗?"孩子遭受到父母不欢迎的态度,感到难过、沮丧而情绪不佳,甚至会发脾气哭闹。

需要生活在和睦的家庭环境里

和睦的家庭是孩子幸福的摇篮,孩子需要在父母恩爱,家庭成员团结友好,相互尊重的环境里生活,这是孩子身心健康发展的必要条件。

家庭不和,父母或家庭其他人间产生矛盾而争吵,往往会出言不逊、行为粗鲁。由于情绪不好,父母常将怒气出在孩子身上,把孩子当成"出气筒"。尤其是父母矛盾深化到闹离婚的时候,为了争夺孩子而以孩子喜爱之物引诱他站在自己一方,反对对方,使孩子不知如何是好,分不清是非,而易形成自私、虚伪、说谎及见风使舵的不良行为,严重的会影响孩子的个性发展,并使孩子的心灵受到创伤。

希望得到父母的尊重

每个孩子都有自己的需要和兴趣爱好,他们都希望得到父母的尊重,孩子从小受到尊重,才会自尊自爱,长大后也会尊重别人。因此,家庭中应该有民主气氛,父母要孩子帮助做事应该用请求或商量的语气,不可强迫命令;孩子做完事后,父母也要对孩子说"谢谢";父母做错了事或说错了话也要承认错误,若错怪或冤枉了孩子,事后应该向孩子道歉。

孩子在开始生活的道路上,难免会有错误和过失以及不能令人满意的行为习惯,父母应该循循善诱地去帮助他改正缺点与错误,千万不要在众人面前议论、指责孩子,如说孩子很笨、不听话、喜欢咬人和打人等,这将会强化不好的行为,也会伤害孩子的自尊心。

有的父母把孩子当玩物,有的无意识地随便戏弄孩子,如看看孩子长得白白胖胖很可爱,叫他小胖猪;孩子长得瘦的叫"小猴子"、"小排骨";孩子反应迟钝的使父母烦恼而骂他是"笨蛋"、"戆大",这都是对孩子人格的不尊重,使孩子人格受到侮辱,心理产生不愉快的情绪,会对将来的健康成长带来影响。

尊重孩子还要满足他的合理要求,在孩子不懂事或无理要求时要和他讲道理,不能打骂孩子。

父母如能了解孩子的心理需求,孩子将会生活愉快,身心得到健康的发展。

第二篇　可爱的小天使

——0~1岁婴儿的心理与教育

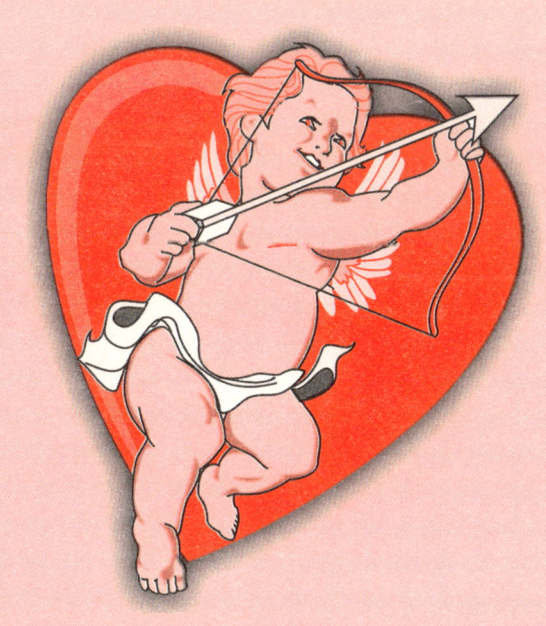

31. 一天一个样

——新生儿的心理特点与教育

胎儿在孕母分娩时,配合着子宫收缩的节奏,勇敢地朝着人间的大门前进,经过了艰辛的历程,终于离开了母体,从四季如春的子宫里来到了人世间。首先受到的是冷空气的袭击,接着是大千世界的五光十色,伴着喧嚷声响,迎接他的到来。这时他大声啼哭,呼吸一口新鲜空气,感到疲倦极了,除了感到饥饿或不舒服而啼哭外,几乎所有的时间都在睡觉。他将面临着怎样去适应新的生活环境。

说也奇怪,新生儿出生后就有天生的本领,出生5分钟以后,当强光照射他的时候,他会眨眼,出生半小时后用手逗弄他的面颊或嘴唇时,会转头觅食,出现吸吮的动作,接触他的手掌时,会紧紧地抓握成人的手指。这些不学而能的最初的本领,都是无条件反射,是与生俱来的本能,使他得以生存下来,并以此为基础去适应一天比一天扩大了的新生活。

新生儿也是根据俄国生理学家巴甫洛夫的条件反射的学说,在他已具有的无条件反射的基础上,经过多次条件反射的刺激,他开始学会了许多新的本领,以后他就一天变一个样子,越来越可爱!

学会看:出生时,他的视觉模糊,视线不会停留在任何物体上,经过每天接受光和物的感受,两周后,就能注视眼前的物体,开始视觉集中,到满月时,双眼能跟着物体移动,并稍能转动,特别喜欢看光亮和鲜艳的东西。

学会听:出生时就能听,听到突然的响声会受惊、发抖,2周后能认真听声音,哭时听到声音会安静下来。

学会辨味:出生后能对不同的味道作出反应。满月时能分辨异味,对甜的东西就用嘴去吮吸,面部表情愉快,对苦、酸、咸的味道有不安的表情,会皱眉、闭眼或用舌将异味物推出嘴外。对于有气味的东西,也会作出反应,如闻到刺鼻的气味就转头避开。

能感觉:出生后,当皮肤接触到冷、热、硬、软等物体都有不同的反应,感受非常灵敏。满月时能区分过热或过冷的水温,也能区分不同的奶温。新生儿对痛觉的感知也发展较快,如出生第一天用低电流电脉冲刺他,能忍受85～90伏特,到了出生第4天就不能忍受了。

能动:出生时,只能无规则地仰卧在床上,头仅能向左右转动,四肢会伸缩、弯曲。俯卧时四肢呈游泳状,头部不能抬起,到满月时,试抬头但无力,只能使鼻部离开床面,将头转向一侧。

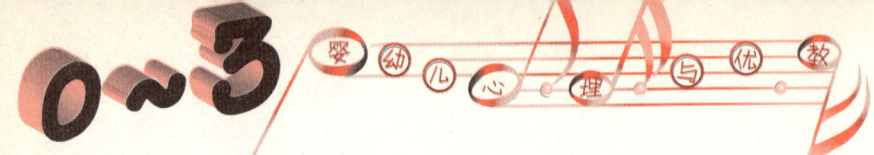

开始笑：出生后的新生儿只具有本能的笑，这是生理性微笑，3周后就会对人脸或玩具微笑。这是最开始出现的社会性微笑，特别依恋母亲，每当母亲抱他喂奶时，会凝视母脸微笑。

从出生到满月的短短1个月里，新生儿学会了不少本领，虽然他的身体是非常的娇嫩，但学习的能力可不小，他每天都在通过各种刺激来调节自己的行动和感受。从反复建立各种条件反射的基础上养成习惯。这时期父母除了精心对新生儿进行护理和保健外，还应开始进行早期教育。最初的教育都是与睡、玩、吃、排便和清洁有关，因此应结合护理、保健来进行教育训练。如在洗澡或喂奶前，让婴儿俯卧在床上几秒钟，训练仰头，发展头部动作。在睡醒、哺喂后可逗引新生儿玩，摇晃响铃，定时听音乐，训练听觉，拿彩色鲜艳的玩具，逗他睁眼看，训练视觉。给新生儿手中抓握小棒或成人手指，以训练皮肤感觉和手部动作。在哺喂、清洗、换尿布的同时，对新生儿说话，虽然他听不懂，但可使他从听到的讲话声、笑声和看到成人的笑脸中感到情绪愉快。从这些外界的刺激中作出反应，促使感觉灵敏。

从出生到满月短短的1个月中，新生儿通过他的听觉、视觉、嗅觉、味觉、温度觉、触觉、痛觉、运动觉和内脏感觉等对外界刺激能作出反应，这说明新生儿已有心理活动，他与成人相比心理反应是低级的，但已是一个人意识活动的开端。心理变化很大，一天一个样，由于每个父母对新生儿重视的程度不同，认识不同，教养的方法也不同。新生儿在人生的起跑线上"开步跑"的快慢程度也不同。父母万万不能疏忽这一起点时期的新生儿的心理特点，必须要结合心理特点来进行保健与教育，以保证有个良好的开端。

32. 一个月比一个月灵

—— 婴儿的身心发育特点与教育

在人生的道路上，没有哪一个年龄能比婴儿身心发展的速度更快。成年人相差一岁各方面没有多大的变化，而婴儿在出生后的一年里，每个月都有新的发展，不仅在身体上日长夜大，而且在心理上一个月比一个月发展更灵敏。婴儿刚出生时只会躺卧着手脚乱动，由成人摆布。而一年后，好像变了一个人似的，感知觉灵敏了，能站立迈步了，会牙牙学语了，会和人交往了。人的生命第一年身心竟发生了如此巨大的变化。

感知觉灵敏的程度可以很明显地看出，新生儿期只是开始张开眼能看，转过头去听，而满1岁时婴儿会主动去看、去听。婴儿早期的认识能力始于视、听、感知觉，他学习和认识事物有了新的方式，这时已不需要在无条件反射的基础上建立条件反射，而是以条件刺激物建立在定向反射的基础上，定向反射是一种自然的探究倾向，依靠用眼寻找事物，用耳倾听声音等，在这个基础上建立条件反射。如婴儿已经能认识常吃的牛奶和奶瓶,以后每次将牛奶倒入杯或碗中给他吃,他就从探究中知道杯或碗中有他吃的牛奶,以后看到杯或碗就很兴奋,说明他已认识了。以后婴儿还学会了用眼、耳和手的联合行动,从各个不同的角度去感知周围事物之间的关系,如辨别不同的形状、颜色、声音,知道"有"和"无",如看见一只盘里有蛋糕,知道"有"会拿来吃,吃光了就伸出空着的两手,表示"没有了"还想要。

动作发展的变化最大,新生儿躺卧在床,2~3个月学会抬头,3~4个月学会翻身,5~6个月会坐,7~8个月会爬,9~10个月会站立,10~11个月开始迈步行走,出生第一年就掌握了各种运动的基本动作。婴儿学会抬头和转头后,会看到不同方向的事物,会坐和爬以后,可以看到上方、下方、前后的东西以及四周更远距离的事物。会走后更能随心所欲地自由行走。由于掌握了这些运动技能,使他扩大了视野,才能有空间感觉,有上下远近之分,接触的事物多,感知觉更灵敏,从而也促进了他的智能发展。

婴儿手部动作与眼的动作比身体的动作发展得早,半岁前,婴儿手的动作发展很差,眼与手的活动不协调,开始时,只是一种无意的抚摸动作,既不能抓握,又不能眼睛看着东西伸手去抓。4~5个月时才开始眼手协调活动,尚不能准确地伸手抓到物品。6~7个月时能两手同时抓物,会用一物敲打另一物,如用小棒敲小鼓,会摇晃玩具、滚球等动作。8~9个月时,学会用小手指去捏取小物品,如小积木、小糖果等。10~12个月,双手能灵活摆弄玩具,会将小东西放在大盒或大篮内,剥糖纸,打开盒盖,这些动作都是在不断的尝试、探索之中,从失败中吸取教训,找到事物之间的关系,这是人类认识世界的重要一步。

"牙牙学语"是学语的开始阶段,婴儿出生从第一声啼哭到1岁学会叫妈妈的过程,也是心理活动不断发展的过程。在这语言发生及准备的阶段中,婴儿除了啼哭外,在2~3个月时,常会连续重复的自我发音,多为单音如 a(阿)、e(鹅)等,半岁左右能发出复合音如"ma—ma"(妈—妈)、"ba—ba"(爸—爸)等音组,七个月后婴儿开始模仿成人发音,由于婴儿多次感知某种物体或动作的同时,听见成人说出某代表词,于是头脑里,就将物或动作的形象与该词的发音之间,建立起联系,以后,只要听到这个音,就知道它的含义,这时就开始逐步理解词意。如每当妈妈去上班时,就看见妈妈招手并说"再见",经过多次重复,妈妈只要说"再见"这个词,他就会主动招手,知道妈妈要去上班了。9~12个月,婴儿在模仿成人发音的基础上逐步学说第一批词,并能听懂成人和他说话的意义。如妈妈、爸爸、瓶瓶、牛奶、球、猫、鸟等简单的词。这时期是先听懂,后会说,基本上处于听懂阶段,只能说极少的词。

开始和人交往,是婴儿与成人间社会性情感交往的起点。这种表现在开始时是以笑和"牙牙发音"来引人注意,当人们抱他或逗引他时,以手脚挥动来欢迎,表示非常高兴,这时不论亲人或陌生人都一视同仁地对待。到了5~6个月时就区别对待了,喜欢亲人和他玩,逗乐,见了陌生人就躲,甚至避开大哭。开始主动去接触同龄儿,但喜欢与大孩子玩,近1岁时,会与镜子里的"孩子"玩,用手摸它,用嘴去亲吻,完全不知道这就是自己。

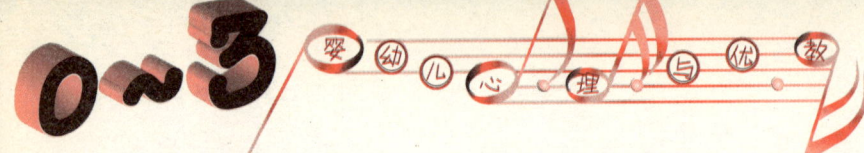

1岁前的婴儿期是人生的起点,他的生理和心理日新月异地发生着变化,父母必须掌握这些变化,对婴儿进行早期教育,使婴儿在人之初的模式时期打下良好的基础。

首先:要积极地发展感知觉。要根据婴儿的特点,锻炼感知觉,让他多看各种颜色及各种形状的实物和玩具;多听各种声音,包括音乐、乐器及说话的语音。结合婴儿的生活实际,吃的或玩的,让他运用多种感觉器官协同活动,看看、摸摸、听听、闻闻、尝尝。可以带婴儿出外散步,观看大自然的花草树木、人和动物、日月星云等使他的感知觉得到发展。

其二:促进动作发展。运动机能的发育不仅受神经、骨骼和肌肉系统的制约,同时还与社会环境、教育、营养、保健等外界条件有关。因此,在促进动作发展的同时要注意各种因素。除了精心护理、保证营养外,还要有适宜的锻炼和教育训练,如2~6个月为婴儿做被动体操、7~12个月做主被动操,在训练婴儿抬头、翻身、坐、爬、立、走的过程中,应根据婴儿神经、精神发育的规律略微提前一点进行。当然还应注意各个婴儿的体质强弱来灵活掌握。

其三:及早发展语言。父母要及早开始与婴儿讲话,虽然婴儿听不懂,但却能引起他的"哦……啊……"的发音反应,对婴儿发音器官是一种锻炼,可以促进视觉、听觉和言语运动觉的协同活动,逐渐掌握辨别语言的能力,要丰富婴儿的生活环境,与人多交往,多看、多听,才能逗引婴儿学说话的积极性。

其四:培养良好的情感,愿与人交往。父母要满足婴儿生理上的需要,建立合理的生活制度,使婴儿吃、睡、玩、生活有规律,才能培养一个自然的生物节律来规律婴儿生理功能的需要,使其每天都能情绪愉快。还要满足社会性的需要,父母要经常抚爱、搂抱婴儿,用玩具逗引,并常抱到户外散步,接触小朋友,使婴儿经常处在愉快的环境中。

父母应是最了解自己孩子的,若能结合婴儿身心发展的特点,注意早期教育,婴儿的潜力必能得到最大限度的发展,他会一个月比一个月更灵。

33. "生物钟"要按时走

——建立动力定型培养良好习惯

世界上,所有的生物每天都是按着一定的时间来进行活动的,对于这种时间的规律,人们常称为"生物钟"。我们人类和其他生物一样,根据自己的生理状况,按照一定的时间来进行活动,长期以来,形成了固定的生活习性,使体内存在的"生物钟"按时走。倘若孩子每天早上6时起床,7时早餐,12时午餐,18时晚餐,20时睡觉,每天如此进行,久而久之,虽家中无闹钟,但到了早晨6时会自然觉醒,到了早餐、午餐、晚餐的时间就会感到饥饿需进食,晚上8时左右会感到疲劳想睡觉,这就是"生物钟"在起作用。

在现实生活中,我们进行的各种活动都不是孤立的,而是在一定条件下,依先后顺序作用于大脑而形成暂时的神经联系,心理学上称为"动力定型"。一种动力定型包含着许多有环节的连锁式的条件反射。如每当间隔4小时喂婴儿吃奶,每天在规定的时间按时给婴儿坐盆大便,每天如此,就会建立条件反射,使婴儿养成按时吃奶、定时大便的习惯,形成了动力定型。否则不按"生物钟"的规律进行,破坏了动力定型,不但良好习惯难以养成,婴儿常会哭闹,发脾气,情绪不好。

新生儿出生后,仍按在子宫里生活的规律整天睡眠的时间多,没有固定的吃、睡、玩的时间。在1个月里,母亲可以根据新生儿的生理需要,让他饿了就吃,困了就睡,醒了就玩,不需要规定固定的时间。在此期间,母亲先摸索新生儿的生活规律而逐步调整"生物钟"的指针,使其在满月前能逐步适应人类婴儿的生活节奏,按有规律的作息时间生活,对合理的生活制度建立条件反射。

培养良好的生活习惯应从婴儿期开始,婴儿出生后首先面临的问题就是睡眠、哺喂、排便及清洁卫生的习惯培养。母亲应该在每天的生活中确定一种同样的培养方式,重复同样的内容,按"生物钟"的节律,建立同样的条件反射,形成动力定型,构成良好的习惯。

首先要养成良好的睡眠习惯,保证充足的睡眠时间,养成定时睡眠、自动入睡的好习惯。父母千万不要在睡前逗引、哄拍、抱着摇晃,一旦坏习惯养成,就会破坏"生物钟"的节律,而使孩子到了时间不肯入睡,而父母这时只能怨自己了。

哺喂要定时定量,根据月龄调整喂哺或进食的时间,开始时每隔3小时喂哺一次,以后可延长到4小时喂哺一次。这是根据婴儿胃肠的功能而定的,按"生物钟"的规律,婴儿胃肠每隔3~4小时就分泌消化液,若不按规定的时间,婴儿一哭就喂奶,会造成消化不良,影响身体健康。

排便习惯也要遵守"生物钟"的规律,婴儿到了3~4个月时可在规定的时间训练婴儿听音大小便,可以用"嘘嘘"或"嗯嗯"的声音去刺激婴儿排尿或排便,形成条件反射后,就养成了听音排尿、排便的习惯。

爱清洁、讲卫生的好习惯应从出生就开始培养,从勤换尿布开始进行,当婴儿尿湿后就换尿布,久而久之,婴儿尿湿后就会感到不舒服而以哭来表示,要求成人为他换尿布。此外,每天要为婴儿洗脸、洗澡,使婴儿感到洗了舒适,长期坚持就能养成良好的清洁卫生习惯。

父母若能掌握"生物钟"按时走的规律,坚持按时培养婴儿的良好生活习惯,不仅有利于孩子的身体健康,并能引导孩子长大后,去适应社会生活环境,良好习惯的养成将受益终生。

34. 睡眠是婴儿生活中的头等大事

——睡眠既保证生长发育又促进智力发育

新生儿出生后大部分的时间是在睡眠中渡过的,一般要睡20～22个小时,以后逐月减少,到1岁时睡14～16个小时。睡眠时间几乎占婴儿全部生活时间的60%～80%。可见睡眠对婴儿来说是头等大事。如果睡眠不足,就会使婴儿感到疲劳、精神不佳、食欲不振,从而影响到正常的生长发育。若是睡不好,会使婴儿烦躁不安、哭闹频繁,对周围事物不感兴趣,难于接受早期教育,进而影响到智力发育。

睡眠之所以对婴儿这么重要,是因为周岁以内的婴儿神经系统尚未发育成熟,兴奋活动持续的时间短,容易疲劳。若过度疲劳就易转入抑制,进入睡眠状态。出生后的一年中是处在生长发育最迅速的阶段,婴儿身体内的每一个细胞增长都需要能量。而睡眠是一种"节能"的最好办法,睡眠时身体各部分的活动都减弱了;肌肉松弛了,呼吸心率减慢了,脑组织消耗能量减少了,这时大脑皮质处于弥漫性的抑制状态,对神经系统起保护作用,能量便得以重新积累,以便弥补劳损而获得新的精力和体力。再说,婴儿长个子是在睡眠中进行的,因为人体的内分泌腺体中,有一个腺垂体叫脑下垂体,这个腺体分泌激素,其中有一种在婴幼儿时期分泌的生长激素,它可以促进组织蛋白质的合成,加速全身各组织的生长,特别是骨骼的生长。这种激素在睡眠时分泌特别旺盛,而在醒着的时候,相对地减少分泌,因此睡眠充足才能保证婴儿正常的生长发育。

睡眠对婴儿的智力发育起着重要的作用。当婴儿进行看图、认物、学语、游戏等智力活动时,其活动的效率取决于大脑皮质有关区域是否处于适当的兴奋状态,若是这一区域的兴奋状态占优势,就能提高每一活动的效率,就能使婴儿接受成人对他的启发、教育,从而促进智力发育。若是婴儿睡眠不足,大脑就会感到疲劳而处于抑制状态,需要获得休息,怎能聚精会神地去看图、认物?怎能情绪愉快地和人交往学语?甚至最喜欢的游戏也身不由己无心去玩了。因为人的一切活动都是受大脑支配的,大脑在抑制状态是不能支配婴儿的智力活动,可见婴儿的睡眠是多么重要。

有些父母以为孩子长得聪明、健康,只要给他吃得好,千方百计地为孩子选强化营养食品、益智食品,而忽视了睡眠的作用,以致为了走亲访友带孩子外出而随便取消孩子的午睡,或是晚上自己看电视,孩子跟着不睡,以致影响孩子的生长发育和智力发育。

希望父母们要将婴儿的睡眠作为生活中的头等大事来看待,一定要保证婴儿充足的睡眠时间,家庭中创设一个安静、舒适的睡眠环境,使婴儿带着一个良好的心理状态入睡。

周岁以内婴儿睡眠时间表

时间 年龄	白天睡眠		夜间睡眠(小时)	共计时间(小时)
	次数	时间(小时)		
初生～1个月	睡醒不分			20～22
2～3个月	4～5	1.5～2	10～12	18～20
3～6个月	3～4	2～2.5	10～11	16～18
6～12个月	2～3	2～2.5	10	14～16

35. 母乳喂养是母子心灵交往的好时机

—— 滋生母爱促使大脑发育形成良好性格

你知道婴儿最渴望的是什么？是母亲香甜的乳汁和温柔的爱抚。当母亲搂抱婴儿入怀，给以母乳喂养时，是他最愉快的时刻。然而有些青年母亲错误地认为喂母乳不能保持自身的体型和青春，有些母亲则是图安逸、怕麻烦，而轻易地断了母乳、以牛奶代之。殊不知这样做对婴儿带来多么大的损失。因为奶瓶不能代替母亲乳房所起的作用。

母乳和母爱是联系在一起的，它们同时注入了婴儿的身体和心灵。母乳是婴儿最理想的天然营养品，它所含的蛋白质颗粒细，易于消化吸收，能满足婴儿身体发育的需要。母乳中尚有很多物质，作用于脑神经细胞，有利于智力发育。特别是在母乳喂养时，母子肌肤相亲，彼此"眉目传情"，建立"心灵交往"。表现出的母爱给予婴儿良好的刺激，使婴儿感到满足，产生亲切感和安全感，使婴儿心理得到健康发展。实行母乳喂养的婴儿，不仅体质好、发病少、生长发育正常，而且聪明活泼、性格良好、心理发育正常。

因此，除了身体虚弱，有某些不能喂奶的疾病外，每个母亲都应该以母乳喂养婴儿。还要及早开奶（头一次喂奶），为的是尽早开始母子心灵交往。现代医学主张出生后及早哺喂母乳，如果出生后就在产床上吸吮一下母乳更好，这不单是给母亲带来最大的喜悦和享受，更重要的是使新生儿充分感受到安全和母爱，促进母婴间的感情。由于新生儿的皮肤觉出现最早，非常灵敏，当他第一次投入母亲的怀抱，接触母亲的胸部肌肤，使他感受到母亲体温的辐射，从中获得最理想的暖流和气息，在母亲温暖的怀抱中，吸吮着香甜的乳汁，在初次接触中，他尝到甜头，感受到母亲就是他的整个世界，从此他每天都渴望着母亲的搂抱和乳汁。盼望着母乳喂养来满足他的生理上的饥饿，

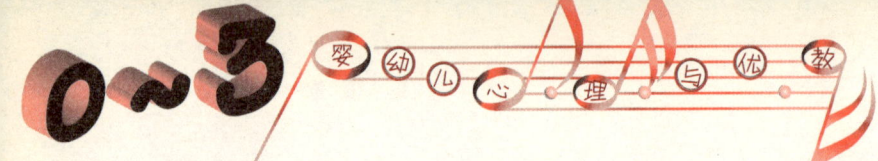

同时还盼望着满足他的"皮肤饥饿"和"情感饥饿"。从初生到满周岁断奶的一年中,这种母子亲密的依恋感情交融在一起,每当母乳喂养时就成了母子心灵交往的最好时机。

在母乳喂养时,母子是怎样进行心灵交往的呢?新生儿出生3周左右,视觉集中,能注视母亲的脸,并用微笑迎接母亲的抚爱。母亲的柔情细语及逗引呼声最能引起新生儿听觉的反应。这时母子面对面的互相注视,婴儿从母亲讲话时候张嘴、闭嘴的多次重复动作中,学着模仿张嘴、闭嘴的动作。这种动作,心理学家称为"共鸣动作"(即一见到榜样的行动就模仿,这时的模仿动作与1岁半以后的"延时模仿"或2岁时有明确意识的模仿相比,意义是不同的,因此这时它不叫作模仿,而称共鸣现象)。心理学家曾经在心理研究实验中证实:出生后仅20个小时的新生儿也能诱发出跟着母亲做伸吐舌头的共鸣动作,是因为他具有一种不可忽视的能力,即对"相互关系"非常敏感。共鸣动作是乳儿和他人的最初联系,而母乳喂养时建立了母婴之间亲密的相互关系,婴儿注视母亲多变的脸部表情、眉飞、眼笑、唇动,而且伴以发声,这些动作诱发出相似的共鸣动作,这种杰出的能力,虽距离真正的模仿还有相当的距离,但它是一种母子间的精神联系,是母子心灵交往的一种表现。这种共鸣现象到3个月达到最高水平,一直保持到4~5个月。

随着婴儿月龄的增长,母乳喂养时给婴儿的爱抚、谈话、微笑使婴儿感受到母爱,这种爱是一种良好的刺激,使婴儿产生良好的情绪,经常处于活跃、愉快、反应灵敏、注意新鲜刺激的状态。从而使婴儿大脑的兴奋和抑制十分自然协调,有利于促进脑的发育、智力的发展。母乳喂养增进了婴儿与母亲建立在生物学的预先安排的特性上的感情联结,促进早期情绪行为的发展,使婴儿情绪稳定,能适应多变的环境与人友好交往,而有利于良好性格的形成。

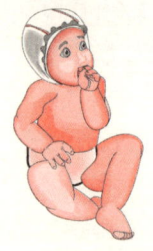

36. 婴儿惊人的学习潜力

—— 婴儿具有主动探索外界的潜在能力

过去人们常常认为新生儿是无能的、被动的个体。其实不然,现代科学研究证明:新生儿从出生之日起就具有主动探索外部世界的潜在能力,而且还具有相当"惊人"的反应和学习能力。

新生婴儿来到这个世界不久,看见亮光就会把头转向亮光之处;听到巨响的声音会有哭叫的反应;当奶头接触他的嘴唇时就张嘴吸吮。这些都是天生的本能反应,是对外界事物的无条件反射。新生儿为了生存,他必须学会适应新的生活环境的一些本领,于是他就在已具有的无条件反射的基础上,开始主动地探索他生活的小世界,在接触各种事物中,感受到各种刺激,并在不断地重复、强化的过程中建立起条件反射,增强了学习能力。如每当婴儿哭时就有人抱他,久而久之,他就学会了要人抱就哭叫;以后又逐步学会了听见成人发出"嘘嘘"声会排尿;看见奶瓶知道要吃奶等等。婴儿的学习潜力是很大的,可是有些父母常常认为婴儿小,什么都不懂而忽视了婴儿的一些反应,从而限制了婴儿潜在能力的发展。

婴儿有哪些方面的潜在能力呢?

新生儿对光的刺激十分敏感,对光线的明暗变化会作出反应,如闭眼时开了灯,就会有所反应。到了出生3周左右,就学会注视视野中出现的物体,并追随物体转移视线。遗憾的是有些父母认为"月子里的孩子怕光",常常白天用窗帘遮光,晚上把灯光调暗,这样往往限制了婴儿视觉的发展。若是让婴儿感觉到白天亮、晚上暗、开灯亮、关灯暗,倒能刺激婴儿视觉的发展,并建立条件反射,使婴儿学习到天暗了、关灯了要睡觉。天亮了可睁眼看看、玩玩。到了2个月时喜欢注视人脸及色彩鲜艳的东西。以后又从注视近物逐步发展到注意远距离的东西。如天上的飞机、街上的汽车等。被人们称为"智慧之窗"的眼睛能获得外界80%的信息,充分发挥这方面的潜在能力,将有利于智力发展。

新生儿出生后还能听见声音。有人曾对刚出生24个小时的新生儿进行试验:对正在哭的新生儿摇铃,他马上安静下来,眼睛也睁开来,说明新生儿能听声音,过了3~4天后婴儿逐渐学会分辨不同的声音,如对一种声音连续响两次,将婴儿的头转向左边给他吃糖水,经过几次以后,婴儿听到这种声音就主动地向左转头。满月后婴儿能集中注意听声音,当听见成人说话声时,就停止哭而期待成人出现在他面前。有些父母认为婴儿易惊醒、怕声响、房间里安静得鸦雀无声,连走路也蹑手蹑脚,这样反而影响了孩子听觉细胞的发育及听觉功能的提高。其实,一天中应给婴儿一些听声音的机会,可以时而听音乐,时而讲话逗笑,时而安静休息,时而唱歌游戏。使婴儿感觉到声音时有时无,倾听各种声音的变化,从而加速学听的能力。

新生儿的触觉很发达,对冷热的刺激特别敏感,如对牛奶及洗澡水的冷热都有反应。婴儿一般都是通过嘴和手去触摸感知外界的刺激,2~3个月的婴儿常将手接触嘴而学会了吮手指。4~5个月的婴儿学会用手去抓握能触摸到的东西。7~8个月的婴儿逐步学会玩弄玩具,以及敲打、放入、倒出等各种变换动作。婴儿早期触觉的发展与长大后手的灵巧程度有很大的关系。但父母往往不重视这方面的问题,因此有些父母在婴儿出生后就用小包被将婴儿捆绑在内,像一个蜡烛包,使婴儿的手脚和身体都不能自由活动。还有的父母怕婴儿小手抓脸而将衣袖做得很长,并用带子扎缚衣袖,使婴儿手臂不能弯曲,小手无法触摸东西,影响着触觉功能的发展。若是让婴儿睡在宽松的睡袋里(夏日穿衣裤),手脚、身体不受束缚,双手能从袖洞中伸出触摸,眼手能协调一致活动,不断地探索,婴儿的学习潜力将进一步发展。

婴儿的嗅觉和味觉都比较敏感,能分辨不同的气味,如闻到散发的奶香气味会露出笑脸并将头转向奶瓶。若闻到某些刺鼻的气味就转头避开。婴儿还能区分不同的味道,喜吃甜水,不愿吃酸水、苦药。因此,在日常生活中,父母可以让婴儿闻闻花香、肥皂香等有气味的东西,还可以给婴儿尝尝甜、咸、酸及无味的食品,以增强嗅觉、味觉方面的能力发展。

婴儿还具有交往能力和模仿能力。婴儿出生就会笑,这是"生理性的微笑",是与生俱来的,3个月左右婴儿学会了对人脸和玩具露出微笑,这时产生了社会交往的需要,转变为"社会性微笑"喜欢人来逗引,有人接近他就笑,离开他就哭,和他讲话会咯咯地发音应答,特别依恋母亲,早期交往能力在母亲搂抱、爱抚、笑笑、玩玩中得到发展。据研究:新生儿从2周起,就学会模仿母亲的面部表情,如模仿母亲伸舌头、张嘴,母亲经常训练,婴儿就会跟着模仿,稍大时婴儿学会模仿拍手、摇头、挥手再见等动作,婴儿最初学会的本领都是通过模仿而获得的。

以上事例都说明婴儿出生后就具有惊人的学习潜力。

父母应为孩子创设良好的生活环境、实施合理的早期教育,使孩子主动探索外界的潜在能力得到充分的发挥。

37. 从摇篮曲的妙用说起

—— 启蒙的音乐教育

世界各国的母亲都哼唱着不同曲调的摇篮曲,哄着自己心爱的小宝贝睡觉,这是婴儿在出生后最早接触到的音乐,不管多么会哭、会闹的婴儿,在睡前只要听到母亲柔和、甜蜜的声音,哼唱着摇篮曲的歌时,都会乖乖地安静下来朦胧入睡。摇篮曲就像是一种信息,它传递着母亲对婴儿深切的爱,使他感到温暖、愉快和安全,从而促使他极其兴奋的神经稳定下来,逐步地从兴奋状态转入到抑制状态,进入到安静的睡眠状态。这就是摇篮曲的妙用。从古到今代代相传,摇篮曲已成为世界上母亲通用的催眠术。

其实摇篮曲不仅有催眠作用,它还是最早的音乐启蒙教育。早在母亲怀孕期间,5个月左右的胎儿由于内耳及鼓膜已经发育成熟,完全能听到外界传入的声音。这时可以选择悦耳、优美的乐曲对胎儿进行音乐胎教。凡是进行过音乐胎教的胎儿,出生后极易接受音色优美、曲调轻柔、节奏舒缓的音乐刺激。因此,母亲用同一曲调的摇篮曲多次重复地在婴儿睡眠前哼唱,婴儿就会对这首乐曲建立条件反射,摇篮曲使婴儿很快地自动入睡,使婴儿不需成人以抱、拍、摇等方式哄他入睡,而自己听音乐入睡,从而养成良好的睡眠习惯。这时摇篮曲就是启蒙的音乐教育。

随着婴儿的月龄增长,婴儿对外界环境中的各种声音能分辨,并有不同的反应,这时父母可以有意识地在各个生活环节中,除了给听摇篮曲外,还逐步增加一些其他优美、悦耳的音乐,如早上起床时间可以固定听一首轻快、活泼的乐曲(《托儿所早晨》的唱片或录音中有催孩子早起及鸟叫的音乐很适宜),同时对婴儿说:"宝宝,起来吧!小鸟请你起来和它玩哩!"每天如此进行,婴儿就知道这首乐曲是要他早起,也就会愉快地起床,到了7~8个月的时候,婴儿已认识自己的手、脸,父母也可编一些儿歌当婴儿在洗手或洗脸时唱给他听,如唱:"小手、小手,洗一洗,洗干净,吃东西。"边洗边唱,等到洗好手后,就给婴儿吃一块饼干或其他食物。或在洗脸时边洗边唱:"小脸、小脸、洗干净,照照镜子,真好看。"洗后给婴儿照照镜子,让他知道洗干净脸好看。每次洗手、洗脸都唱同一曲调的歌,使婴儿听了歌曲与洗手、洗脸的动作建立起条件反射,就会一直保持洗手、洗脸、爱清洁的好习惯。父母要从小培养婴儿的良好行为习惯,都可以应用音乐作为启蒙教育。

由此可见,音乐在婴儿生活中是不可缺少的,悦耳的音乐能使婴儿停止哭声,柔和的摇篮曲能使婴儿安静入睡,欢快的乐曲能使婴儿手舞足蹈。此外,音乐还能使婴儿神经稳定、情绪舒畅,有利于良好的性格形成和行为习惯的培养。经常给婴儿听音乐既能训练听觉,又能发展婴儿的注意力和记忆力,音乐在婴儿早期教育中起着特殊的作用,这是从"摇篮曲"的妙用中得到的启发。

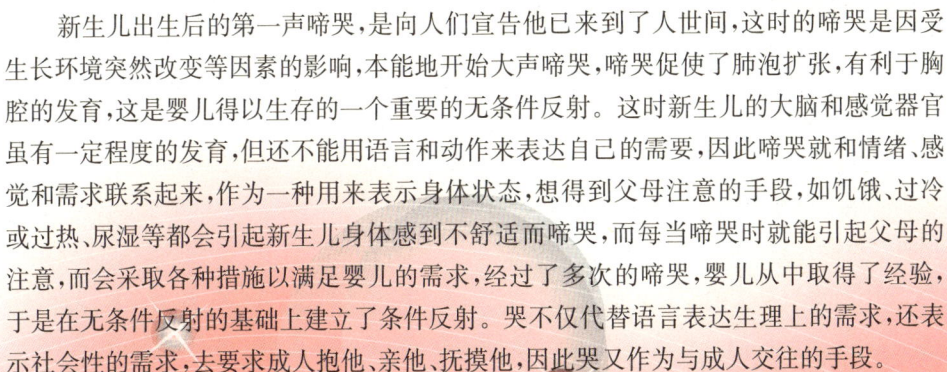

38. 哭——婴儿最初的语言

——从哭声中了解婴儿心理的需要

新生儿出生后的第一声啼哭,是向人们宣告他已来到了人世间,这时的啼哭是因受生长环境突然改变等因素的影响,本能地开始大声啼哭,啼哭促使了肺泡扩张,有利于胸腔的发育,这是婴儿得以生存的一个重要的无条件反射。这时新生儿的大脑和感觉器官虽有一定程度的发育,但还不能用语言和动作来表达自己的需要,因此啼哭就和情绪、感觉和需求联系起来,作为一种用来表示身体状态,想得到父母注意的手段,如饥饿、过冷或过热、尿湿等都会引起新生儿身体感到不舒适而啼哭,而每当啼哭时就能引起父母的注意,而会采取各种措施以满足婴儿的需求,经过了多次的啼哭,婴儿从中取得了经验,于是在无条件反射的基础上建立了条件反射。哭不仅代替语言表达生理上的需求,还表示社会性的需求,去要求成人抱他、亲他、抚摸他,因此哭又作为与成人交往的手段。

婴儿的哭声是最初的语言,哭声里大有文章。初为父母者对婴儿的哭声往往是个难猜的谜,若细心地观察研究,就可以从不同的哭声中了解到有多种原因,父母就可根据婴儿的需要去作出适当的处理。

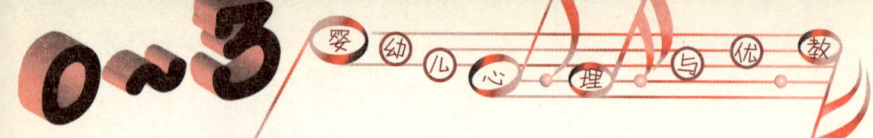

婴儿的哭声又是心理语言，父母要耐心地听他诉说，弄清哭的原因，千万别一听见哭声就设法制止。请听婴儿在哭诉：

"我饿了"，这种哭声往往在喂哺之前，哭声清脆宏亮，面色正常，若离规定的喂奶时间还早，可以先给喝点水，这样就不会哭了。若仍哭可提前喂哺，满足其要求，啼哭就会停止。

"我冷了"、"我热了"，婴儿的肤觉特别灵敏，无论是吃奶、盥洗、穿着等都会在过冷或过热方面产生强烈的反应，会大声啼哭，两脚蹬踢表示反抗，因此要事先在哺乳时将奶或饮水滴在手腕及手掌间的凹处试温后再喂婴儿，盥洗时先用肘部试温，并经常用手去摸婴儿的颈部或手心，了解是否过冷或过热，及时更换衣服和被褥。

"我的尿布湿了"。婴儿尿尿撒在尿布上，使臀部的皮肤淹渍得很难受，也会哭闹不休，成人只好及时换去湿尿布，遇大便时将臀部洗净，换上清洁、干燥的尿布，就会停止哭闹。

"我受惊吓了"，婴儿对突如其来的关门响声、鞭炮声、雷响声等都会受惊而大哭。这时父母应抱起婴儿使他感到安慰又安全，以消除哭声。

"我生病了"，婴儿患病时哭声异常，更需要成人认真去鉴别：颅脑疾病往往表现惊叫尖哭，咽喉部疾病的哭声嘶哑并伴有吸气困难，心肺部疾病的哭声较低而短促，常带有喘气音，消化道疾病的哭声常是阵发性或剧哭，同时伴有大便不正常、腹泻、便秘、腹胀、呕吐等症状，四肢外伤骨折或皮肤肌肉软组织发炎时，常会带痛苦的剧哭，肢体动作减少，因此婴儿生病了应首先观察他何处不舒服，倾听哭声以便针对病情采取必要的措施。

"我怕生人"，婴儿到了5～6个月时，有了明显的记忆，依恋亲人，害怕陌生人，看见陌生人就躲开，强行抱他就大哭大闹，以哭来反抗陌生人接近他。这时不能强制婴儿，只有在日常生活中多接触陌生人，使其逐渐消除不安全的恐惧感。

"我要运动"，有时婴儿睡好、吃饱、又无病痛和外来的干扰也会哭，母亲什么原因也找不到。原来每个正常的健康婴儿每天要哭几次，这是因为他通过啼哭来进行运动——胸廓扩张运动、四肢伸屈、舒展运动。每次哭5分钟左右均属正常现象，适当的啼哭是婴儿生长发育的一种运动方式，不必去抱他。

"我太寂寞了，我要玩"。有的婴儿整天睡在小床上睁开眼只能看白色的天花板，太寂寞了。婴儿的视觉、听觉、触觉都需要得到外界的刺激而发展，因此他哭了。哭能引起父母的注意，使他能看到人脸的表情、听见父母的说话声，用玩具来逗引他停止哭吵，并能获得心灵上的交往。因此，父母每天应有一定的时间抱婴儿起来和他逗玩。

总之，婴儿的哭实际上是一种特殊心理语言，在出生最初一年中运用得最多，它也是最早的发音，是今后语音的基础，是婴儿最初的语言。父母应该从婴儿出生后就开始揣摩和体察哭声的内涵。这样才能从哭这个"窗口"去理解孩子的心理需要，作出相应的帮助和引导。

39. 笑——婴儿最初的交际形式

——笑能增进社会交往和有利智力发育

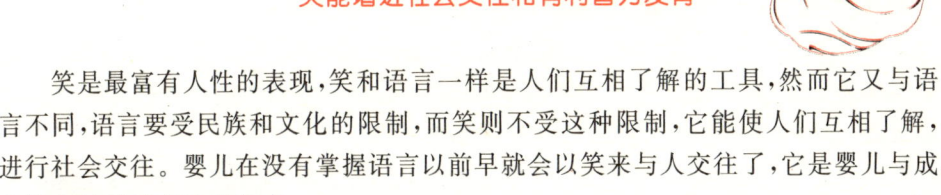

笑是最富有人性的表现,笑和语言一样是人们互相了解的工具,然而它又与语言不同,语言要受民族和文化的限制,而笑则不受这种限制,它能使人们互相了解,进行社会交往。婴儿在没有掌握语言以前早就会以笑来与人交往了,它是婴儿与成人社会性情感交往的起点。

婴儿的笑有各式各样,变化可大哩! 就从出生说起:

新生儿降临人间以后,尽管哭字当头,但在舒适的睡眠中可以看到他浮露在嘴角的自发性微笑,这种奇妙的笑是第一次微笑,一直到生后2周内新生儿都在迷迷糊糊的假睡状态(不规则的眨眼)中出现这种微笑,他的嘴角微微上翘,脸部其他肌肉都呈松弛状态,若不注意则不易觉察,有人称这种"嘴的微笑"是"自发性微笑"或反射性微笑,因为这种笑即使没有外来的刺激也会自然出现。这种最初的微笑与最初的哭声一样,是一种本能的情绪活动,哭声是身体状态某种不适的反应,而微笑则是身体舒适的反应。父母可以在婴儿出生后第3周开始,站在婴儿的床边以人脸、说话声、摇铃声来逗引婴儿微笑,这种微笑是"诱发性微笑"。研究证明:女性的高音比男生的低音更易诱发婴儿微笑。特别是母亲的声音更易诱发。这种诱发性微笑是婴儿的某种心理需要得到满足而发生的心理反应性微笑。新生儿的视觉和听觉感受器在结构上已与成人基本相同,视觉与听觉是婴儿与成人交往的最早的渠道,促使视觉与听觉的发生则需要有相应的刺激输入。这时若以人脸忽隐忽现刺激视觉,以说话声或铃声刺激听觉,去引起婴儿发生心理反应性的微笑,使视觉和听觉接受锻炼,这对婴儿最初的智力发育是十分重要的。

2个月以后,婴儿的笑不再停留在嘴上而扩展到整个脸部,出现了"真微笑",由于这时的笑多以人为对象,因此称为"社会性微笑"。这时婴儿无论对什么人都微笑,陌生人和亲人一样对待,不加选择,这种微笑的效果是使人们更乐于接近他和他交往。婴儿社会性微笑的萌发在加强母子感情联系上起着重要作用。母亲的爱抚、微笑和话语引起婴儿全身活跃、微笑、噢噢作语应答,母子双方都不断地强化这种最初的社会反应,双方都从交往中感到愉快。这时婴儿积极的情绪活动,称为"天真活泼的反应"。这种反应是婴儿最初的交际形式。

6个月左右的婴儿已会认人了,他对亲人和陌生人有明显不同的反应,并采取不同的对待。这时出现了"选择性微笑",婴儿只对亲人微笑,再现出明显的偏爱。

陌生人来了就停止微笑,并表现不安和惊觉的状态,因此笑成了和特定的人建立友好关系的手段,这种选择功能对婴儿以后的人际交往产生重大影响。父母应尽量使婴儿多接触人,使他熟悉陌生人,与他们建立互相依赖关系,这种关系可以使婴儿安定情绪,增进认识,适应社会环境。这时期父母和陌生人一起与婴儿玩一些使他高兴的游戏,如"躲猫猫"(躲藏游戏)"坐飞机"(婴儿坐在成人两肩上旋转着玩)等使婴儿高兴、发出笑声。

8个月到1岁时,婴儿的笑逐渐含有复杂的意义,除了对人微笑、满足的笑、放声大笑外,还会看见在父母下班回家时出现"欢迎的笑",当他将纸包打开拿到饼干时出现"自鸣得意的笑"。玩得高兴时"独自发笑"还有"莫名其妙的笑"等等。这种种笑是随着婴儿认识能力的发展,在与人交往中逐渐表露出来的。父母可以和婴儿一起对着镜子笑,或脸部表演各种滑稽样子引起婴儿笑,也可以突如其来地在婴儿脸上亲吻,或用手指在婴儿身上做搔痒动作逗引他笑。

笑是婴儿与人交往的开端,父母可以从婴儿笑声中了解到婴儿无法用语言表达的心理活动,也可以从笑声中了解孩子的智力水平。因为婴儿会笑,从出生起没有接受外来任何刺激的"自发性微笑",以后出现"诱发性微笑"、"选择性微笑"以及类似成人的那种复杂的属于"社会性微笑"都说明:婴儿的感知能力逐步在社会环境中从生下来一无所知到能感知,理解到好笑的原因,而通过笑去与人交往,获得丰富的刺激,有助于智力的发展。一般来说,爱笑婴儿的智力发育水平较之不爱笑的要高一些。因为不爱笑的婴儿,往往心情压抑,感情忧郁,不愿与人交往,也不利于智力发展。因此,父母们千万不要忽视婴儿的笑。

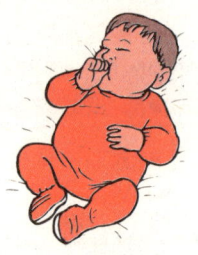

40. 从躺卧到行走的变化

—— 婴儿动作发展的规律与训练

人生的第一年动作发展比以后任何时期都快,但婴儿比小动物的动作发展要晚一些。像狗、猴、马等初生时就会站起来行走,而婴儿要在一年左右才会直立行走。但新生儿眼睛的动作发展比初生动物灵敏,出生后就会睁开眼睛看。人和动物的这种差别是因为动物的动作是由神经系统的低级中枢支配的,而人的动作则是由神经系统的高级中枢,即大脑的高级部位——大脑皮质直接控制。大脑皮质是人的心理的部位,婴儿动作的发展和心理的发展有密切的关系。由于婴儿的动作发展,学会了抬头、翻身、坐、爬、站、会走以后,就可以自由地环视周围,扩大视野,从而逐渐产生了空间的感觉,有远近、上下之分,才能有利于从各个角度去观察事物,从认识各种事物中获得经验,并从动作发展中促进了智能的发展。

婴儿动作发展的规律是从整体动作到分化动作,如将毛巾盖在1个月的婴儿脸上就会引起全身性的乱动,若盖在8个月的婴儿脸上就只动手去拉下毛巾,其他部位不动。动作发展是从上部到下部,也就是从头部到脚部的动作发展,如初生时只会头部转动,逐步发展到1岁左右会行走。是先发展大肌肉动作后再发展小肌肉动作,如首先出现头部、躯体、双臂、腿部的大肌肉动作,以后才会使用手指的小肌肉动作。父母应根据婴儿动作发展的规律循序渐进地对婴儿的动作进行训练。

婴儿全身动作的训练顺序可逐日进行:

1个月:训练新生俯卧片刻,让他尝试着抬头。

2个月:将婴儿抱起呈垂直位,训练头部竖直抬起。继续训练俯卧抬头。

3个月:将婴儿仰卧,训练他以肘支撑前半身达数分钟,观看前方,再将婴儿仰卧,训练他翻身转为侧卧位。

4个月:扶着婴儿腋下,训练他在成人大腿上站立,两脚做蹬跳动作。

5个月:训练婴儿由仰卧位翻身转为俯卧位,坐在成人腿上能直腰。

6个月:训练婴儿由俯卧位翻身转为仰卧位,扶着两臂能站得很直。

7个月:训练婴儿爬行,左右两脚轮换向前移动。

8个月:训练婴儿独坐玩玩具,自由翻身、爬行。

9个月:训练婴儿扶着栏杆站立,扶着成人两手向前跨步。

10个月:训练婴儿从坐位上扶着椅子或床栏站起来横着走,推着推车向前走数步。

11个月:训练婴儿独站片刻,成人先用双手牵着他两手学走,后用一只手牵着他的一只手学走。

12个月:训练婴儿从独站到独走,逗引他由近到远练习独立行走。

父母在训练婴儿的动作时要注意婴儿骨骼发育的特点,人的脊柱有三个生理性弯曲,这种弯曲有利于人们进行活动。新生儿脊柱几乎是直的。在2~3个月时婴儿开始学抬头,脊柱就出现第一个弯曲,即颈椎向前凸起,颈就能弯曲起来支撑头部的活动,婴儿就可以自由抬头和转头。6~7个月时出现第二个弯曲,即胸椎向后凸起,这时坐的动作就靠它支持。11~12个月时出现第三个弯曲,即腰椎向前凸起,这时就能支持身体直立行走。因此,父母应按顺序进行动作训练,不可过早或过迟,以免影响脊椎的发育。

婴儿从躺卧到能独自行走变化如此之大,动作发展如此之快,父母要注意婴儿的营养、保健和锻炼,使他能按月地正常发育,若发现异常,则应及早矫正,以免因动作发展不正常而影响到智能发育迟缓。

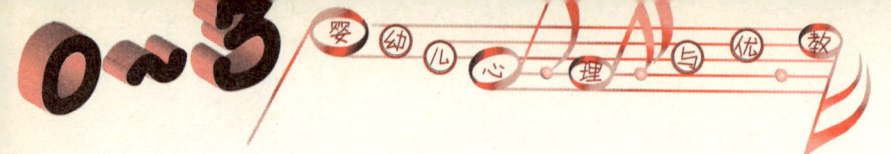

41. 手巧促心灵

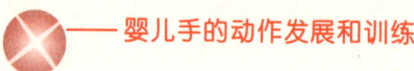

——婴儿手的动作发展和训练

人们常说:"心灵手巧",这是指人的脑与手之间有着密切的关系。科学研究证明:手的活动与手指精细灵巧的动作可以刺激脑髓中的手指运动中枢,同时大脑的运动中枢又能调节手指的活动,神经中枢和手指反复地相互作用能促进大脑的发育。这是因为人体的不同部位在大脑皮质上均占有一个相应的运动区,其大小不是以身体部位大小而定,而是与身体部位的精细复杂程度有关。如人的大拇指在大脑皮质上占有的区域,几乎比大腿在大脑皮质上所占有的区域大10倍,手指的活动越多、越精细就越能刺激大脑皮质上相应运动区的生理活动,从而使思维活跃,同时大脑在接受刺激后又能反过来使手的动作灵巧性得以发展和提高,因此"心灵"和"手巧"是相辅相成、互相促进的。手的动作灵巧能促使大脑反应灵敏,因此心理学家认为手指是"智慧的前哨"。

对婴儿来说:手的动作发展更为重要,因为手的动作出现在语言之先,它比语言更早地反映心灵世界,可以说"手比嘴早说话"。手的动作是婴儿感知事物的器官,它能表达婴儿心灵极其微妙的变化。

训练小手的动作应先掌握婴儿手的动作发展规律,然后按月龄循序渐进地加以训练。

第1个月:新生儿总是手紧握,成人用手指去触碰他的手时,就立即产生"抓握反射",这是不学而能的天生本领。这时可以开始训练,抚摸他的每个手指,以刺激手部皮肤的感觉,因为新生儿最早出现的感觉就是皮肤觉。

第2个月:小手开始松开并向空中伸缩活动,但动作无目的、不协调,小手偶尔碰到脸上就转头用嘴吸手指,因为嘴的周围感觉最灵敏。这时期每天仍要按摩手指,从指尖到手腕依次屈伸每个手指,动作要轻。放响铃棒的手柄于婴儿手掌心、练习抓握,感知物体。

第3~4个月:小手抓物是用整个手弯起来一把抓,大拇指和其他四指方向一致,抓物动作如此笨拙,但已产生对物的感知能力,这就是最简单的认识活动。训练时,成人用玩具触碰婴儿的手,促使其抓握,还可在小床上悬挂玩具,使其主动触摸,练习抓握。

第5~6个月:婴儿的小手和眼逐渐配合起来有目的、有方向地活动。此时抓握时大拇指与其他四指分开来抓,但还不是用手指握物,是以内侧手掌和外侧手掌握物。训练时,可以用能捏挤发音的响塑玩具逗引他伸手去抓握,练习摇晃、敲击、摆弄,也可让婴儿玩成人的手指。

第7~8个月:婴儿两手逐步协调,能同时抓物,两手各拿一玩具对敲,或将玩具从一手递到另一手,并会用手指操纵各种物体,这是人类最初的操作技能。这时可训练婴儿拍手、握手、招手,用手指抓取糖丸、撕纸、滚球。

第9~10个月:手和眼能协调一致联合行动,凡是看到的东西都会动手去拿。会用拇指和食指捏取小物体,将小物体放入瓶或盒中,反复放入、倒出,在摆弄物体的游戏中增进了对事物的感知能力,如大小、长短、轻重等,这时可训练婴儿用手指剥糖纸、拿饼干,摆弄积木、套盒子、玩手指游戏,如两食指相对并拢后分开学做"虫虫飞"动作。

第11~12个月:婴儿常喜用手指去探究所接触的物体里面的奥妙,如看见瓶洞会将手指插入瓶口,吃蛋糕时用手指挖个洞。指尖的灵巧程度提高了,捏物的方式从"钳式捏"进步到"镊式捏"。这时可训练搭积木,套圈、玩拖拉玩具、机动玩具及简单的整块拼板。

婴儿通过了一年的小手指训练,用眼手协调的操纵物体进行活动方面"毕业"了,为以后手指参加各种活动、自我服务及劳动方面打下了一定基础。父母要善于利用各种训练方法,提供各种玩具,让孩子多练习,以增强手部的功能。

42. 体健智能高

—— 婴儿的体育锻炼与智能发育的关系

在我国,青年人锻炼身体是为了增强体力、提高工作效率。老年人清晨锻炼身体是为了减少疾病、延年益寿。至于幼小的婴儿,一般父母都以保护为主,而很少去坚持每天锻炼。这对婴儿的体格发育和智能发育是极不利的。

现在世界各国对婴儿的体育锻炼都十分重视。俄罗斯的婴儿,满月后就进行户外睡眠、使婴儿早日接受新鲜空气的锻炼。日本"早期发展协会"的创建者井深胜先生认为:运动肌基本技巧一定要在婴儿期进行训练,否则就太晚了。如果及早训练,会使体健智能高。美国加利福尼亚州圣马特奥市琼·巴尼斯女士创办了襁褓操训练班,当时风行全美,参加训练班的婴儿已达几十万人,她创办的目的是启发婴儿自我活动、自我保护、培养自信、自强的精神,从3个月开始到1岁,在婴儿还未学会说话和走路之前开始训练。成人每天用口哨和歌声发布信号,逗引婴儿自由活动身体的各个部位,如身体翻来翻去,爬来爬去追球,钻洞、滚球、体操等。婴儿的脑子还不会思维,但通过身体的活动去学习,去感知,凡是经过训练的婴儿,动作灵活敏捷,有自我活动的本领,身体的领悟力增强了,进而促进智力发育。婴儿在顽强的学习行走中摔跌爬起,逐步建立起一种可贵的自信心和自尊心,这对将来成长后形成顽强的性格及不怕困难的勇气大大地超过一般孩子。可见体育锻炼对婴儿多么重要。

体育锻炼之所以能促进智能发育,是因为进行锻炼时,各种动作直接受神经系统的支配和调节,肌肉中的神经可将各种刺激冲动传到大脑,经常体育锻炼,可增进大脑的功能使大脑的反应更加灵敏。从生理学上来看,体育锻炼可以增加脑的血流量,能供给脑细胞更多的养料和氧气,有利于大脑的发育。因此,体育锻炼和智能发育是有密切关系的,父母们不可忽视。

婴儿锻炼身体可以利用大自然的空气、日光和水进行,这是每个家庭都可以做到的。空气、日光和水取之不尽,用之不竭,即不花钱又能使身体受到最大的效益。因此,从小要让婴儿习惯开窗睡眠,推童车进行户外睡眠,在户外进行活动、游戏,以保证经常接触新鲜空气和日光。半岁后还应该从夏天开始,经常用冷水给婴儿洗手、洗脸、摩擦头颈、手臂、腿脚,待适应后可摩擦胸背使其皮肤习惯承受冷的刺激,增强体质和对外界气候变化的适应能力。从2个月开始,父母帮助婴儿做被动操,7个月开始做主被动操,这样可以促使体健智能高。

43. 不要忽视婴儿爬行

—— 爬行对婴儿身心发育的重要意义

一般父母对婴儿学坐、学走比较重视,而往往忽视教婴儿学爬,这是因为婴儿学会坐了,就能观看四周,哭闹减少,父母省事。当婴儿稍能站时,就迫不及待地训练走路,至于学爬则认为是无关紧要的事,这种认识对婴儿是不利的。因为婴儿先学会坐、就能坐起来观看,双手又可拿着东西玩,而懒于学爬,其活动范围仅停留在某一固定的地方,而不能像爬行那样随心所欲,自由"旅行观光"。如果过早扶着婴儿学走,则会使婴儿骨骼负担过重,发生骨骼变形,不利于生长发育。

爬行的动作对婴儿来说,无论在生理上还是心理上都具有重大意义,如果父母注意观察婴儿爬行的姿势,就会发现这是一种极不简单的动作,要通过艰巨的训练才能使婴儿的头颈抬起,胸腹高挺,整个身体的重量借用四肢来支撑,左右上肢和下肢轮换向前移动。婴儿在爬行时全身的肌肉得到锻炼,并在爬行活动中消耗热量,加强身体的新陈代谢,减少皮脂积聚,增强免疫功能,促进生长发育。婴儿在爬行的过程中,能使空间位置发生变化,使婴儿接触的声音、刺激、视觉刺激不断地增加、强化,从而促进感觉器官的发展,使脑、眼、耳、手、脚的神经协调。婴儿学会自由爬行后,认识范围扩大了,游戏内容增多了,与人交往的机会也增多了,促使语言迅速发展。

近年来,美国人类能力开发协会的德尔曼博士发表了一项研究成果:凡是在婴儿期不经过爬行而学会行走的婴儿会出现语言能力的差距。他从这一研究中得出:没有爬行过或爬行过程极短的婴儿,其语言能力较爬行过并爬行过程长的婴儿低。说明爬行对婴儿大脑的发育是一个重要环节,不能忽视。

日本神户大学教授、精神科专家黑丸正太郎认为:人要直立行走,身体就必须承担头部的重力,抵抗重力最早的表现是脖子。婴儿2个月前大部分时间是躺卧在睡眠世界里,那叫做"平面世界",这时没有俯瞰的视点、也就没有距离的感觉。3个月时能伸起脖子抬头去张望四周,这时才进入"立体世界",就能从脖子下面摸得着的近距离到抬起头来看远距离,能感知母亲在近处还是远处。只有在7个月以后婴儿学会爬行,才能随心所欲地探索外界,与人交往,认识更多的事物,增进学语兴趣。爬行对身心发展有利。

父母要不失时机地训练婴儿爬行。要在6个月前教他学会抬头、翻身。7个月开始用玩具逗引婴儿爬去拿玩具,开始时婴儿不会移动身体,只会蹬脚,用腹部为中心原地转圈移动。成人可用手托住婴儿的左右两脚掌轮换向前推进,帮助向前移动,促使其爬行。训练时要在喂奶前半小时,空腹进行为宜,父母要用极大的耐心来关注婴儿的每一成功的动作,并不断地鼓励婴儿爬行前进。

爬行对婴儿身心发展那么重要,因此父母要积极训练婴儿尽情地去爬。

44. 眼睛是智慧之窗

—— 婴儿视觉的发育与训练

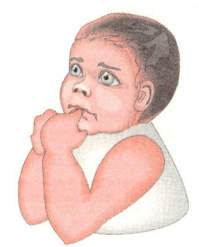

人们是通过眼睛这两扇"窗户"去观察和认识世界的。外界的信息有80%是通过视觉获得的。人的视觉功能是从新生儿睁开眼睛看世界后不断地接受外界刺激,而逐渐发育、成熟和完善的。视觉主要是对光的感觉与对色彩的辨别。光线和鲜明的色彩对婴儿智力发育之重要如同食物对胃一样。因此,要尽早给予婴儿的眼睛适当刺激,使视觉细胞和感觉功能得到迅速发展,以加强视觉通路的成熟和大脑细胞的发育,促进智力发育。使眼睛成为智慧之窗。

出生第一年婴儿视觉的发育和训练尤为重要。父母应从新生儿出生后第一次睁开眼睛起关心视觉发育的情况,逐月采取教育训练的措施。

第1个月:新生儿一生下来就对光有感觉,并能对光的明暗变化作出反应。婴儿出生数天后就会分辨光亮与黑暗,将他抱到光亮处就会睁眼看,抱到黑暗处就感到不安,手脚乱动。接近满月时,新生儿会注视活动的物体并作视觉选择,如将红色球与灰色球同时放在新生儿眼前,他会选择注视红色球,并会随红色球的移动而眼和头追随着移动。有些父母往往因为新生儿睡眠时间多而不去训练,而失去最初视觉训练的时机。这时期可以在喂奶前醒着的时候,成人时而用手在新生儿眼前晃动,时而将他抱到光亮处看亮光,时而用彩色布条或包着红布的手电筒在新生儿眼前慢慢移动,以逗引注视,并不断地更新刺激物来提高其注视力。

第2~3个月:婴儿视觉集中看物,视线追随水平方向运动的物体,特别喜欢看人脸,注视时间比注视物体长,第3个月时视线能追随各方向移动的物体和做圆周

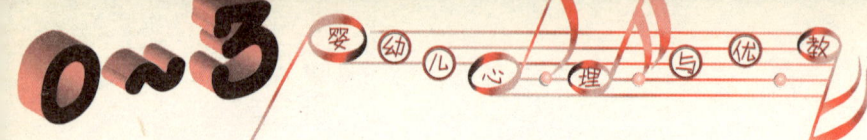

运动的物体。注视时间为7～10分钟,注视距离达4～5米。父母可在婴儿床上悬挂能上下左右移动的彩色玩具供观看,在床边逗引婴儿,使其经常看到父母的笑脸,时而靠近、时而走开,以训练视线跟踪移动。每天还要抱婴儿到周围环境中去观看、训练婴儿主动地去寻找注视刺激物。

第4～5个月:婴儿开始能辨别颜色,特别是对红色最能引起兴奋。这时视觉与听觉建立联系,听见声音就用眼去寻找声源。视觉与手的动作协调起来,能按视线去有目的、有方向地抓东西。父母应为婴儿准备一些彩色鲜艳的玩具和彩色挂图,为婴儿购制的衣服、用品也要色彩鲜艳的,以利视觉色感的发展。

第6～7个月:婴儿接触外界的机会增多,逐渐能辨别深浅、大小、形状及能注视远距离的东西,如天上飞的小鸟、飞机、月亮以及街上的行人、汽车等,能主动地去注意周围环境的事物。这时父母应美化家中环境,抱婴儿去户外观看花草树木,并指导观看。应给婴儿各种不同颜色、形状、大小、硬软的玩具,培养婴儿识别感知。

第8～12个月:婴儿已学会爬行和独走,可以自由行动地去注意观察他感兴趣的事物,如观看小鱼在水中游、小鸡吃米、小猫用爪洗脸以及日常生活中经常见到的水果、蔬菜、食品、用具等。父母要善于利用现实生活中的各种事物来扩大婴儿的视野,以增强视觉功能。这时期可用童车推婴儿上公园看动物和大自然美丽的景物,以开阔眼界。

为了发展婴儿的视觉,父母应创造一个有丰富刺激的环境,以利于视觉的发展、智力的开发。美国教授布鲁纳和一些心理学家曾做过实验进行研究,结果都证明:缺少刺激环境中长大的婴儿比在丰富刺激环境中长大的婴儿感觉要迟钝3个月。这个特殊时期落后3个月,关系重大,因为从出生到3岁的智力发展,其比例相当于从4～17岁的发展。因此,父母在第1年中要从婴儿眼睛这个智慧的窗口给予适时、适宜的刺激,视觉接受刺激后,可以进一步促进婴儿其他方面能力的发展。

45.“听”是语言的开端

——婴儿听觉的发育与训练

声音是一种符号,是语言的组成部分,训练婴儿对声音的倾听能力,能使婴儿对声音有所理解,并学会模仿发音,这是人类有声语言的开端。

儿童的口语(有声语气)能力包括"听力"和"表达"两个方面,而"听力"又包括语音听辨能力和语义理解能力;"表达"能力又包括口齿清楚和语义恰当。"听"和"说"是互相联系的统一体,只有听得清楚才能说得清楚,只有听得明白才能说得正确。

婴儿学语是先"听"后"说",及时进行言语听力训练,促使婴儿的言语听觉中枢内形成丰富、清晰、稳定的言语听觉表象,对口语的发展将会取得较好的效果。

婴儿时期是训练听觉的最佳时期,父母应根据婴儿听觉发育的特点,及早加以训练。

婴儿的听觉是怎样发生和发展的呢?

早在胎儿出生之前,胎儿的生理解剖上和神经机制上已具有初步的听觉能力,在胎内会对声波作出反应,因此人们给胎儿听音乐、和他说话进行胎教,刺激胎儿听觉作出反应。

新生儿刚出生时,耳内充满着羊水、阻碍他听到声音,听觉能力较弱。2~3周后出现明显的听觉,对声音发出各种不同的反应,如肌肉变化、心律变化、呼吸紊乱及眼睛的反应等。1个月左右出现听觉集中,如正在哭的婴儿听见成人说话声,会停止哭而安静下来倾听,这时若正在吮奶也会停止吸吮去听声音。

2~3个月的婴儿已能倾听周围的各种声音,如音乐声、说话声及其他响声,会感受到不同方位的声音,会将头扭向声源。

4~5个月的婴儿能分辨不同人的声音,如熟悉的人声和不熟悉的人声,特别是听到妈妈的声音,显得更加高兴、活跃,并发出"咿呀"的发音来应答。

6~7个月的婴儿对不同的声调能分辨,并有不同的反应;如听到严肃的声音就害怕而哭,听见和蔼的声音就高兴而笑,这时听觉和视觉联合起来统一行动地认识事物。

8~9个月的婴儿对成人的语言能初步理解,能用声音、表情和动作来应答,能听见成人所说所问的,作出回答性的动作,如说"再见"时会挥手,说"谢谢"时会点头,说"不要"时会摇头。

10~12个月的婴儿能精确地分辨词音,听懂词意,满1岁时可以听懂10~20个词。

父母一定想知道怎样训练婴儿的听力。

训练婴儿听力的方法很多,最常用的方法是多与婴儿"交谈",多让婴儿听各种悦耳的音乐,使婴儿的言语听觉、方位听觉和节奏感获得较好的发展。婴儿出生的第一天开始就进行训练,给新生儿听悦耳的轻音乐,和他讲话,虽然他听不懂,也要"对牛弹琴",使他能感受声音的刺激,满月后就可将响铃玩具挂在小床上,常去拉响铃,引起他听觉集中,2~3个月时可以给婴儿听从各个方位发出的声音,如八音琴声、口琴声和其他乐器声。4~5个月时除了家庭每个成员都和他说话、逗乐外,还可抱婴儿到户外,推车上公园去接触其他人,听陌生人讲话,听小鸟声、动物叫声、下雨声和刮风声等。6~7个月时,父母可将自己的说话时的各种声调、唱歌声、笑声、哭声录在磁带上,平日上班时将磁带留在家中让老人放给婴儿听,即使婴儿在哭叫或情绪不安的情况下,听到父母的声音情绪就能安定下来。8~12个月的婴儿已对成人语言开始理解,父母可以用一个玩具电话和婴儿进行打电话游戏,说话和逗乐,并模仿各种动物声及其他声音。总之,以"听"促"说",以早促快,加以训练。

46. 你能辨认婴儿的体态语吗?

——婴儿的面部表情、动作姿态与心理活动

婴儿在学会说话以前,有着丰富多彩的体态语,你能辨认吗?体态语包括面部表情和体势的变化。科学家们曾饶有兴致地研究过数千名婴儿,发现婴儿的面部表情和体势的变化,并非出于偶然,而是具有心理活动的意义。

美国加利福尼亚州研究婴儿心理学的斯克佛教授所著的《婴儿面部表情与心理活动》一书中,分析了婴儿的面部表情语言,大致归纳为以下几种:

牵嘴而笑,表示兴奋愉快:婴儿笑的形态是突然发出的,短暂而快速,口角牵动、笑容骤现,同时伴随着满目发光,两手晃动,接着笑容立即停止,等候亲脸鼓励。这时,父母应笑脸相迎,用手轻轻抚摸婴儿的面颊,或在其面、额部亲吻一下,以示鼓励,此时此刻,婴儿会以微笑来对父母的行动表示满意。婴儿的笑对其身心发展极为有利。

瘪嘴,表示提出要求:婴儿瘪起小嘴,好像受到委屈,也是啼哭的先兆,而实际上是对成人有所要求,比如:肚子饿了要吃奶,寂寞了要人逗乐,厌烦了要大人抱起来换个环境或改变一种姿势,这时父母要细心观察婴儿的要求,适时地满足他的需要。比如喂他吃奶,和他逗乐,抱他到室外观看,或将他俯卧、扶坐、爬行,以改变他仰卧久睡的姿势等。

噘嘴、咧嘴,表示小便的信号:据研究,通常男婴以噘嘴来表示小便,女婴多以咧嘴或上唇紧含下唇来表示小便。父母若能及时观察到婴儿的嘴形变化,了解要小便时的表情,就能摸清婴儿小便的规律,从而加以引导,有利于逐步培养婴儿的自控能力和良好的习惯。

红脸横眉,表示大便的信号:婴儿往往先是眉筋突暴,然后脸部发红,目光发呆,有明显的"内急"反应,这是大便的信号。这时父母应立即让婴儿坐便盆,以解决"便急"之需。

眼神无光:提醒父母要警惕,健康婴儿的眼睛总是明亮有神,转动自如。若发现婴儿眼神黯然无光,呆滞少神,很可能是婴儿身体不适,有疾病的先兆。这时,父母要特别细心地注意婴儿的身体情况,发现疑问及时去医院检查,及早采取保健措施。

玩弄舌头、嘴唇吐气泡,表示自己会玩:大多数婴儿在吃饱、换干净尿布,而且还没有睡意时,自得其乐地玩弄自己的嘴唇、舌头、吐气泡、吮手指等,这时,他喜欢独自长时间地玩,成人不要去干扰他。

以上是6个月以前婴儿通常表现的体态语。6个月以后的婴儿,由于感知能力和动作能力的发展与增强,除了用面部表情代替语言来表示自己的意愿之外,还伴以各种动作的体态语来表达自己的思想感情。随着月龄的增长而有不同的表现。

6个月时,婴儿会张开双臂,身体扑向亲人,要求搂抱、亲热,若陌生人想要抱他,则转头将脸避开,表示不愿与陌生人交往。

7~8个月时,婴儿会以"拍手"和笑脸表示高兴,在父母教导下会以"点头"表示谢谢,对不爱吃的食物避开,并以"摇头"表示拒绝。

9~10个月时,婴儿会用小手指向去那里,或用小手拍拍头,表示要戴帽子带他出去。

11~12个月时,婴儿除了以面部表情和动作来表示体语外,还会伴以各种声音,比如嘟嘟声(表示汽车),呷呷声(表示小鸭),以及用简单的单词音来表示自己的意愿。

总之,在孩子1岁之内,有成千上万的信息是通过婴儿的体态语向父母传递的,而每个婴儿的传递方法也各有不同,父母应细心观察婴儿的体态语,了解其心理需要,才能促使心灵之间的交往。

47. 婴儿吮手指是智力发展的信号

—— 从生理和心理上理解婴儿吮手指的意义

提起吮手指,父母都认为是不良的习惯,想尽办法去纠正孩子吮手指,弄得孩子哭闹不休,情绪不稳,父母焦急烦恼,其实吮手指并不全都是坏习惯,从生理和心理的角度来看,婴儿与幼儿吮手指的意义是大不相同的,应分别对待。

婴儿时期吮手指是智力发展的一种信号,它标志着婴儿的心理发展进入到一个新的阶段,即进入到手指的功能分化和手眼协调的准备阶段。新生儿出生后只会两手紧紧握拳,并时而将手在空中挥动,左右摆头,但很难将手对准自己的嘴,这是因为大脑皮质还未发育成熟,尚不能指挥自己的手放入嘴里,到了2~3个月时,随着大脑皮质的发育,婴儿经过多次的尝试,学会了两个动作:一个是将手在眼前来回晃动,起初只是向手瞥一眼,稍后,眼睛盯着看自己的手,这种注视手的活动,可称为"看手"游戏,接着婴儿又学会了另一动作,当手偶尔碰着脸部就转头用嘴去吸吮手。最初是将整个手放到嘴内,以后就吸吮二、三个手指,最后就只吸吮一个手指,大多数的婴儿喜吮大拇指。从笨拙地吸吮整个的手,发展到灵巧地吸吮一个手指,说明了婴儿支配自己行动的能力有了提高,这是很大的进步,因为通过吸吮手指的动作,促使婴儿眼和手协调行动,为5个月左右学会准确地抓握玩具的动作打下了基础,这是可喜的智力发展信号,婴儿的手掌握了抓握的动作就能有利于认识世界。

由于婴儿感觉最灵敏的部位是嘴的触觉,因此只要手碰到脸部,都要用嘴去感触,婴儿常将手认为是外界的东西(不认为是自己身体的一部分),要用嘴和舌头来吸吮感触,品尝它的滋味。常常在肚饿了,等待母亲喂奶,或疲劳了,要想睡觉之前,

有时哭闹了,母亲不理睬时,以吸吮手指来代替母亲乳头,或以吸吮手作为安慰剂来稳定自身的情绪,这在婴儿心理上起着重要的作用。

　　随着婴儿的大脑皮质不断的发育,动作迅速发展,到了1岁,婴儿已能自由地坐、爬、站、走,手指的动作逐步精细,能五指分工,双手配合着抓握、摆弄、传递东西时,新奇的东西和玩具使婴儿发生了极大的兴趣,从此婴儿改变了过去仅仅"看手"、"玩手"的单调玩法,而主动地用手去探索新天地,玩弄所有能接触到的新奇东西,因此,进入到幼儿期时,幼儿会随着吮吸天性的消失就对吸吮手指不感兴趣了,而无形中以更吸引他的事物而手脚不停地忙碌,自觉地不去吸吮手指了。也有个别的孩子到了3岁以后仍以吮手指来寻求自我安慰,当他受到挫折后不高兴时,或是疲倦了要睡觉时,还有的孩子是感到孤独、寂寞时,都以吮手指来获得心理上的满足,时间长了就自然地养成了习惯。这与婴儿期吮手指的意义不同,这时期幼儿吮手指是一种不良的习惯,父母应研究原因,细心观察,了解分析,耐心纠正。千万不要硬性、粗暴地对待孩子,强行将手指从嘴中拉出来,或以恐吓来束缚孩子的手,将手上涂抹辣、苦味或戴上手套。采用这些办法去纠正,效果不大,只能带给孩子痛苦和哭闹,父母应以关心、爱抚的态度去和孩子玩游戏,以玩具来逗引他高兴,带他去户外散步,让有趣的事物吸引他分散注意,或是让他帮忙动手做些小事情,增加手的活动机会,这样孩子会逐渐改正过来的。

　　父母对待孩子吮手指的问题,应对婴幼儿不同的生理和心理特点区别对待,不可粗暴指责,强行干涉,而影响婴儿的情绪和智力的正常发展。

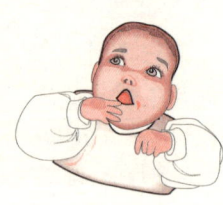

48. 谈谈"认人"和"怕生"

——婴儿感知和记忆能力的发展

　　婴儿从"认人"到"怕生"是认识能力发展过程中重要的变化,说明婴儿的感知和记忆能力在发展。婴儿出生后是先感知到人脸的模样,特别喜爱母亲的脸,先认识人,以后逐渐辨认出亲近的人和陌生的人脸和模样不同,喜欢亲人,不喜欢陌生人,产生了怕生的情绪,这时婴儿开始有了情绪的记忆。

　　如果你去朋友家作客时,抱抱他家3个月的小宝宝,宝宝会笑脸相迎、手舞足蹈。而过了2~3个月你再去他家,你以为孩子长大了,你曾经抱过他,和你有了"交情",再去抱他时,那知他翻脸不认人,却大哭起来躲开你,这到底是怎么回事?原来3个月左右的婴儿是不懂"怕生"的,而5~6月开始有了明显的记忆力,对亲人和陌生人能加以区分,而产生不同的反应,对陌生人不熟悉、不喜欢,甚至感到恐惧、不安全,所以"怕生"。

　　由于每个孩子所处的环境不同,父母的教育方法不同,有的孩子到了3~4岁仍然存在"怕生"的现象。其中环境是很主要的因素。现代家庭多为小型化、三口之家,独生子女关在家中,仅接触父母,整天无外人接触,使孩子在心理上形成一种"定势",认为只有和父母在一起最安全,而见到陌生人则感到不安全。此外,教育不当也会导致"怕生",有的父母怕孩子外出闯祸,而吓唬孩子,孩子受了惊吓后变得胆小,怕见生人。有的父母怕孩子外出受到别人的欺侮,怕孩子吃亏、学坏,认为还是关在家中好,有的怕孩子与人接触传染疾病,情愿将孩子闭门独处。这些父母都是人为地限制了孩子的活动范围、交往机会,使孩子不能获得外界的信息,过着封闭似的生活,就必然会使孩子在婴儿期自然的"怕生"现象延续到幼儿期,甚至还会影响到青年时期的个性。

要帮助孩子克服怕生的缺点,也要根据感知与记忆的特点采取有效的办法:创设外出活动和与人交往的条件,使孩子随着年龄的增长,不断地扩大认识及交往范围,使他在接触陌生人的交往中,不断地增强感知能力和记忆能力。如带孩子走亲访友,去公园和小同伴嬉戏,与左邻右舍的人交往,利用乘车、散步的机会多接触陌生人等,婴儿期的"怕生"现象一般在1岁半左右都会随着认识范围的扩大,接触陌生人机会增多,逐渐消除对陌生人的恐惧心,也自然地消除了"怕生"现象。若能及早地让婴儿进入到托儿所这个小社会,孩子将更快地克服"怕生"现象。

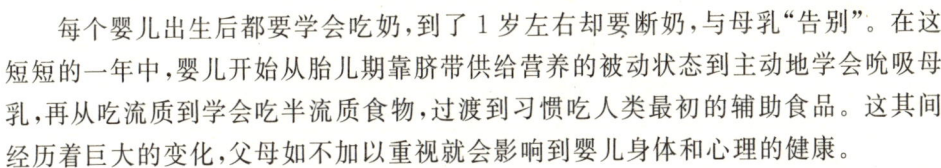

49. 吃奶和断奶的心理卫生

——防止消极情绪影响心理健康

每个婴儿出生后都要学会吃奶,到了1岁左右却要断奶,与母乳"告别"。在这短短的一年中,婴儿开始从胎儿期靠脐带供给营养的被动状态到主动地学会吮吸母乳,再从吃流质到学会吃半流质食物,过渡到习惯吃人类最初的辅助食品。这其间经历着巨大的变化,父母如不加以重视就会影响到婴儿身体和心理的健康。

新生儿出生后首先遇到的是吃奶问题,虽然"吃奶"是新生儿不学而能的"天生的本领",但它也有心理卫生问题,有些母亲认为喂奶是日常生活中的小事,把喂奶当成"任务"完成,有的母亲认为喂奶占了她许多时间,就边喂奶边忙别的事,还有的母亲自己情绪不好,带着发怒、惊恐、忧虑、焦急的心情去喂奶。殊不知婴儿天赋敏感,能察觉周围的每个变化,母亲的漫不经心,不良的消极情绪会因自己精神上的不舒畅而影响乳汁分泌,也会影响到婴儿的肠胃消化功能。更重要的是影响到婴儿情绪不安,严重的还会使婴儿发生情绪障碍。因此,母亲应注意喂奶时期的家庭和睦气氛,在婴儿吃奶时应有良好的情绪,亲切安详的态度,把婴儿搂抱在怀里,母子身体紧贴在一起,全神贯注地专心喂奶,使婴儿不仅饱吮了乳汁,获得身体所需的营养,而且还享受到母亲的温情、体贴、爱抚,获得心理上所需的精神营养,这对促进婴儿心理健康是十分有利的。

1岁左右的婴儿已逐渐学会咀嚼、吞咽,并习惯吃各种辅助食品,这时为了使婴儿更好地生长发育,必须要断掉母乳,去独立汲取大自然丰富食物中的各种营养,这虽是生理性的断乳,但婴儿开始懂事,已能自我感觉环境中所接触到的人、事、物。父母应该帮助孩子过好"断奶关",注意断奶期间的心理卫生。可是有的母亲给孩子断奶,事先不做好心理准备,等到孩子1岁时,突然采取"急刹车"的断奶办法,在自己奶头上涂些苦味或辣味的东西,使孩子不敢吃母乳,还有的母亲采取"躲避"的办法,与孩子隔离数日,婴儿日夜思念母亲,吃不到母乳,大哭大闹,痛苦万分地断掉母乳。这样"突然袭击"式地改变孩子的饮食习惯,强制性的断奶办法很不好,它不仅影响到孩子的肠胃功能和营养的摄取,而且使孩子心神不安,情绪不稳,不思吃睡,梦思夜惊,严重地影响孩子的身心健康。其实婴儿断奶应采取逐步过渡的方式为宜。从初生起就要做好准备工作:让婴儿先学会用奶瓶喝水或果汁、菜汁,4~5个月时学会从小匙中吃半流质的辅助食品,如奶糕、蛋黄、菜泥等;7~8个月时可逐步增加一些固体食物如饼干、蛋糕、面包、碎菜、肝泥、肉末等;9个月到1岁,可以根据婴儿习惯吃各种辅食的情况及身体健康情况,来决定断奶的时间。只有这样采取有计划的按月添加辅助食品,从少量到多量,逐步减少吃奶次数,增加辅食次数的办法,使婴儿乐于接受,既符合婴儿的心理卫生又能使胃肠消化功能逐渐适应,以保证生长发育的正常发展。

婴儿时期是人生的最初阶段,培养婴儿的积极情绪,防止产生消极情绪,对婴儿身心健康发展具有十分重要的意义。婴儿从学会吃奶到乐意断奶的过程中,母亲应积极主动地预防、克服或减少那些环境中带给婴儿身体和心理上的不良刺激,以愉快、喜悦的良好情绪去感染婴儿。

50. 让婴儿保持自己发展的特殊风格

——婴儿具有自己独特的个性特点

请父母们注意:世界上有多少新生儿,就有多少个性的模式,每个新生儿都是不相同的——在外表、感觉、对刺激的反应、动作模式及发展自己模式的能力等方面,都是千差万别的。

美国著名的儿科专家、哈佛大学儿科教授布拉泽尔顿长期研究新生儿,他曾对同卵双胎的一对男婴进行观察,发现了同卵新生儿之间也存在着明显的差异。他认为每个正常婴儿并不都是相同的,从新生儿出生开始就呈现出明显的差异。他将婴儿分为三种类型:安静型、活泼型、中间型。他指出,每种类型的婴儿都是按照各自个性特点对环境进行选择,对适合其接受的环境,他们就容易响应、配合;反之,对不适合其接受的环境或与其个性特点不相协调的培养,他们会表现出全力反抗。也就是说,婴儿以自己特殊方式影响环境,影响父母对他的培养。因此,父母应了解自己孩子的个性特点,为孩子创造一个适宜的环境,以孩子能接受的方式为他提供发展的机会。

既然孩子的个性特点是各不相同的,父母就不能采取千篇一律的方法去对待,也不要强迫孩子按照父母的意旨去发展,应针对不同的类型采取不同的方法去培养。

安静型的婴儿主要的个性特点是安静少动、性格内向,对环境的刺激敏感。新生儿期就明显地表现不活跃,安静地躺在床上,很少啼哭,所有的动作都很缓慢。尽管是给他洗脸、洗澡、吃药和注射等,他也很少哭闹。有的父母怀疑婴儿是否不正常,以为出生时神经受到损伤或是低能儿。若是母亲细心地注意观察,就会发现婴儿的运动能力发展比活泼型婴儿是差一些,但他对环境中每一感知对象的探索极其敏感,哪怕是极其细微的变化,他也会安静地躺着环视和领悟,从中获得其乐趣。因此,对待安静型的婴儿,父母应为他准备一些彩色、鲜艳、能活动又有声音的玩具,逗引他去感知,让婴儿在运用感觉器官上得到满足,同时还要创造活动条件,让婴儿随着月龄的增长,逐步掌握抬头、翻身、抓握、独坐、爬行、站立和行走的动作,尽管他的活动能力发展较慢,但父母不用着急,应让婴儿按自身发展的时间表稳稳当当地进展。此外,这一类型的婴儿还具有自己独特的待人处世的方式,当陌生人突然出现时,他会感到局促不安、不愿接近。当陌生人离去后,就活跃起来。父母应了解、尊重婴儿的个性特点,不要强迫他按父母的意旨去强迫他与人交往。而应该以适当的方式,让婴儿通过眼看、耳听,逐步熟悉陌生环境中的人以后,慢慢地引导他主动和人交往。

活泼型的婴儿与安静型的相反,他们一出生就特别好动,除睡觉外其余时间都在手舞足蹈,活动频繁,容易哭闹,有的母亲常为自己的婴儿神经过度兴奋、多动、哭闹而担心,其实婴儿活泼好动、高度敏感、易于兴奋是活泼型的特点,这是正常的。活泼型婴儿对气候的变化和环境的刺激过于敏感,常易吵闹、发脾气,有时是由于要消耗他的充沛精力而哭闹。这类型婴儿反抗性较强,常使父母哄劝不住,束手无策,而往往会对婴儿作出过分的举动,甚至打骂,父母企图用这些方法使婴儿安静下来,哪知婴儿会更加不能抑制自己的情绪,大发脾气,在婴儿与父母之间相互作用,相互影响,而使双方都精疲力尽,且形成一种恶性循环,对母子双方都不利。明智的父母应根据活泼型婴儿的个性特点,在婴儿哭闹时,给予抚慰,使其放松、安静下来,或以轻柔的歌声、优美的音乐转移注意,尽量减少婴儿哭闹的时间,并应满足婴儿生理与心理的需要,避免哭闹现象的发生。随着婴儿月龄的增长,接触外界事物增多,婴儿就会改用其他的方式来发泄精力,哭闹现象也就会逐步自然地减少。活动是形成婴儿性格的重要条件,婴儿好动是动作发展的需要,又是发泄精力的主要途径,如果限制婴儿的活动,就会违反

婴儿的自然需要。如有的母亲在新生儿出生后,为了防止婴儿感冒、用手抓破脸,或培养婴儿手脚不乱动的文雅习惯,而长时间地将婴儿用"蜡烛包"裹扎婴儿。婴儿手脚不能动弹,而使劲地全身蠕动,去反抗对他的束缚,哭诉着父母妨碍了他的自由活动,影响了他的正常发育。因此,父母不应干预婴儿的活动,而应解放他的双手,让他能观看自己的手,用自己的手去探索自身的脸和嘴,进一步去探索世界。

中间型婴儿的特点介于安静型和活泼型之间,他们都需要父母去发现他们的独特之处,从而找出对待他们的特殊方式,确立父母与子女之间相互作用的模式,然后制定出自己对婴儿的养育方式方法。

总之,不同类型的婴儿各具特点,他们各按自己的方式征服环境,从而发挥个性。父母应尊重孩子特殊的风格,重视孩子的个性特点,安排适合于孩子自己发展的环境,帮助孩子平衡地发展,使孩子将来成为有个性、有独特魅力的人,在这个大千世界上找到自己富有特色的成长道路。

51. 婴儿玩些什么玩具?

——适合0~1岁婴儿身心发展的玩具

婴儿那么小,会不会玩玩具?有位科学家对出生1~2个月的婴儿作了研究:1个月后婴儿听觉集中,听见母亲的歌声或摇铃声会停止哭;2个月时视力集中,能注视头上方悬挂的玩具5秒钟,2个月末可达5~10分钟,并能追随玩具转头、微笑,嘴里发生咿呀的声音,说明婴儿被玩具吸引住了。

每个健康的孩子,出生后都是好动的,若是身边无玩具,他会玩身边的任何东西,如用手触摸衣服、被褥,甚至玩自己的手、脚。为了满足婴儿生长发育和心理的需要,父母应选择一些适合婴儿年龄特点的玩具,如能刺激各种感官(眼、耳、手等)活动的玩具,应便于抓握,不易咬破,又便于洗涤消毒的玩具。

由于出生第一年是人的一生中身心发育最迅速的时期,婴儿出生第一个月什么都不会玩,而到满周岁时能玩各种简单的玩具,差异很大,因此要根据几个不同的月龄阶段来选择玩具。

0~3个月:婴儿的听觉和视觉开始集中,能很短时间注视彩色的玩具,此时期应在婴儿小床上悬挂大彩球、摇铃、红旗等,悬挂高度要在婴儿脑上方40~70厘米处(大玩具挂高些约70厘米处),要经常变换悬挂的位置,吸引婴儿从各个方向注视玩具,听玩具声音,闻声转头,目光追随玩具移动。经常用眼看、耳听的婴儿到了3个月时还会挥动手臂触摸玩具。

4～6个月：婴儿的视线能追视活动的玩具和走动的人，对声音有定向反应，手的动作由没有目标和方向伸出挥动到学会抓握悬挂的玩具，两手摆弄玩具，翻身取玩具。整个醒着的时间都在忙着看、听、抓握和伸手挥动。因此，这时期应选择的玩具，不仅要色彩鲜艳、有声响，而且要便于婴儿学习抓握及不易咬坏的无毒玩具（因这时期婴儿无论抓住什么物体都会往嘴里放，此时又是开始出牙的时期，又喜欢咬）。可以给婴儿看吊灯，吊着的旋转玩具，带手柄的响铃，无毒的橡塑玩具，布制玩具，供观看的娱乐玩具，如不倒翁、娃娃弹琴、熊猫打鼓等机动玩具等。

7～9个月：婴儿已能独坐，并学会爬，能眼手协调地用手抓物、取物、摇晃和敲打玩具，特别喜欢将玩具扔在地上，再拾起来玩。7个月时由于孩子还不懂玩具的性质，因此拿着不同的玩具都是一种玩法，如给他娃娃、铃鼓或皮球，他都是敲着玩一会儿就扔掉，以后要人拾起再玩。8个月以后开始能分辨玩具的性质，知道娃娃抱着玩，铃鼓敲着玩，皮球滚着玩。此时期可让婴儿坐着玩或坐在床上或在铺有垫子（夏天铺席子）的地上爬着玩。这时期婴儿能玩的玩具很多，如响铃棒、木块、小篮、娃娃、套碗、小鼓、小铃和小钢琴等，可以让他坐在小桌前玩，还可以观看成人开动的机动玩具，如飞蝴蝶、跳蛙、小鸡吃米等。为了训练婴儿爬行，应选择一些可以移动的玩具，如塑料球、皮球和可移动的玩具小汽车等来吸引婴儿爬去追球或追车。

10～12个月：婴儿已能熟练地爬行自如，会站立及学走路。手的动作已能用拇指和食指捡小木珠。此时期为婴儿选择的玩具应该是帮助学走路的学步车、小推车、拖拉玩具、球类、动物和能开动的车等，还应有训练小手指动作的玩具如：积木、套圈、套盒、小餐具、空心插木、橡塑动物和娃娃等。

总之，为婴儿选择的玩具要有声有色、结实耐玩、无毒卫生，便于婴儿嬉戏，发展婴儿的感知觉和动作，对身心发展有益。

52. 你的婴儿发育正常吗？（一）

——0～1岁婴儿体格发育测试

父母都希望自己的孩子健康、聪明，要达到此目的就应从出生起注意孩子的身心发育。要想知道孩子发育是否正常，一般是从体格和心理发育两个方面来进行衡量，体格发育的衡量方法是通过身长和体重来测定，在婴儿期还要重视头围和胸围的测量及牙齿的发育。

每个孩子发育的情况都不一样，发育的时间有快有慢，这与婴儿出生前的遗传素质和先天特点，出生后的生活环境、营养、护理、体格锻炼都有密切的关系。如早

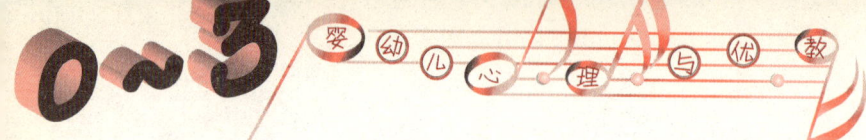

产儿的发育比正常产儿差,因此在第一年中生长发育也较一般正常儿慢,但若能在出生后注意精心护理、营养和适宜的生活环境,就能较快地赶上正常的婴儿发育水平。在新生儿期先天素质好的婴儿,若出生后不注意护理、营养、体育锻炼和安排合理的生活方式,满周岁也可能落后于正常儿发育的标准。

出生到满周岁婴儿期的体格发育是心理发育的物质基础,身体健康,发育正常才能促进心理健康及发育。现将一般正常儿的体格发育标准简列如下,父母可按月对照自己孩子的发育是否正常。

身长:一般足月产新生儿的身长约为50厘米左右。满1岁时增长到75厘米左右,超过或低于这个平均数的10%均属正常。婴儿期身体增长的速度很快,从初生到6个月每月平均长2.5厘米左右,7～12个月每月平均长1.2厘米左右。一年中平均增长2.5厘米左右。

体重:一般足月产新生儿体重约为3千克左右。出生后3～5天由于吸入母乳不足,排出大便、吐出羊水之故,体重约下降6%～10%,在出生10天左右即可恢复到出生时的体重,以后逐渐增加,10～30天内每日增加40～50克,1～4个月每天增加20克左右,5～6个月每天增加15克左右,7～8个月每天增加10克左右,9～10个月每15天增加100克,11～12个月每月增加150克。满周岁时体重可达9千克左右。婴儿体重超出或低于平均体重10%都属正常范围。父母还可以采用1岁内婴儿标准体重的简易计算公式来计算。

1～6个月以内:

体重(千克)=(足月数×0.6)+3千克

7～12个月以内:

体重(千克)=(足月数×0.7)+3千克

头围:脑壳的大小在一定程度上能反映脑发育的情况,新生儿头围约为34厘米,满周岁时可长到46厘米,男婴略大于女婴。出生后头半年增长迅速,约长8厘米,后半年约长4厘米,头围过小或过大均属不正常,头围过小一般是脑发育不良,过大可能是脑积水的表现,患佝偻病的孩子头呈方颅状,头围也相应大些。周岁以内的婴儿头围比胸围大属正常。

胸围:胸围大小可以表示胸廓的容积以及胸部骨骼、肌肉和脂肪层的发育情况,它还说明身体形态及呼吸器官的发育是否良好。出生足月新生儿胸围约32厘米,比头围小2厘米,发育好的婴儿满周岁时胸围能赶上头围,约46厘米。

囟门:囟门虽小,但从发育上能反映婴儿健康状况,新生儿出生时头上有前后两个囟门,后囟门位于枕部,一般于3～4个月时闭合,前囟门像个小天窗,俗称"天门盖",位于头顶部前中央,内径约2.5厘米左右,触摸时有跳动感,发育好的孩子一般于12～18个月时闭合,过早或延迟闭合都属不正常。一般囟门早闭常见于小头畸形的孩子,囟门迟闭是因患佝偻病、骨骼发育不良、脑积水等,而使囟门难以闭合。

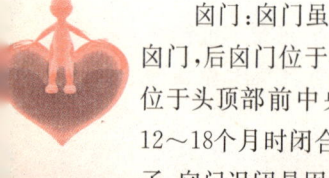

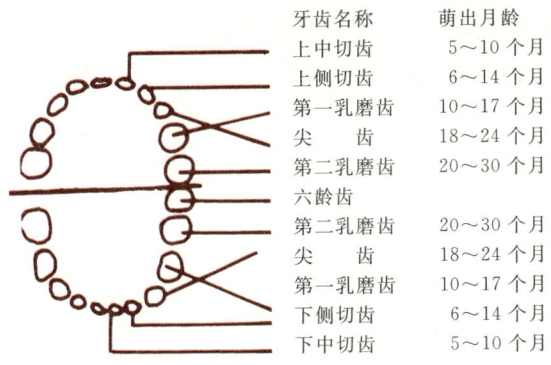

乳牙出牙顺序图

牙齿名称	萌出月龄
上中切齿	5～10个月
上侧切齿	6～14个月
第一乳磨齿	10～17个月
尖　　齿	18～24个月
第二乳磨齿	20～30个月
六龄齿	
第二乳磨齿	20～30个月
尖　　齿	18～24个月
第一乳磨齿	10～17个月
下侧切齿	6～14个月
下中切齿	5～10个月

牙齿：人的一生有两副牙齿，乳齿和恒齿。乳齿一般在6个月前后开始萌生，但每个孩子不一样，有的早在3～4个月出牙，也有的晚到10个月出牙，都属正常发育。计算孩子应长多少牙齿，可以用月龄数减去6来估计，如10个月的婴儿，应有牙齿4只。婴儿出牙顺序见附图，一般是先出下中切齿，后出上中切齿，再出上侧切齿，到1岁左右出下侧切齿，这时期共出8只乳牙。

父母在婴儿出生的第一年中要特别重视婴儿的生长发育情况，细心观察，并按月依照各项体格发育的标准进行测试，若发现婴儿的体格发育不符合标准，应及时从各方面追查原因，及时采取措施。若发现体重、身长不增长，或其他方面发育与正常标准差距很大，应及时带婴儿去儿童保健机构作进一步检查。

53. 你的婴儿发育正常吗？（二）

——0～1岁婴儿智能发育测试

婴幼儿的心理发育是以脑和神经系统的发育为物质基础的。因为脑是心理的器官，没有脑也不会产生心理，心理是人脑对客观事物主动积极的反应，若只有脑而无客观事物对人脑的刺激，也不会产生心理。

心理发育不像体格发育那样有数字标准来衡量，主要的测试方法是通过观察孩子的行为，表示在心理发育上成熟的过程和程度。目前我国普遍采用丹佛智能筛选测验（Denver Developmental Screening Test，简称DDST），其测验的范围包括以下四个方面：

动作能——包括大肌肉动作（头的平衡、坐、立、爬、走的动作能力）和小肌肉动作（手指的抓握、操作等精细动作的能力）的动作发育。

应物能——是对外界刺激物的反应能力,如对物体和环境的感知能力、调节能力以及解决实际问题的能力等。

应人能——对人和现实社会的反应能力。

言语能——言语是在环境中从成人那里学得并受到强化的理解能力和表达能力。

父母要了解自己孩子的心理发育是否正常,可以从以上四方面对孩子进行观察,并可去儿童保健部门为孩子进行智能筛选检查。但筛查的目的不是为了了解孩子是否聪明伶俐,而是为了通过调查孩子的智能发育情况,为今后教育孩子提供参考。

以下根据0～1岁婴儿心理发育的成熟过程和程度,按月龄提出几项主要的智能测试项目,供父母按月对婴儿进行测试,以及早掌握婴儿心理发育的情况。

新生儿(出生一周):

(1)生下会哭,哭时手脚伸开,动作强有力。
(2)眼睛见光后会眨眼,对外界事物不注意。
(3)耳朵听见嘈杂声会停止活动,转动头部。
(4)鼻会呼吸,但浅而无规律,能分辨不同气味。
(5)嘴会吮吸、咽吞,但不能很好地配合吮奶。味觉敏感,尝到酸、苦味会皱眉闭眼。
(6)皮肤嫩而红,触觉发达,手掌遇刺激物很灵敏,会立即发生抓握反射。
(7)四肢呈屈曲状,双臂紧抱胸前,遇刺激会乱动。
(8)心脏收缩次数多、跳动快、脉搏不稳,受刺激后易加快。
(9)神经系统对外界的刺激能作出生来就有的无条件反射。如吸吮、搜寻、眨眼、抓握、搂抱、转头等动作。

1个月的婴儿:

(1)逗引时活动减少,对人脸微笑。
(2)听见摇铃声停止哭,响铃在视野中能注意到。
(3)伏卧时举头片刻(约2～3秒钟)。

2个月的婴儿:

(1)伏卧时举头平衡。
(2)抱坐时能举头但摇摆不定。
(3)视线跟随摇铃过眼上方中线。
(4)逗引时会微笑,能分辨母亲的声音。
(5)两眼视线跟随周围走动的人。

3个月的婴儿：

（1）伏卧举头时脸与床面呈45°，举头较稳。

（2）两眼能跟随上下左右转动的东西而转动。

（3）摇铃放在手掌中能主动握着。

（4）会自发地咯咯或咕咕地笑。

4个月的婴儿：

（1）伏卧举头时脸与床面呈90°，手臂支撑胸抬起。

（2）两眼寻找声源（讲话声、摇响铃声等）。

（3）手抓住玩具送入口中。

（4）逗引时发出大笑声。

（5）直抱时，头能直立，颈部能支撑住。

5个月的婴儿：

（1）仰卧时拉两手坐起，头不后垂。

（2）两手在胸前互玩手指。

（3）由伏卧向仰卧或仰卧向伏卧翻身。

（4）逗引时发出兴奋的尖叫声。

（5）扶站时，腿能支持身体片刻。

6个月的婴儿：

（1）会伸一手抓玩具，成人拿小儿手中玩具会拒绝。

（2）扶住能坐。

（3）能随意向两侧方向翻身。

（4）能辨别亲人和陌生人。

7个月的婴儿：

（1）仰卧时伸足趾入口中玩。

（2）两手互相递交玩具。

（3）独坐片刻。

（4）会摆弄敲击玩具。

（5）自发地向着玩具"讲话"，连续发出"啊！呀"等音。

8个月的婴儿：

（1）独坐稳，能独坐玩玩具。

（2）会用两手分别握住两个玩具。

(3) 用拇、食、中三个手指捏纸屑或小糖丸。
(4) 会发出辅音（吧、吗、打等）。
(5) 会爬，但只能以腹部为中心向四周爬，爬不远。

9个月的婴儿：
(1) 伏卧能旋转躯干，爬行到远处取玩具。
(2) 能坐直。
(3) 用拇、食两个手指捏小糖丸或纸屑。
(4) 两手相对互击玩具。

10个月的婴儿：
(1) 坐时会拉成人手或扶家具站立。
(2) 用手指玩弄玩具。
(3) 会发出"爸爸"、"妈妈"的声音。
(4) 会挥手表示再见，拍手表示高兴。

11个月的婴儿：
(1) 手和膝盖配合跪地爬行，较熟练地到处爬。
(2) 会独自站立，把足部提起、放下。
(3) 会用双手捧杯喝水。
(4) 将玩具给人看，但不肯松手给人。
(5) 扶双手会向前迈步。

12个月的婴儿：
(1) 会围绕家具走。
(2) 扶一手会走，偶尔脱手独走几步。
(3) 试叠方木，但未能成功。
(4) 除爸、妈外能说重叠音的二个词。
(5) 能明确懂得对他说的话，说"给我"有反应。

第三篇　勇敢的探险家

——1~2岁幼儿的心理与教育

54. 婴儿向幼儿过渡时期的变化

——1～2岁幼儿的身心发育特点和教育

1～2岁是幼儿在获得和发挥人的能力方面迈出第一步的时期,是婴儿向幼儿的过渡期。这时期幼儿身心发展的变化很大。

在生长发育上最突出的变化是孩子的囟门于1岁半左右闭合形成完整的颅骨,2岁左右出齐20颗乳牙。中枢神经系统发育加快,脑神经纤维的延伸方向从水平位扩展到斜位、垂直位,有助于更复杂的神经联系。2岁时幼儿的身长约为85～88厘米。体重约为12千克,几乎是出生时的4倍。

在动作发展上最大的成就是从站稳、学着迈步到自己独立自由行动,这使幼儿生活发生了巨大的变化,从被动地、消极地依靠他人的生活,变为主动地、有意识地独立行动的生活,摆脱了狭小的生活天地束缚,扩大了活动范围。在走的基础上学会跑,开始尝试初步的跳跃和攀登。手的精细动作从1岁时比较笨拙的抓物方式逐渐变得精细起来,如从整个手抓物到用手指捡豆、搭积木、翻书、拿匙盛饭并开始用手指学着握笔涂鸦。

语言是从学说一个单词进步到会用简单句和人交谈。幼儿使用的语言虽然贫乏,但对成人言语的理解能力却出乎想象,非常注意听成人讲话。1岁半以前是听得多、说得少,但已懂得不少事。1岁半以后,幼儿说话的积极性很高,会运用简单句来表达自己的意愿和要求,语句中开始出现各类词汇,以名词和动词为主。

认识能力随着动作和语言的发展,接触外界事物的增多而提高,幼儿在感知对象和感知动作的过程中开始有了思考能力,它是人类智慧发展的主要因素。这种智慧是在1～2岁时开始获得的。这时期是感知动作思维时期,幼儿总是用动作来认识世界进行思维。如1岁前,孩子看见糖果放在桌上,他伸手够不着,皮球滚到床底下,他拿不到,就束手无策。而1岁半以后的孩子则不同,他会动脑筋将椅子推到桌边,爬上去取糖果,用扫帚去拨动床下的皮球,让球滚出来。这是孩子在感知事物的同时,通过动作进行思维而采取了新行动,应付新情况,解决新问题。

孩子从依恋"人"到依恋"物"的变化,表现在1岁前处处依恋父母,离不开父母的照料。1岁后,由于会独走,能主动接触更多的新鲜事物。进而发展了孩子对"物"的追求,激发对新事物的探索。这时只要有新的未见过的玩具、可爱的小动物以及有趣的东西吸引他,就会从依恋人而转向依恋物,甚至父母离开了他也不哭闹。孩子和物的关系是以和人的关系为基础的。孩子通过物和人交往,通过人和物接触联系,在与人和物的"接受关系"中发展了社会性交往。

孩子消极情绪减少和积极情绪增长的变化,很明显地表现在1岁以内孩子由于

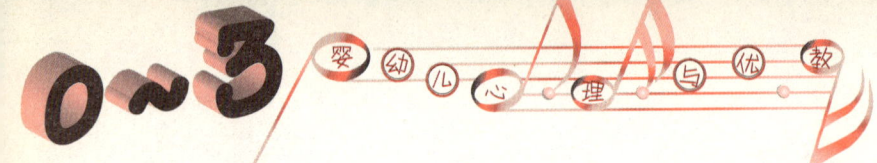

适应能力差,情绪易冲动,常会哭闹、发怒。1~2岁的孩子在生理上及社会性需要方面得到满足后,常表现快乐、喜欢、得意的情感,开始懂得爱和美,但有时会表现害怕、厌恶、恼怒、悲伤、妒忌等瞬间发生的比较强烈的情感。

父母应根据这时期婴儿向幼儿过渡的变化,在身体上注意孩子的生活护理、习惯培养、身体锻炼以及供给营养丰富的食物,促使其健康成长。还应为孩子心理的正常发展创造条件,在动作发展的过程中,提供孩子各种训练走、跑、跳、攀登的玩具,如拖车、球类等,以及动手玩的玩具,如积木、套碗、木珠等。经常带孩子出外散步,假日逛公园,玩运动玩具等。让孩子在玩中接触各种事物,发展语言及认识能力。父母要找机会多和孩子说话,为孩子念儿歌、讲故事,和他做游戏、看图书,并让孩子接触大自然和社会生活环境,以丰富孩子的经验,发展其注意、记忆、思维等心理品质,培养孩子逐步适应社会生活。

55. 最初的行为习惯不可忽视

—— 运用条件反射和条件抑制培养行为习惯

婴幼儿时期是培养良好行为习惯的最佳期,这时期重视培养,以后只要顺势坚持下去,就能使孩子具有良好的行为习惯。若忽视培养,孩子从小养成了不良的行为习惯,父母要花很多的精力和时间去纠正,倘若纠正不过来,就会影响孩子的身心发展。俗话说"习惯成自然",养成良好的习惯是这样,形成不良的习惯也是如此。

1~2岁这个时期,孩子会独立自由行走,活动范围扩大,接触各种事物的机会增多了,也出现了各种行为。由于孩子还不懂如何对待新事物,分不清什么该做,什么不可以做,什么是对,什么是错,是非观念还未形成,仅处于萌芽状态。因此,父母应抓住时机,运用条件反射的原理去强化孩子良好的行为习惯。每当孩子表现好的行为时,父母就给予赞扬,如父母可以鼓励孩子按时睡觉不要人陪,学用餐具自己进食,固定地点定时排便,爱清洁讲卫生,不拾地上东西吃等,此外还应在孩子学会看图书、自己玩玩具不打扰成人、对人有礼貌、与人友好相处时给予表扬。孩子虽小,但在父母的教育下不断地重复强化好的行为,就能形成良好的习惯并坚持下去。

孩子在成长的过程中,也会出现一些不良的行为,这是不足为奇的,但父母也不能忽视。要及时抓住最初发现的不良行为运用条件抑制的原理进行矫正,以免形成习惯难以改变。

条件抑制是一种条件反射形成后,加入另一种无关的刺激物,当条件刺激物与无关刺激物同时作用时,不予强化,只有在条件刺激物单独作用时才给予强化。经过多次重复,无关刺激物与条件刺激物同时出现时就形成了条件抑制。如孩子养成每逢星期日上公园的习惯,但遇下雨或客人来访时,父母对孩子讲,因为下雨(或有客人)不去公园了,让孩子在家玩玩具。开始孩子会不乐意而哭闹,但几次以后孩子就知道下雨天(或客人来)

都不去公园,形成了条件抑制,使孩子的行为能逐步灵活地适应环境的变化。

如遇孩子任性时,可以运用消退抑制来矫正孩子的不良行为。如果一种条件反射形成后,条件刺激物不再受到强化,那么原有的条件反射就会逐渐抑制而消失。例如一个2岁的孩子已经养成了每次去玩具店就要妈妈买玩具的习惯(建立了条件反射)。有一次妈妈忘了带钱未给他买,他就不依,赖在地上大哭大闹。如何矫正孩子这种任性的不良行为呢?很简单,只要消退这个反射。以后每次去玩具店以前先和他讲好,告诉他家中有许多玩具,今天要去玩具店看玩具但不买。到了玩具店即使孩子哭闹得再凶也不买,只需几次,孩子就懂道理了,不再强求买玩具。这时使已形成的条件反射降低了兴奋性,直到消退。若是母亲怕孩子吵而不坚持,迁就孩子买玩具,那么等于再一次强化了孩子的无理要求,以后再想矫正就困难了。

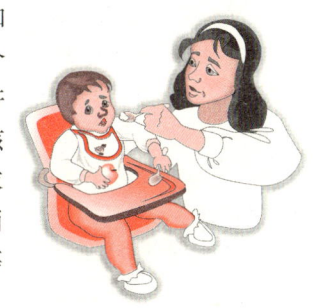

对待孩子的行为还可以运用延缓抑制的原理,在条件刺激出现后,延缓一定的时间再用非条件刺激物加以强化,这样就延缓了条件反射出现的时间,如教育孩子懂得进餐时的家规,当孩子看见烧好了的菜端上桌,就迫不及待地吵着要吃,这时父母告诉他,现在不能吃,要先洗手,等父母准备好了一起吃,几次以后,孩子就学会了先洗手、安静等待准备开饭后再吃饭。这对孩子日常生活中良好的行为习惯的培养是很重要的。如排队等待上公共汽车,依次序排队玩公园里的滑梯、转椅等,都需要运用延缓抑制使孩子遵守集体规则。

父母千万不要忽视孩子最初的行为习惯,不妨在日常生活中试试运用条件反射和条件抑制的道理来培养孩子的良好习惯,纠正不良的行为习惯。

56. 清晨,怎样诱导孩子自然觉醒起床

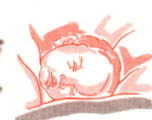

——正确理解孩子的睡眠生理过程及睡眠状态

每天清晨,父母们常常早起、做家务、准备早餐、照顾孩子起床,还要抓紧时间赶去上班。因时间很紧,而孩子往往早上睡熟了醒不来,或是晚上睡得迟,早上喜欢睡懒觉,父母怎么叫他都不肯起床,这种情况常使父母烦心、恼怒。有的父母性急,就硬拉孩子起床,孩子不愿就大发脾气,哭闹不休,这样在一天的开始就产生了不愉快的情绪。

那么,清晨怎样去诱导孩子自然地觉醒起床呢?让我们先了解睡眠的生理过程之后,就能正确地对待和处理这个问题。

睡眠具有两种不同的时相状态,即快波睡眠和慢波睡眠。人们入睡后,首先步入的是慢波睡眠,持续时间一般在80~120分钟左右,然后进入到快波睡眠,维持时间在20~30分钟左右,此后又回到慢波睡眠,接着再悠悠地转入快波睡眠,构成一个睡眠周

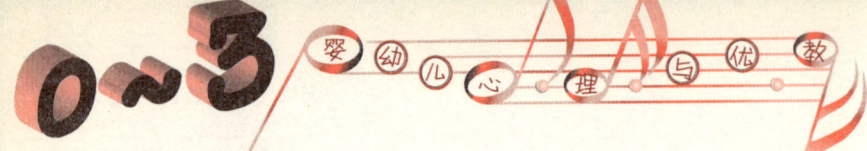

期。整个睡眠时期反复转化4～5个周期,越接近觉醒,慢波睡眠相对缩短,快波睡眠相对延长,人们可以从慢波睡眠或快波睡眠逐渐地来到觉醒状态而自然觉醒。

孩子的睡眠从睡着到觉醒要经过几种不同的睡眠状态:

(1)深睡:睡着后呼吸均匀而有规则,不会被微小的刺激而惊醒,只有当时有巨响声或体内感到不舒服时才会醒来。

(2)浅睡:闭着眼睛睡觉,身体微微动弹,呼吸不大均匀,对外界刺激敏感,很容易被惊醒。清晨,孩子将要觉醒前常处于这种状态。

(3)静态觉醒:睁着眼睛一眨也不眨,好像是盯着周围的某件东西似的。当眼前出现发光或活动的东西时,能立即将视线转向发光或活动的物体上。

(4)动态觉醒:睁开眼睛,不均匀地呼吸着,活泼地动手动脚。

(5)吵闹:眼睛半闭或全闭,全身紧张,手脚乱动,哭闹着直到完全觉醒,此种状态在孩子周岁左右逐渐消除,而会安静地等待起床。

父母了解到孩子睡眠的生理过程及睡眠状态以后,就不会再采用突然袭击的方式,大声呼叫或强行拖起孩子,去惊醒处在大脑抑制状态的孩子。而应采取诱导的方法,让孩子自然觉醒后再起床。

每天清晨,父母可以在规定孩子起床的时间前,提前10分钟,先将窗帘拉开,让光线射入,再打开收录音机,播放轻音乐,以光和声音的刺激去唤醒孩子。父母也可以唱一首自编的起床歌,使孩子对这首歌建立起条件反射,听见了这首歌就知道起床的时间到了,通过光和声音的刺激,使孩子逐步从深睡状态自然转换到浅睡状态。这时父母可用亲切的声音呼唤孩子,用手轻抚孩子的背腰部,再抚摸手和脸,使他的听觉和触觉再次感到刺激,而逐渐从浅睡状态自然地转换到静态觉醒状态,再转换到动态觉醒状态,这时孩子就会睁开眼睛、活动身体,婴儿可能会短暂地哭闹一下,幼儿则会在苏醒后睁开眼睛看到父母的微笑和亲切的呼唤声后,自己会愉快地起床。若是孩子还未完全苏醒,可以等2～3分钟再以同样的方法进行一次。孩子在父母耐心的诱导下,会自然地觉醒后起床。

57. 让孩子愉快地进餐

——保持良好的情绪进餐能促进身心健康

家庭成员围聚在一起愉快地进餐,这是人生的一大享受,除了食物营养能增进人们的身体健康外,还有一种精神营养——良好的情绪能促进身心健康。因为良好的情绪能增进食欲,常言道人逢喜事精神爽,则食欲旺盛,而人逢愁事,情绪低落,不思饮食。其原因就是情绪在起作用,人的胃是最表现情绪的器官之一。

孩子进餐时也应该有愉快的情绪,很难想象一个心情不好的孩子会有好的食欲。可是有的家长往往忽视这一问题,而使孩子进餐时产生各种不良的情绪;如在日常生活中常看到有些家长自己要上班,怕时间来不及,就催促孩子快吃早餐,快速塞饱,造成孩子紧张的情绪,食物还未嚼细就吞下而影响了食物的消化,营养的吸收,甚至有的孩子长此下去患上了肠胃病。有的家长在孩子不肯好好吃饭时,以吓唬的办法来骗孩子吃饭,对孩子说:"你不吃饭,老猫来吃了。"或说:"你不吃,不带你去玩。"致使孩子带着担心、惧怕的情绪进餐。有的家长则采取强制的办法,强行喂食,孩子反抗不吃,将食物吐出,于是家长再喂,孩子再吐出来,而使孩子产生了抵触、反抗的情绪。还有些家长遇到自己工作不顺心,情绪不好,进餐时流露出不愉快的情绪,这时若是孩子不好好吃饭,很容易对孩子说话生硬,甚至看孩子不顺眼而迁怒于孩子,有的还责怪、打骂,整个餐桌上笼罩着不愉快的气氛,造成孩子见到吃饭就发愁,千方百计逃避吃饭,而对进餐产生了厌恶的情绪。这些不良的情绪,能抑制胃液的分泌,又会造成孩子不良的心理状态,极不利于身心健康地发展。

要让1~2岁的孩子愉快地进餐,不是一件小事,家长必须了解这时期孩子的生理和心理的特点来正确对待。

孩子的情绪具有易感性的特点,极易受周围人们情绪的感染,因此进餐时要有轻松愉快的气氛,家长对待孩子的态度要和蔼,并经常以自己良好的情绪来感染孩子,让孩子愉快地进餐,提高进餐的积极性。

孩子需要家长的关心和鼓励。有些家长在进餐时双方交谈,不顾孩子或由于某些原因很少关心孩子。只有在孩子身体不适或吃不下饭时才引起家长的关心及注意。因此,孩子常会以拒食来撒娇,引起家长的注意,希望得到关心,否则就会产生不愉快的情绪。

孩子小,注意力易分散。有时孩子在进餐时,看见了小猫很好玩,就想逗小猫玩而不好好进餐。有时父亲正在孩子进餐时拿出为他买的玩具或糖果,孩子马上停止进餐而要玩玩具和吃糖果,这时若不允许,就会哭闹不休而产生不愉快的情绪。因此,进餐的环境要安静,不要有外来的干扰去影响孩子,分散注意,而影响专心进餐。

孩子适应新食物需要有一个适应过程,家长要耐心培养,不要误解孩子挑食或拒食,而责怪孩子。因为1~2岁的孩子在接受各种新的和未吃过的食物时,往往不愿尝试,或吃不惯而吐出来,这时应掌握从少量开始,使其习惯后再增多,或将新食物配以爱吃的食物一起吃,以防止强制他吃,使其产生不愉快的情绪。

进餐时还要满足孩子学习自己用餐具进食的心理需要,1岁半左右孩子会使用小匙进食,由于眼手的动作不协调,常常是匙将饭挑到桌上或饭送不到嘴就撒在桌上,家长嫌孩子吃不好,就将匙夺过来喂他吃,哪知孩子拒绝,坚持要自己吃,若不依他就哭闹,甚至连饭也不吃了。孩子学着自己吃饭是好事,要满足孩子的独立愿望,不妨用两个匙,让他拿一个自己吃,另一个由家长喂食,以防止不愉快的情绪产生。

为了让孩子愉快地进餐,家长还要在餐前做好各种准备工作,预防不愉快的事发生。吃饭时要营造一个愉快的环境,让孩子高高兴兴地吃饭、健健康康地成长。

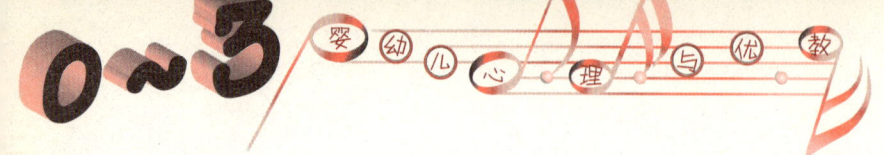

58. 孩子摔跤的"学问"

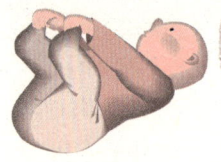

 ——1~2岁孩子摔跤动作训练及意志培养

每个孩子在成长的过程中，都要经过无数次的摔跤，才能学会走路。1~2岁的孩子刚学会行走，但走不稳并易摔跤。这时期要孩子不摔跤，是不可能的事。问题是父母怎样对待孩子摔跤，这其中也有"学问"。

笔者从两个孩子摔跤的过程中，发现了摔跤的"学问"。一个女孩已1岁8个月会独立行走，但经常摔跤。她摔跤时两手缩在身旁，身体很快失去平衡。往往头先碰到地上，发出"咚"的响声，接着她就闭上眼睛，大哭大叫，躺在地上不起来。妈妈听到女儿的哭声，惊慌失措，赶紧跑过去抱起女儿，一边抚慰、一边敲打地板，责怪地板不好，于是女孩停止哭闹，也用小手敲打地板，错误地认为自己摔跤是地板不好所造成的。另一个是刚满1岁半的男孩，他虽比女孩小，但摔跤时，会灵活地伸出双手去支撑失去平衡的身体，头部自然抬起，除了小手弄脏、两膝部跪在地上有点碰痛外，身体其他部位并未碰痛，因此他不但不哭，还立即爬起再去玩，好像未曾发生过什么事情一样，妈妈在旁见了也不当回事，只是对他笑笑，教他拍去裤子上的灰，并帮他洗洗手，又让他继续去玩了。

以上两个孩子摔跤的反应大不相同，这与其父母的教育方法有直接的关系。据了解，女孩从小受到父母过多保护，活动锻炼少，母亲怕孩子摔跤，从小就只让她在床上玩，以免弄脏了手和衣服。偶尔孩子摔跤后，母亲只顾安慰孩子，为了让孩子停止哭闹而去责怪地板。这种教育方法会使孩子分不清是非，没有意识摔跤是自己走路不当心，也没有教孩子学会用双手支撑身体保护自己，反而造成孩子胆小、软弱，不利于意志的培养。相反男孩虽比女孩小，但父母平时重视孩子的体格锻炼，经常进行动作训练，并和孩子一起活动，让孩子在铺上席子和垫子的地板上爬来爬去，玩摔跤游戏，教孩子学会了摔跤时先伸出双手支撑身体，孩子在平时活动中经常练习摔跤，动作也就比较灵活，因此孩子从小就不怕摔跤。

如何对待孩子摔跤，正确的教育方法是：

（1）训练孩子的各种动作：在1岁前就要按月龄循序培养孩子抬头、翻身、爬、站、走等动作，各种动作熟练了，摔跤时孩子自然而然会作出灵活的自我保护动作。

（2）重视爬行活动：爬行的动作能使孩子的大脑与手、脚有关的神经形成防御性条件反射，一旦孩子摔跤，身体失去平衡，手脚便会自然地伸出成爬的姿势来支撑身体，防止身体摔痛或受伤。

（3）经常玩摔跤游戏：让孩子在游戏中有意识地摔跤，游戏时即使有轻微疼痛，也会因为玩游戏时的快乐和兴奋情绪而减少对疼痛的注意,并会自然地爬起再继续玩。久而久之,孩子对摔跤也就习以为常,不会过于惊慌了。

孩子摔跤是常有的事,只要父母掌握这些摔跤的学问,并以正确态度对待孩子,不要将摔跤的过错迁怒于其他不相干的事情上。在孩子摔跤时既要关心又要冷静处理。那么,孩子将会在摔跤中学会自我保护、不怕困难的品质。从小培养孩子具有面对挫折的坚强意志也就是从这些小事情开始的。

59. 不能说的一句话

—— 孩子适应集体生活的心理准备

"你不乖,送你上托儿所。"这是父母不能说的一句话。在孩子不听话时,往往会听见父母说这句话来威胁孩子,孩子听了也许会暂时地依顺父母,停止哭闹。但对托儿所却产生了厌恶、惧怕的心理,从此就不愿去托儿所过集体生活。

孩子上托儿所适应集体生活不是一件小事,对孩子来说是一次生活上的巨变。因为孩子出生以后就习惯在以他为中心的小家庭里生活,孩子上托儿所与亲人分离,接触陌生的老师、阿姨和小朋友,感到失去亲人的依靠而紧张、害怕,甚至哭闹着到处找妈妈,不肯吃饭,不愿睡觉,情绪不稳。心理学把孩子怕离开亲人、认生、对环境的不适应,称为"分离焦虑"。这是因为与母亲分离而引起的焦虑或不愉快的情绪反应,这种焦虑的情绪是7个月到16个月左右孩子的心理特征。因为孩子从7~8个月起就有了比较明确的对物体永久性的认识,通过记忆储存在脑子里,并具有回忆储存在脑中的信息的能力。当孩子初入托儿所时,在"陌生"和"新环境"的包围中,陌生人与新情境,是他从未接触过的,使他感到迷惑不安。必然会回忆到在家中与亲人一起时的愉快情境,而出现了思念亲人的感情,但目前既不能回家,又得不到亲人的爱抚和安慰,因而表现出焦虑痛苦、缺乏安全感的心理状态。这种分离焦虑,在每个孩子身上所表现的程度不同,如果教育得法,可使这种焦虑不安的情绪降低到最低限度。

那么,怎样进行教育,才能使孩子有适应集体生活的心理准备呢?

首先,父母应让孩子对"托儿所"这个全新的名词有好感。在未入托儿所之前,常常带他去托儿所观看小朋友的活动,使他认识到托儿所是和公园、儿童乐园一样的好玩有趣,那里还有老师、小朋友陪他玩。以取得孩子的好感,对托儿所有正确认识,而产生向往去托儿所的心理。

入托儿所前父母还应请老师来家访问,和孩子交朋友,使老师了解孩子的个性特点、兴趣爱好和在家的行为习惯,与孩子建立亲密的感情,取得孩子的信任。

初入托儿所的几天,父母可以送去后陪伴一段时间,使孩子安下心来。以后就

可告诉孩子,妈妈上班去,下午早些接他回去,让他和老师一起玩,到了下午提早去接,以免孩子等待过久而焦急,产生不愉快的情绪。

在孩子入托儿所以后,应按托儿所的规定时间入所、离所,不要经常去探望,也不要"心疼"孩子哭吵,而送几天,不送几天,以免造成孩子不安心,增加孩子的不适应性,造成孩子长时间的难以适应集体生活。

孩子从托儿所回家后,父母要慎重对待,不要因为孩子初去托儿所不适应,而回家后特别为他准备一些好吃的和好玩的让他高兴。须知这时期的孩子也懂得"暗示",他能从父母言行中洞察出父母的补偿心理,暗示托儿所不如家里吃得好,玩得好,而留恋家庭,影响孩子难以适应集体生活。

在孩子入托儿所后,父母更不应说:"你不乖,送你上托儿所"这句话,以免孩子在将要适应了的集体生活中发生反复,增加孩子的心理负担,而应让孩子感到去托儿所与其他小朋友在一起玩是高兴的,托儿所每天都有新的活动和事情在等着他,去托儿所和去儿童乐园一样快乐。

60. 从学一个词到说一句话

——1~2岁幼儿语言发展的特点与培养

孩子的语言发展一般都经过发音、理解、表达三个阶段。孩子从开始发音,学说一个词到会说一句话的过程中,应结合每一阶段语言发展的特点来进行培养。

出生第一年是婴儿学说话的准备期,婴儿反复地自我发音,接近1岁时逐步能听懂某些词意,开始模仿最容易发音的几个词,最先学会的词是"妈妈",这几乎是世界上大多数的婴儿开始说的第一个词。这时期,父母应尽量逗引孩子练习发音,用说、看、摸相结合的方法引导孩子模仿发音。如模仿"饼饼"的词音时,可以一边教说,一边拿出饼干给他看,还让他用手去拿着饼干吃。使他懂得词意,为后阶段学说话打下基础。

1~1岁半是"被动的"言语活动期,其特点是听得多、说得少、理解多、表达少。孩子的语言是:以词代句、一词多意、重叠发音、以音代词、伴以动作和表情。如说"妈妈"这个词,是代表一句话,可能是:"我要妈妈抱",也可能是:"妈妈不要走",或是:"妈妈给我玩具"。妈妈这个词代表一句话,有多种不同的意义。有些词发音太难,孩子常常以音代词,重叠发音。如以"嘟嘟"声代表汽车。"喵喵"声代表猫,"嘎嘎"声代表鸭子。由于孩子掌握的词少,常以动作来补充语言的不足。如要戴帽子出去玩,就说"帽帽"拍拍头,指着大门。这时期孩子的语言发展一般能掌握100个词左右,但每个孩子说出的词多少不一,差距很大,多者可达200个词左右,少者只能说几个词。孩子说话少,并不都是语言发展落后,而是这些孩子开口晚,但他能将听到的话都储存在大脑里，以后会突然开口，非常爱说话，词汇增加很快，甚至在短时期超过一些讲话早、说话多的孩子。孩子运用的词一般都是名词，只有少量动词。

父母在孩子开口学单词并积极理解语言的时期，应利用各种机会与孩子交谈，让他多听、多看、多理解日常生活中所接触的事物的名称，如衣、裤、菜、饭、奶、蛋、花、树等。理解各种动作，如坐、走、抱、拿、吃、玩等。理解父母对他的要求。如张嘴吃饭，坐盆小便，摔跤爬起等。并能在理解的基础上模仿成人发音、运用单词来表达自己的愿望和要求。这时要用实物、玩具、图片来启发孩子学语。

1岁半到2岁是从"被动"转向"主动"的言语活动期，孩子非常爱说话，整天叽叽喳喳说个不停，表现得积极主动。这时期最大的特点是学会说简单句，一般由3～5个词组成。语句结构多为名词和动词，由主语与谓语组成。如说"妈妈上班"、"宝宝吃饭"。有时语句不完整，句子只有谓语和宾语，没有主语。如说"买糖糖"，"没有娃娃"，意思是妈妈买糖、这里没有娃娃。有时句子前后颠倒。如说"饼饼没有"，意思是我没有饼干了。有时"偷工减料"省去句中的词。如说"宝宝车车去"，意思是宝宝坐车子去。省去"坐"字。在接近二字时，孩子语句中出现了少量的复合句。如"妈妈给我笔，明明画画"，"下雨了，宝宝不出去"，这时语句中增加了少量的副词，形容词和代词。

这时期，孩子学语积极性很高，对认识周围事物的好奇心也很强烈，父母应因势诱导，除了在日常生活中巩固已学会的词句以外，还可以为孩子讲故事、朗诵儿歌、看图讲述，在游戏中对话表演，培养孩子用已掌握的简单句讲述自己的印象，说出故事、儿歌、图片中的简单的事物。让孩子多接触自然和社会环境，在认识事物的过程中启发孩子表达自己的情感，鼓励孩子说话。

此外，父母应为孩子学语提供丰富的语言环境，增加孩子与人交往的机会，并要注意自己的语言发音正确。口齿清楚、语句完整、语法合理，使孩子易懂、易模仿。

61. 念儿歌、学说话

—— 儿歌是幼儿早期学说话的阶梯

孩子们都喜欢听儿歌、念儿歌，这是因为儿歌的语言精练、词句简短、生动有趣、节奏鲜明、合拍押韵。并且儿歌的题材广泛、构思精巧、语意易懂、语句易学，而每一首儿歌一般只有一个主题，在意念上有连贯性，这些都符合幼儿早期心理发展的特点。孩子在念儿歌时，是以声音、形象、动态、情感相结合来表达动听的语言的。如念"照镜子"的儿歌："大镜子、照一照、里面有个小娃娃，你哭他也哭，你笑他也笑。"孩子一边照镜子一边比划着做动作看表情，使声、形、动、情相结合。这时新奇的语言和生动的形象就很自然地点燃了他的情感和好奇心。从而激发学语的上进心和

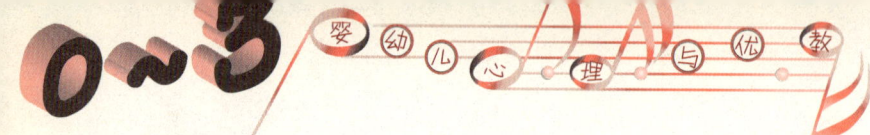

积极性。因此,儿歌是孩子学语的最好形式,也是幼儿早期学语必经的阶梯。

早在婴儿睡在摇篮中,母亲就开始念着:"摇摇摇,摇摇摇,我的宝宝要睡觉,摇摇摇,摇摇摇,我的宝宝睡着了。"的儿歌,以有韵律节奏的儿歌去代替催眠曲。

当孩子开始学说话时,就喜欢听儿歌,虽然他还不会跟着成人念儿歌,但他能聚精会神地一面听一面模仿着成人的口型和声调去"接尾巴",如成人念:"小公鸡,喔喔啼,叫宝宝,早早起。"孩子会跟着"接尾巴",讲每一句的最后一个字:"鸡、啼、宝、起"。

2岁左右,孩子已会讲简单句,就能学念完整的儿歌。这时期孩子通过念儿歌,不仅学会了优美的语言、丰富的词汇,而且还培养了孩子的良好行为习惯和文明礼貌,丰富了知识和情感,活跃了思维和想象,从而促进智力发展。

那么,怎样培养孩子念儿歌、学说话呢?培养方法是多种多样的,可以结合日常生活随时随地地去教养孩子。

教孩子生活中念儿歌、学说话:可以结合起床、睡觉、吃饭、清洁等生活过程中进行,如起床时可以念:"太阳、太阳,照在小床上,小宝宝、小宝宝、快点起来吧。"睡觉时可说:"宝宝要睡觉,不拍也不摇,眼睛闭闭好,不哭也不吵。"吃饭时可念:"小宝宝,坐坐好,饭菜香来味道好,小花碗、手扶好,一口一口吃个饱。"洗手脸时可念:"洗洗手、洗洗脸,手脸洗干净,请你亲一亲。"

教孩子在游戏中念儿歌、学说话:孩子最喜欢游戏,在游戏中配以儿歌,使孩子在欢乐的情感中,更易理解儿歌的内容意思去掌握语言与动作,如玩拍手游戏时念:"拍拍手、拍拍手,小手拍拍拍(拍手动作)捏捏拢,放放开(捏拢、放开动作),小手拍拍拍,爬呀爬!爬呀爬,爬到肩膀上(将手作爬状放在两肩上),爬呀爬!爬呀爬,爬到头顶上(将手爬到头顶上),拍拍手、拍拍手,小手真能干。"这首"拍手"儿歌边念边按节奏做动作,让孩子学说"拍拍"、"捏拢"、"放开"、"爬"、"肩膀"、"头顶"、"小手"、"能干"等词汇。

教孩子在音乐中念儿歌、学说话:孩子在听音乐和唱歌中学儿歌最容易记住,通常孩子念不会的儿歌都能很快地唱会,这是因为调动了音乐区的右脑和语言区的左脑协同活动的结果。一支动听的歌曲可以作为一首很生动的儿歌,如唱小鱼歌:

河里小鱼游游游,
摇摇尾巴点点头,
一会儿上,一会儿下,
好像快乐的小朋友。

这首儿歌词句较长,孩子难以念完整,但唱起歌来就能很快掌握,便于记忆。

教孩子在观察自然中念儿歌、学说话:大自然有取之不尽、用之不竭的儿歌题

94

材。用儿歌与大自然的景、物联系起来，使孩子有兴趣将观察到的情景，很快地转化为言语，从而培养了孩子的表达能力，如念儿歌：

小河唱歌哗哗哗，
小鸭唱歌嘎嘎嘎，
青蛙唱歌呱呱呱，
宝宝唱歌啦啦啦。

教孩子在看图中念儿歌、学说话：指导孩子看图画要用动听的声调、优美的语言、描述图意，使孩子理解后再教儿歌，如看春天的图片，可先讲解图意，后念儿歌：

春天到、春天到，
小鸟小鸟吱吱叫，
花儿花儿都开了，
宝宝见了咪咪笑。

教孩子在与人对话中念儿歌、学说话：通过成人与孩子对话，潜移默化地启发孩子的思维能力，然后将对话中的事物编成儿歌，便于孩子记忆。如带孩子上街，可问孩子看见了什么？孩子说"看见汽车。"成人问："汽车怎么不走了？"孩子说"开红灯了。"然后再问："汽车怎么跑了？"孩子说"开绿灯了。"这样在平时几次的对话后就可教孩子念儿歌：

汽车、汽车、嘟嘟嘟，
红灯一亮停下来，
汽车、汽车、嘟嘟嘟，
绿灯一亮向前开。

教孩子念儿歌时，成人还可以根据实际生活中出现的事物，结合当时的情景来编儿歌。成人念儿歌时口齿清楚、发音正确、语调生动、表情动人，能吸引孩子的学习兴趣。每一首儿歌应先由成人反复念几遍，吸引孩子的注意力和学习愿望。让孩子脑子里留下印象，再一字字、一句句教念，然后再教孩子跟着成人一起念完整的儿歌。孩子学会后，会在日常生活中触景生情，自己去念儿歌，这将使孩子的语言能力得到迅速发展。

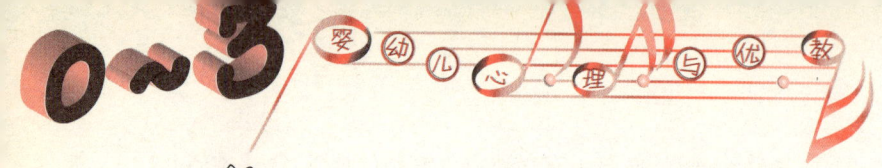

62. 让孩子"迷恋书"的诀窍

 ——促进孩子早期认知的有效方法

一些父母在孩子2岁前多偏重于身体上的保健,满足生理上的需要,往往忽视早期教育,而不能满足心理上的需要。直到上小学后,发现孩子自由散漫、不爱学习、成绩下降,就着急万分,责怪孩子笨,上课不专心,不努力读书。甚至采取打骂孩子的手段,令其闭门思过,并用种种强制的办法,加码学习,不准玩耍,使孩子过度疲劳、紧张、对学习产生反感,厌倦读书,尽管孩子从早到晚都在学习,成绩仍不见进步。为此,父母感到烦心,束手无策。

怎样使孩子对学习有兴趣,能自觉地学习呢?最好的办法就是让孩子"迷恋书",培养孩子"迷恋书"不是从进小学开始,而是从婴幼儿期开始。

培养孩子"迷恋书"的诀窍是父母朗读和孩子看图书相结合的教育活动。这是每个家庭都能做到的,简而易行的学习方式,从婴儿期就可以开始进行。因为朗读和看图书是以耳听和眼看来进行的,听觉与视觉是婴儿进行学习的生理基础,也是孩子认识世界、获得知识的先决条件。虽然孩子在早期的语言和认知能力都很差,又不会阅读,但他的听觉和视觉都发展得很迅速。孩子可以从父母不同声调的朗读声中获得听力提高,进而去探究朗读的内容。从色彩鲜明、生动有趣的图书中增进视觉的发展,通过注意、记忆,进一步去思考和理解图中的内容。若能坚持每天为孩子进行朗读和教孩子看图书,长期进行,就可建立听朗读、看图书的条件反射,使孩子从小就"迷恋书",养成爱读书的好习惯,这样就能为将来上小学时爱学习打下良好的基。

那么,怎样为孩子朗读和教孩子看图书呢?

首先,培养的年龄宜早不宜迟,原则是越早越好。因为孩子的听觉与视觉发育很早,就需要早刺激促发展。美国布什总统夫人的家庭朗读活动,开始得很早,她认为是教育学龄前儿童独特的有效活动之一。曾推荐给布朗夫人教育她弱智的儿子汉森,当布朗夫人将汉森从产院抱回家后就开始讲故事给孩子听。到了汉森进幼儿园时,已经会自己朗读,快上小学时,他的阅读水平已超过同龄儿童,而且非常喜欢读书。

其二,培养孩子爱听朗读及看图书的兴趣和习惯。父母自身应有每日看书的习惯,经常聚精会神地看书会在日常生活中潜移默化地影响孩子,促使他去模仿父母的样翻书,嘴里咿呀地发音,学着朗读些单词或人们听不懂的句子,虽然模仿得不像样,但能培养孩子的兴趣,对图书产生了好感。这时再一边教他看图书,一边讲解图书的内容,然后结合孩子能理解的事物为他朗读,就会进一步增长他自己看图书的兴趣。有些父母每天在孩子晚饭后到临睡前之间固定有几分钟的时间为孩子朗读和孩子一起看图书,孩子就渐渐地迷上了这个特殊的时间,即使父母不在时,他也会要求爷爷、奶奶或其他家人为他朗读和看图书。长大后即使无人陪伴,也会自觉地自己朗读和看书。和父母一起朗读和看书的无数个难忘的夜晚,将永远留在他的记忆中,驱使他"迷恋书",坚持爱读书的好习惯。

其三,父母必须掌握孩子各个时期的年龄特点来进行朗读和教孩子看图书。由于孩子年龄小,注意力易分散,以无意注意为主导。因此,朗读和看图书的时间不能太长,在6个月以前可以给他看大幅挂图,边看边朗读有韵律的儿歌2～3分钟。7～12个月可以看布图书或塑料制的图书,并朗诵图书内容约5分钟左右。1～2岁可以增加到10分钟左右。除了父母朗读、为孩子讲解图书内容外,还可以让孩子指着图画讲出事物的名称、动作等。2岁以后可以增加到15分钟。

其四,父母要为孩子朗读及看图书创造条件。应选择与年龄和能力相适应的图书,内容应是孩子生活中所熟悉的,使孩子感兴趣的,易于理解和接受的。图书要彩色的,主题要突出,形象要鲜明,情景要简单,背景不宜太复杂,年龄越小画面要越大。父母要为孩子准备一个抽屉或纸箱,使孩子从小爱护图书,看完后放在固定的地方,以养成好习惯。

父母为孩子朗读,并同时教孩子看图书能使孩子迷恋读书,迷恋书又能使孩子受益终生,为孩子以后的学业奠定良好的基础。因此,父母们不能忽视让孩子从小养成爱书读书的好习惯。

63. 真像个小小"探险家"

——孩子的好奇心和探索行为的发展

为什么孩子见到墙洞就伸手去掏?为什么衣柜和书架给他翻得乱糟糟?为什么家中的每个角落里,凡是能够看到的地方都要去搜索?这是幼小的"探险家"在进行探索的行为。他想知道手掏洞怎么会有墙粉出来?衣柜里藏了些什么好玩的东西?爸爸的书里有没有大熊猫?总之,他想探索每件东西的真面目,想知道他的小世界中的奥妙。

探索行为对2岁的孩子来说,不仅是为了满足生理上的需要,也是为了社会性需要,满足心理上的需要,它是随年龄的增长而渐进发展的。

早在新生儿"呱呱"落地的那一时刻起就开始了探索陌生的新环境。香甜的乳汁,母亲的爱抚,悦耳的音乐,彩色的玩具都能引起他探索的需要。

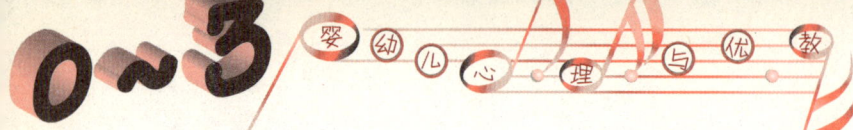

3~4个月的婴儿除了眼看、耳听外常用嘴和手去探索,喜欢吮手指,不管给他什么东西都放到嘴里用嘴吮、舌舔。这时还只能被动地、依赖成人地帮助来探索新事物。

5~6个月的婴儿能坐起观望四方,能主动伸手抓物,手眼协调有目的地抓一些在他身边的东西去玩弄、敲击、摇晃,在感知动作中去主动地探索。

7个月到1岁的这一时期,婴儿学会爬、站和迈步走,随着这一系列的进步,孩子的活动范围不断扩大,开始主动地去探索新天地。他想要的东西即使放在远处,也会爬过去取来玩弄,这时两手能同时玩弄两个物体,探索着用种种不同方式的动作,从中感知事物之间的关系。如玩套盒时,小盒放在大盒里能放进去,而大盒放不进小盒中。小积木放在铁罐中摇动会发出响声。抓不住皮球就会滚掉。通过放、摇、抓的不同动作方式,使物体产生了不同的结果,这是孩子在进行因果关系的探索。

在1~2岁时,孩子既会走,又会跑,还会用语言与人交往,因此他活动的自由度不断增加,并摆脱了不少限制,使他从不同的角度去探索周围世界,发现新事物。为好奇心所驱使,他如同"初生之犊不畏虎"不知危险,什么都要去看看、摸摸,想去发现什么?模仿什么?得到什么?如门开了,他就往外跑,去看看外面发生的事物。取到碗匙就模仿妈妈喂娃娃吃饭。迫不及待地打开爸爸刚买来的袋装食品去取东西吃。这时孩子探索事物产生了目的,并进一步想了解事物的意义,探索着要怎样去做(采取什么手段),如孩子看见一支笔,就产生了画的愿望(目的),模仿着成人怎样去使用笔(手段),并在纸上乱涂鸦(画不规则线条或线圈),从而使他了解到笔能画的意义,将目的和手段很好地结合起来。在接近2岁时,孩子已探索到不同的东西有不同的用处,如吃饭(目的),要使用碗和匙(手段),洗脸(目的),要用毛巾和水。并在此基础上把已有的手段与遇到的新情境联系起来去解决新问题。如扫帚是扫地用的,而用它去取滚到床下的球;毛巾是洗脸用的,而用它也可做娃娃盖被等。有人把孩子的"新发现"、"新发明"去解决新问题誉为他在探索中的"创造性行为",这并非言过其实,这种智慧水平是通过好奇心的驱使在探索中逐渐获得的。国际知名的儿童心理学家皮亚杰把1~2岁儿童的智慧归为感知——运动智慧的成熟期(它是人的智慧发展的初级阶段的成熟期)。因此,要珍惜这时期孩子的探索行为。

"探索"对孩子来说是获取知识和实践经验的动力,孩子的行动是他心灵世界的镜子。"心"的功能直接反映在行动上,孩子的好奇心,求知的欲望总是要在行为和动作中表现出来的。有些父母对孩子的这种"探索行为",往往会误解,认为孩子顽皮、淘气。并嫌烦,怕孩子闯祸,而过多地限制孩子的活动,抑制了孩子的"探索"精神。若是父母能满足孩子的心理需要,正确地引导孩子去探索,就可能使小小的"探险家"将来成为大大的"发明家"。

64. 不要忽视第六感觉

——重视对孩子直觉的培养

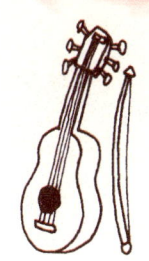

希望孩子早日成才的父母，往往只重视对孩子进行识字、背诵诗歌、学外语、写字、画图、弹琴等知识和技能的培养，而忽视了培养第六感觉。

每个人都具有视觉、听觉、嗅觉、味觉和触觉五种感觉，此外还有一种第六感觉。据研究：一些伟大的发明家和事业上有成就的人，他们在研究和工作中常常是依靠这种第六感觉，而获得研究及事业上的成功。

那么，什么是第六感觉呢？第六感觉就是直觉，它是最原始、最基本的感觉，又名为"动物直觉"。这种直觉超过了人类前五种感觉，是逻辑判断和理性所不及的。

人类早期在感觉上和动物很相似，对事物的感觉都是靠自身的本能。这时期，婴儿还不知如何去运用逻辑思维，就是依靠这种本能来感觉周围的一切，以后才在本能的基础上建立起条件反射。因此，在孩子早期发展的过程中，要尽可能地鼓励这种本能或直觉的发展，而不要仅偏重向孩子传授技巧或逻辑理性知识，以防抑制这种本能或直觉的发展。

日本著名的小提琴家铃木镇一博士认为培养孩子的第六感觉（即直觉）很重要。他曾经教过一位名叫定一的双目失明的孩子学拉小提琴。起初，他感到为难，认为一个连小提琴是什么样子都不知道的瞎眼孩子是不可能掌握小提琴的演奏技巧的，因为拉小提琴的技巧本身灵敏性高，而这孩子什么也看不见，如何去教他。后来他决心去试一试，并耐心地用各种教法，尽他最大的努力去教，先教他练习握弓，用他自己的手握住孩子的手握琴弓，练习左右上下地运弓技巧，然后让孩子自己用琴弓末端戳左手掌，使其感觉琴弓，并练习运弓的准确性。开始时，总拉错琴弦上的位置，2周后，通过练习能比较准确地将琴弓放在琴弦上去拉琴。经过一年的刻苦练习后，定一终于能当众演奏难度较大的赛兹的小提琴协奏曲。铃木博士认为：这孩子的第六感觉非常敏锐，因为在学习的过程中，发挥了直觉的作用，而能在较短的时间掌握了演奏的技巧，奏出悦耳的乐曲。

直觉是视觉、听觉、嗅觉及触觉的高度综合，培养直觉能分别使其他五种感觉更能发挥积极的作用，因此父母千万不要忽视培养孩子的第六感觉。

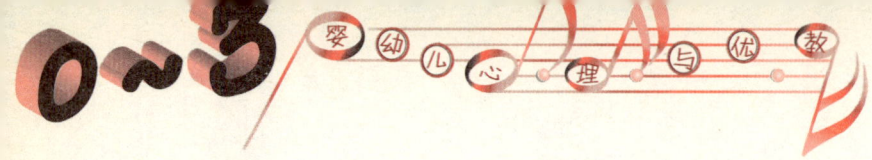

65. 在"扔东西"中长见识

 ——孩子自我意识萌芽期的认识过程

1岁左右的孩子都不约而同地喜欢"扔东西",无论给他什么东西,他都只玩一会儿就往地上扔。父母以为他是不小心掉下地,就给他拾起,但不久又往地上扔。这样反复多次,惹得父母生气了不理他,而他仍用乞求的目光,手指着地上,请求父母再次拾起。其实,孩子喜欢扔东西并不是坏事,而是这时期的年龄特点,孩子在反复的扔东西过程中,不仅能得到极大的满足和快乐,而且能增长不少见识和经验。

孩子在扔东西的活动中意识到自己的动作(扔)和动作对象(物体)的区别。探索自己的动作会出现什么效果和变化。例如,他每次扔球,都能使球滚动起来,开始时这种现象是偶然发生的,并没有引起他注意,也没有意识到自己的力量。以后,经过多次重复这个动作时,这种相同的现象(球会滚动)再次发生。他逐渐认识到自己扔的动作,能使球发生变化,出现了滚动的效果。从中他意识到自己的力量,自己的存在和客观物体之间的关系。这种扔东西的动作,显示出的力量和事物发生了变化,促使他再次尝试用扔的动作去作用于其他物体,是否能发生变化。如扔响铃棒,掉下去能发出声响但不滚动,扔下毛巾既无声响又不滚动。由此孩子逐渐认识到扔不同的东西,会产生不同的效果。发现物体更多新的属性,而使孩子对新事物获得更多的认识。

有时孩子扔东西是想要人和他玩,以扔东西来引起父母的注意。在孩子扔下和父母拾起的过程中,建立了"授受关系"。发展了人与人之间的交际关系,在动作与语言的交往中,使孩子的认识能力不断地发展。

当然父母不可能花许多时间为孩子拾东西,可以让孩子坐在铺有席子或垫子的地板上自己扔东西玩,教会他将扔出去的东西,自己爬过去或走过去拾起来。还要逐步教育孩子什么可以扔,什么不能扔,可以做一些沙袋、豆袋、响铃袋等给他扔,要制止孩子扔食物、玩具及易损坏的东西。不要用训斥方式,以免强化了孩子这种不良动作。

对于这时期孩子喜欢扔东西,父母不必紧张、烦心。这一过程时间很短,过了这一时期,孩子逐渐学会了正确地玩玩具及使用工具后,他的兴趣及注意力会逐渐转移到其他许多有趣的事物及活动上,而扔东西的习惯通过经常的教育和引导,会自然消失。

66. 孩子为什么喜欢撕书？

——撕书是孩子自我意识表现的一种方式

为了早期开发孩子的智力，一些父母为孩子买了很多小画书，想让孩子接受早期启蒙教育，启发孩子的学习兴趣。1~2岁的孩子开始对彩色画书感到兴趣，他们喜欢小画书，但是看了一会儿，就翻来翻去，接着不是将书乱扔就是将书撕掉，不让他撕就又哭又闹。让他撕则高兴得咯咯笑，而且越撕越多。

孩子为什么喜欢撕书？撕书是这一年龄时期生长发育过程中常常出现的情况，是很正常的。因为孩子喜欢画书并不像成人一样，成人认为书是看和读的，而孩子则认为书和其他玩具没有什么区别，凡是他们能看到、拿到的东西，全是可以玩弄的。至于如何玩法，他们在玩弄中会各显神通，表现出各人的创造性。如有的孩子会模仿成人的样子边看书边发出咿呀的声音好像在读书。有的孩子将书竖立起像个小山，在当中用小汽车"穿山洞"。有的孩子拿起笔在图画书上乱画着玩，有的将书卷成筒状当喇叭吹起"哒的哒"，有的孩子就喜欢撕书。前几种玩法父母还不介意，唯独撕书常会使父母生气，不愉快。确实，父母花了钱买来的新画书，孩子没多久就撕坏了，非常可惜。但是父母不要去责怪或打骂孩子。应先了解孩子的心理，起初，孩子对父母刚买的画书感到新奇，能注意力集中地看几分钟，后来他不满足于仅用眼去看，还试着用双手去翻弄，在翻弄的过程中，他发现通过了他的双手翻弄画书，可以看到一页页不同的画面。于是就前后翻来翻去，这时他的兴趣已从注意看书转移到玩弄画书，从玩弄中得到了极大的乐趣，以致将书翻坏或撕坏了他并未意识到这是不好的事，而很得意地认为自己的小手多能干，能将画书撕成数片，还能发出声音来，这声音使他感到好奇而有趣，于是就撕个不停。这是一种自我意识的表现，因为1岁以后，孩子产生了自我感觉，他在实际动作中，开始把自己的动作和动作对象区分开来。例如，他把球一扔，球滚了，把台布一拉，台布上的玩具掉下来。同样，他把画书撕一下，画书就变成几片了。他从这里认识到了自己的力量，感到极大的快感和满足。若是父母这时去制止，会使他失去玩兴和创造性。

那么，父母是不是听之任之，让他随意去撕书呢？当然也不是。父母可以用废旧画片或过期的旧挂历吸引孩子的兴趣，将新画书换下来，让他撕纸玩，并用废旧纸为孩子折一些纸制玩具，将他撕书的兴趣转移到撕纸及玩纸玩具上，这样既可以满足他撕东西的需要，又可以让他将注意力转移到玩纸制玩具方面，孩子就不会想到去撕画书。随着孩子年龄的增长，身心的成长发育，他会逐渐认识到看图说话，看图听故事是最有趣的事情，而自然地不会去撕书，这时父母再进行教导，孩子还会学着爱护画书，撕书的现象就会逐步消失。

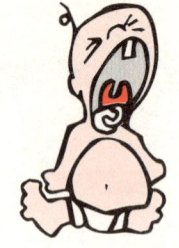

67. 孩子为什么咬人？

——1~2岁幼儿特有的与人交往方式

小孩子喜欢咬人，这是为什么？

孩子喜欢咬人的原因很多，随年龄不同咬人的意义也不同。

婴儿期的孩子常因长牙齿，遇到什么都要咬，如咬玩具、橡皮奶头或母亲乳头，甚至咬自己的手或他人的手。由于婴儿这时期还分不清到底咬的是人还是物，只是自己生理上的需要，通过咬东西或咬人去尝试一种新的触觉经验。这时婴儿咬东西或咬人是正常现象。

1岁左右的孩子咬人是出于模仿，如常见一些父母喜欢孩子，情不自禁地亲吻他，甚至在孩子白嫩的小手臂上轻轻地咬一口来和他逗趣。孩子模仿父母的样子也去咬人，他只是感到有趣，但不知咬人所产生的后果。

1~2岁期间，孩子咬人多数发生在与人交际的时候，由于孩子还不能掌握更多的词汇，用完整的语句来表达自己的意愿和要求，因此常常会借以动作来补充语言的不足。一般会利用自己的嘴、手、脚、身体的移动来伴以语音或单词句来表达自己的需要，当他说不清时就用嘴咬人、用手打人、用脚踢东西，或用移动身体等动作来表示。咬人也是其中的一种交际方式。笔者看见托儿所里的一个1岁多的孩子在和一个同年龄的孩子一起玩，老师给了他一个皮球，给了那个孩子一个娃娃。他想要玩娃娃但又不会说，于是就丢下皮球去抢别人手中的娃娃，那孩子不给，他就去咬别人的手，那孩子手被咬痛了，松手大哭，娃娃掉在地上，他乐呵呵地拾起娃娃，走到一边自己玩去了。至于咬了人的后果，他全然不考虑。

这时期孩子在与同伴相处时，会以咬人的方式来防御别人的"侵犯"，遇到同伴想要向他索取或抢夺玩具时，他不等别人下手，就先发制人，等对方一伸出手去拿时，就冷不防地被他咬一口，以示"抗议"，对方也只得缩回手而不敢去拿了。于是咬人就成为最有效的防御方式。

这种以咬人作为特有的交际方式，也只有在这一年龄阶段发生得最多，待孩子到了2岁以后，能运用完整的语言及掌握较多的词汇来表达自己的愿望，咬人的现象会自然地逐渐减少。

孩子不管什么原因咬人，父母都应事先提防，采取相应的措施，如婴儿出牙期间可给孩子咬橡皮玩具、烤面包干和饼干等让婴儿磨牙。成人不要用咬孩子玩来逗趣，教育孩子与人友好相处的正确方式，如要玩别人玩具时可以相互调换着玩，不可咬人,若孩子已经咬了人,就每次都要进行教育,告诉他怎样对待别人,应对人说"对不起"。孩子若不会说,可以教他,并以摇头表示以后不咬了。若是孩子仍继续咬人,就让他咬自己手臂,问他痛吗？让他亲身感觉到痛后,不再去咬人。

父母还应注意消除孩子对人的恐惧和戒心,强化孩子之间的友好行为,丰富孩子的生活内容,不要使孩子感到紧张、寂寞、愤怒和妒忌,以减少孩子产生不良的情绪而激起他去咬人。

68. 孩子发脾气怎么办？

—— 从心理上正确对待孩子的消极情绪

1～2岁的孩子常易发脾气,哭呀、吵呀、甚至打人,乱扔东西,赖地不起。怎么办呢？父母常为此生气,想方设法来制止。有的父母用奖励的办法,给糖吃等办法,以求得暂时的安宁。此法久用会造成孩子以发脾气来要求父母满足他欲望的手段。有的父母采取欺骗的办法,如说:"别哭了,明日给你买个大飞机。"但到了明日父母却未去买,此法当时有效,久用不灵。还有的父母见了孩子发脾气就心烦,劝之不听,就打骂或恐吓孩子,如说:"你再闹,我打你！""你还哭,叫警察叔叔把你抓走。"此法可能立即生效,但会养成孩子易于屈服、胆小和懦弱等不良的性格。以上的办法都是不可取的。

其实,1～2岁的孩子发脾气是一种正常现象,因为周岁后随着他生活经验日益丰富,尤其是会走以后,接触的范围广了,能自主地行动了,个人的要求、欲望自然也逐渐多起来了,父母就会感到孩子不像过去那样能随意控制了。同时,孩子的情感这时期也日渐丰富,高兴起来又说又笑,生起气来又哭又闹。从小儿心理与生理的相互关系的特点来看,他以此行动将心中的喜、怒、哀、乐通过身体散发出去是很自然的表现。孩子发脾气一般是因为对某件事物妨碍了他的行动或不能满足他的需求,由于语言还不能表达,又不会选择一个适当的方式来对待,但又很难控制自己的情绪,于是就以发脾气来发泄他内心的不满。

那么,应该怎样对待孩子发脾气呢？

当孩子发脾气时,父母要态度冷静,不能急躁、粗暴地对待孩子,而应用客观的态度去分析孩子发脾气的原因。一般来说孩子发脾气的原因有生理上和心理上的原因,如饿了、累了、热了、冷了、生病了等生理上的原因,只要及时解除身体上的不适,就可以使孩子停止发脾气。有些孩子是因为受到不公平的待遇,受到别人侵犯或损害,要引人注意或要挟成人来达到目的,是嫉妒、失败、恐惧、受惊等心理上的原因。父母找出原因后要针对不同的原因采取不同的方法来处理。

孩子发脾气还应从父母自身找原因,有的父母自己脾气不好或夫妻之间的矛盾常易发脾气,甚至自己心情不佳而迁怒于孩子,拿孩子当"出气筒",使孩子产生愤怒、不愉快的情绪,也易经常发脾气,因此父母要注意自身的行为,要以身作则,经常以愉快的心情来影响孩子。

父母要了解自己孩子身心发展的需要,要"防患于未然"事先要安排好孩子的生活,使他们生活有规律,对于孩子合理的要求,只要能办到的,就应满足他的需求,不要轻易否定或拒绝。至于孩子对待要求他必须要做的事,若无理拒绝或反抗时,不要硬性强制他做,可以改变方式,引导孩子的兴趣,让他乐意进行。例如,孩子贪玩不肯去洗澡,你可以让他将橡塑玩具带到浴盆里去洗澡,这种方式会使孩子乐意地去听从,而不会发脾气。

若是孩子无理取闹,父母不能去迁就他时,父母也要理解孩子的心理,因为这年龄的孩子还分不清是非,对于受到拒绝或挫折的容忍程度是有限的,他认为凡是他接触的每一件东西都是属于他自己的,没有理由可以使他得不到他所喜爱的东西,不管那东西是不是属于他的。如孩子到别人家做客,看到了他喜爱的玩具,非要带回家不可,不给他就哭闹,赖地不起,父母觉得有失体面,好言相劝不听,恶语威胁也不见效。怎么办?应该"冷处理",不去理睬他,要他不哭闹,自己起来父母才带他回家。因孩子脾气发作时,情绪激动,和他讲道理是听不进的,只有"冷处理",让他在发过脾气后才能接受劝告,将玩具还给人家,再以转移目标的办法,使他将兴趣转移到别的事物上去,如说"你放下玩具,我们去公园看猴子"。因孩子平日对猴子极感兴趣,也就会听从父母的劝告,这时父母要及时表扬他,以巩固他的好行为。

孩子发脾气不全是他不好,有时孩子是为了正当的、维护正义的或是争取应得的权利而发脾气,就不应当去责怪他。例如,孩子的玩具被人抢走,孩子被人推倒或打痛,孩子由于动作不稳而跌痛或成人无理拿孩子出气等而发脾气时,这时的发脾气是正常的,可以让他发出,以发泄他的不满及不愉快的情绪,父母应给以安慰并适当处理。有的父母讨厌孩子发脾气,也不分清原因,而埋怨孩子,并不许他哭,使孩子感到委屈,这样对待孩子会使孩子分不清是非,以后容易屈服于父母的威严,而没有反抗精神。

总之,孩子发脾气的原因是各种各样的,生理上的原因容易找出而能尽快地去解决,而心理上的原因则需要父母细心了解自己孩子的性格、兴趣、能力以及生长发展中出现的各种表现,探索研究,才能找出适当的方法来正确地对待,才能使孩子的心理正常地发展,防止消极情绪的产生。

69. "别哭！我扶你起来！"

——及早对孩子进行情感教育

有一次,笔者去一个托儿所,在一个1岁半到2岁的班里,看到新来了一个小男孩,哭哭啼啼地坐在一边在擦眼泪,老师关心他,带他去参与别的孩子的活动,他不愿意。后来他要小便,不小心跌了一跤,躺在地上哭。这时几个小男孩看见了,认为很好玩,也模仿他跌跤,一个个地压在他身上,老师看见了,将男孩们叫起来,请他们坐在自己座位上时,一个2岁的小女孩突然走到新来的男孩身边说:"别哭,我扶你起来!"于是扶起了那男孩,又拿出自己的手帕为他擦眼泪。女孩虽小,但表现了关心别人痛苦的同情心,能主动地帮助人。老师当场表扬了这小女孩的好行为,并教导全班小朋友学她这样关心他人。事后,我了解到这个女孩的家长平时经常帮助别人,对人很关心,他们的好品德给予了自己女儿潜移默化的教育。

同情心是构成完美个性、良好品德的要素之一。培养孩子的同情心要从关心人开始,父母应该先在家庭里对孩子进行早期的情感教育,以后再逐渐扩大到孩子的小社会中去,关心同伴及周围的人。

首先,父母应以身作则,相互关心:夫妇之间互敬互爱、互相体贴关心,这种爱的情感气氛会对孩子产生良好的影响。

其次,教育孩子尊敬长辈,关心老人:孩子从小在家接触爷爷、奶奶或外公、外婆的时间最多,经常受到老人的爱护和关心,父母可以通过日常生活中的每一件小事让孩子感受到老人给予的关怀与温暖。例如,当爷爷为孩子买玩具,奶奶为孩子烧牛奶,或是外公带孩子上公园,外婆为孩子做新衣的时候,都应及时地教育孩子感谢老人们为他操劳,使孩子产生热爱老人、尊敬老人的情感。父母还应以自身为榜样,使孩子耳濡目染,学会关心老人,并引导孩子帮助老人做些力所能及的小事,如拿报纸给老人看,分水果给老人吃,遇老人生病了会问候,与老人说话解闷等。孩子虽小,但可塑性很大,喜欢模仿,经常教导会形成规矩和习惯,不间断地培养就会形成巩固的自觉行为。有些父母对孩子宠爱关心备至,对老人既不尊敬又不关心,甚至虐待,孩子也会从中接受不良的情感教育,孩子成人后,父母只能自食其果。

其三,引导孩子关心他人:教导孩子要爱护托儿所的小朋友、老师、阿姨,以及关心经常接触的邻居及其他人,与小朋友要友好相处,不能随心所欲,只顾自己。例如给孩子买来的新画书,不妨让他带到托儿所去,让老师讲给大家听,给小朋友轮流看看,以分享快乐。孩子的皮球也可以与邻居小朋友一起玩,或借给他玩玩。这时期,孩子还不能主动、自觉地关心他人,父母应积极诱导他去关心人。

其四，悉心扶植孩子同情心的萌芽：1岁半左右，孩子尚未形成"自我"概念，对自身感觉和他人感觉不能区分，其感觉、情绪、情感等心理过程还正在发展中，很不完善，因此孩子往往不会主动地去关心人，也不体会别人的痛苦。如本文开头讲的例子，几个男孩不体会新来的孩子跌跤的痛苦，只是对"扑通"一声跌跤的动作感到有趣，而模仿跌跤。遇此情况，不要责怪孩子"幸灾乐祸"而应让孩子联系起自己过去跌痛的体验，要他关心跌跤的小朋友，经常利用各种机会教育孩子，会有助于同情心的萌芽。

若是父母在日常生活中，处处言传身教，重视对孩子的情感教育，长期培养，孩子就能将关心人、尊敬人、同情人成为自觉的行为。

70. 从孩子注意看蚂蚁说起

—— 从小培养孩子的注意力

在公园里，笔者曾见到一男孩蹲在地上专心地看蚂蚁搬饼干屑，他极感兴趣地看着越来越多的蚂蚁一个跟一个地忙碌着"运粮"，母亲突然地走来，拉着他回家，孩子哭闹着不愿离开蚂蚁，硬不肯回家。因为母亲打断了他的观察，分散了他的注意，忽视了他的兴趣。在日常生活中像这类的事也时有发生：如孩子在兴高采烈地搭积木时，大人要他去做某件事；当孩子正在专心地看图书时，父母未等孩子看完就催他去睡觉。在父母看来，这些都是小事，但对孩子来说，不仅会引起心情不愉快，还会使孩子容易分心，不利于注意力的稳定与集中。

注意是一种心理现象，就是指专心、认真、全神贯注的意思，但注意不是一种单独的心理活动，它是伴随着感觉、记忆、思维等认识过程而发展的。如注意感知某一事物，就能感知得清晰和完整。注意记忆某件事时，就能记得又快又牢固，注意思维某一问题时，就能深思熟虑，问题就易解决。人类要认识任何事物，都要从注意开始，注意是接受知识、智力发展的必要条件。俄国教育家乌申斯基把"注意"说成是孩子智力开发的门户。因此，从小培养孩子的注意力是十分重要的。

新生儿只有非条件性的定向反应，如光亮的刺激能引起视线片刻的停留，这是原始的定向活动。2个月左右条件性的定向反射开始出现，如看到彩色玩具能注视着微笑，5个月左右条件定向反射已巩固，7个月到1岁能注意周围许多事物产生定向探究反射，如当玩具被布遮盖后，他探究着拉开布来寻找，定向探究反应为孩子与所接触的事物建立联系，打开了获得知识、发展智力的门户。1～1岁半孩子会独立行走，生活范围变大，注意范围也随之扩大，1岁半到2岁时能集中注意力玩玩具但时间不长，2岁以后的孩子除了注意生活环境中一些自然现象和社会环境中人们的各种活动外，还在模仿成人语言、认真听故事、专心看图书、用心做游戏中学习集中注意力。

3岁前孩子的注意是以无意注意为主,注意是没有预定的目的,也不需要意志的努力,是自然产生的,一般是新奇有趣、形象鲜明和活动多变的东西易引起孩子注意。如滑稽小木偶,会动的小汽车,彩色铃鼓等都能引起孩子去注意。2岁左右可在无意注意的基础上培养孩子的有意注意,父母可以要求孩子有目的、按任务要求、用自己的意志去努力地集中注意。例如,要求集中注意听音乐、听故事、看图学语、朗诵儿歌、学习画图、玩游戏及做其他事情等。每当孩子能注意集中地去积极按目的要求完成任务时,都要给予表扬与鼓励,即使注意去做了以后,任务完成得不够理想,或注意力集中的时间不长,也要鼓励孩子,帮助他逐步习惯认真、专心和仔细地做事,从小培养孩子稳定的注意力。

培养孩子注意力,父母还必须做到以下几点:

一、要结合孩子的年龄特点,选择孩子感兴趣、易理解、能接受的内容来提出要求,对孩子注意不到的地方,要积极引导,提醒他注意。例如,孩子喜欢父母带他上街,父母可以让孩子观察街上来往的人群和车辆如何听从人民警察和红绿灯的指挥行动,引导他注意绿灯开了可以走,红灯开了要站住,使他知道孩子上街不能乱穿马路,要注意交通安全。

二、在同一时间里要求孩子做好一件事,尽量不要让其他无关紧要的事来分散孩子的注意力,如孩子大便时坐在便盆上集中注意力大便,不要坐在便盆上玩玩具、看图书。进餐时要求孩子专心吃饭,不要边吃边玩边走。避免分散孩子的注意力和养成不良的习惯。

三、要克服影响孩子注意力的因素。孩子注意力既易受外界环境的影响,又易受本身情况的影响。如孩子在专心画图时,家中来了客人,最好不要让孩子停止画图去迎接客人,而让孩子继续画好图后再去与客人讲话。孩子身体不适,缺少睡眠,过分疲劳,感到饥饿等情况时都易影响孩子的注意力,父母要妥善安排,适当掌握身体情况提出合理的要示。

四、不要随意打断孩子的注意,一般孩子感兴趣的事物都能专心注意较长的时间,如本文开头所讲的男孩对看蚂蚁十分感兴趣的例子,母亲不要打断孩子关注时的兴趣,若是再让孩子观察一会儿,并在旁指引他看蚂蚁不仅单独搬饼干屑回窝,还一起观看两个蚂蚁齐心协力抬饼干屑,过一会儿,母亲对孩子说,蚂蚁抬饼干回家了,我们也该回家吃饭了,这样就不致打断孩子的兴趣和注意而能愉快地回家。

五、创造条件使孩子有一个安静的学习和生活环境,因为孩子自制能力差,容易分心。如有些年轻的父母只顾自己娱乐、跳舞、打麻将,怕孩子吵闹,让孩子在旁边看图书或画图,这种环境中孩子怎能集中注意去看去画呢?

总之,从小培养孩子的注意力,是孩子求知的开端,父母如果能根据培养孩子注意力的年龄特点,因势利导,有意识地培养孩子的注意力,将来会受益终生。无数科学家、艺术家及先进工作者的事例证明:注意力的集中和稳定是获得成功的重要条件。父母不应忽视对孩子注意力的培养。

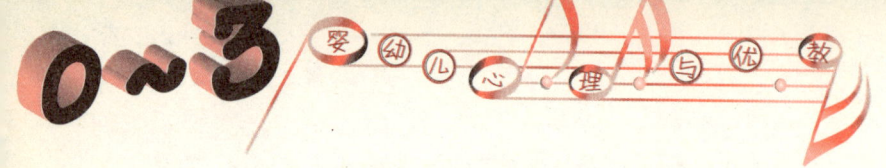

71. 怎样使孩子记得又快又好

——早期孩子记忆力的培养

人们的工作、学习、生活都离不开记忆,如果一个人看了、听了、说了、做了的事都忘记了,那么他的经验就无法积累,他只能永远像个新生儿,一无所知,因此记忆在人们生活中占有重要地位。

记忆是一种心理活动,它是人们过去经历过的事物在头脑里的反映。也就是将感知过的事物,思考过的问题,体验过的情绪,行动过的动作等过去的经验,进行识记、保持、再认和回忆的过程。例如,孩子看见一只有红鸡冠花羽毛的公鸡,听见喔喔啼的叫声,这一形象在脑中留下了印象,这是识记和保持,以后看见公鸡时,他能辨认,这是再认,当他听到大公鸡的儿歌时,他会说出:"大公鸡,喔喔啼,天天叫我早早起。"这时虽未看到公鸡,但能想起过去看过公鸡的形象,这是回忆。

孩子什么时候开始有记忆?心理学研究表明,新生儿刚出生时是没有记忆的,随着最初的条件反射出现,大约在两周左右就出现了记忆现象,首先对哺乳姿势建立了条件反射,每当抱他喂奶时,他会张口找乳头,这时他能识别母亲抱的姿势是给他吃奶。这种识别和记忆的过程,称为"识记"。这是孩子记忆的一种最初表现。

3岁前孩子的记忆是怎样发展起来的?乳儿明显的记忆出现在出生后5~6个月时,是以再认的形式来记忆的。例如,乳儿再认自己的妈妈,显示出天真活泼的反应,而对过去未曾见过的陌生人,显示出怕生、警觉的样子。满周岁时,孩子能在头脑中记忆出,当时看不见而过去已认识过的事物,这些事物的形象称为表象,它以再现的形式来记忆的。1岁以内记忆保持的时间很短,容易遗忘。2岁左右,孩子的记忆是以无意记忆为主,这时记忆是没有预定识记的目的,不需作出努力的记忆。例如,一些简单的生活经验、模仿动作、儿歌故事等通过看、做、听,自然而然地记住了。这时孩子能记忆十几天到几个星期的事。接近3岁时,有意记忆开始萌芽,孩子能有目的,努力去记忆一些简单的事物。例如,孩子能记住成人向他提出的要求或委托的任务,在睡前能将自己的衣裤鞋袜放在指定的地方,能记住每天早上按时去托儿所而不迟到。这时期孩子记忆保持的时间能增长到几个月甚至半年多。

如何帮助孩子增强记忆力,使他记得又快又好?

首先,父母要引起孩子记忆的兴趣,因为孩子的记忆带有鲜明的情绪色彩,记得住的事物往往是他最感兴趣的、最喜欢的事物。如彩色的玩具、生动的形象、有韵律的儿歌、悦耳的音乐以及有趣的游戏等都能使孩子感到兴趣,可以用于增强孩子的

记忆。有一个2岁左右的孩子很喜欢做游戏,妈妈就利用他对游戏感兴趣的特点培养他的记忆力,每天晚上教认玩具、图书、鞋子、毛巾、面盆放置的地方,以后就将这些东西藏起来让他找,找到后就放在规定的地方。孩子通过经常玩这游戏,就记住放置这些东西的固定地点了。

其二,多次重复才能加强记忆:孩子的记忆是建立在大脑各部之间神经系统的联系线路,多次重复就能给予多次的刺激,使神经系统加强多次联系,也就能加强记忆。孩子记忆的特点是学得快,忘得也快,必须多次重复教他记住。如在孩子吃香蕉时教他认识香蕉并学会记住香蕉名称,以后在看图书时教认,画图时教认,买香蕉时教认,经过多次重复教认就能加强对香蕉的记忆。

其三,通过多种感知途径,集中注意增强记忆:没有亲自感知的经历,没有集中注意的观察,也就不可能有记忆。如通过给孩子看鸭子游水,摇摆着走路的形象,听鸭子呷呷的叫声,触摸鸭子的羽毛,尝尝鸭肉的味道等多种感知途径,就能加强对认识鸭子的记忆。孩子若能集中注意地观察时间越久,就会对事物的记忆越清楚、越牢固、越迅速。

其四,多问多考,帮助孩子动脑:多提问、考考孩子的记忆,让孩子动脑去回忆,也是增强记忆的一种方法。例如,带孩子去公园玩后,晚上可问他,今天到公园去看见了什么?早上送孩子上托儿所时,了解当天食谱,下午接孩子回家时问孩子,今天午饭吃什么?点心吃什么?让孩子动脑想想后再回答。从日常生活的小事开始,逐步训练孩子多动脑、勤思考的好习惯。

只要父母在日常生活中抓住时机,因势利导地对孩子进行记忆力的早期培养,孩子就能增强记忆能力。

72. 散步是实施早教的好时机

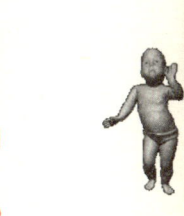

——散步有助于孩子体智德美全面发展

每位家长都可以利用散步的时间,有意识地对孩子进行体智德美全面发展的基础教育。

散步是一种全身性的运动,人体有639块肌肉,散步时通常有400块之多的肌肉在活动,这种肌肉运动不是连续的运动,而是活动与休息交替着轮流进行的一种运动。人们在散步时,总是一条腿的肌肉活动时,另一条腿的肌肉休息,两条腿的肌肉交替活动,交替休息。运动量不大,体力消耗不多。对1~2岁的孩子来说,散步是最适宜的运动锻炼。孩子在户外散步时,沐浴在新鲜空气和日光中,不仅锻炼了身体,而且还吸入了较多的氧气,使皮肤接受冷空气的刺激,提高神经系统调节体温

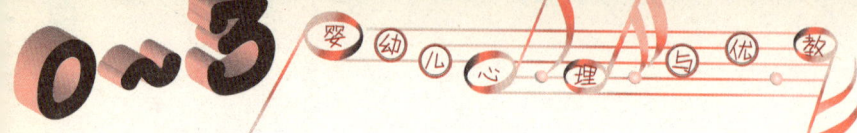

的功能,以适应气温的变化,从而增强对疾病的抵抗力。孩子的皮肤暴露在日光下,接受紫外线后,能使皮肤里的麦角固醇转变成维生素D。维生素D有利于骨骼吸收更多的钙和磷,有助于孩子的生长发育,紫外线还可以刺激骨髓制造红细胞,防止贫血。日光中还有红外线,它能使身体发热,促进血液循环,使新陈代谢旺盛,增加人体活动功能。因此,父母要经常带孩子去户外散步,以促使孩子身体健康、反应灵敏,精力充沛。

散步还能促进孩子的智力发展,因为智力发展与身体的活动和感知经验是紧密联系在一起的。父母带孩子去散步,在外面,他能感受到大自然美好的景色,听到汽车发出的嘟嘟声,看到来往的人群川流不息,夜间五光十色的霓虹灯交相辉映等这些新的刺激和新的经验,扩大了孩子的认识能力,也促使感知、注意、记忆、思维等能力的提高。有位父亲每天傍晚坚持带孩子散步,有意识地利用外界环境中的事物教导孩子,使他的2岁幼儿知道春天花开、叶绿、鸟飞来,秋天树叶变黄落下来。会讲出大汽车、小轿车、洒水车、救护车的名称,认识自己家的房子是绿色的,还认识他家门牌上的2号字形等。孩子与父亲在愉快的散步中一问一答,父教子学,日积月累地增加了不少知识和实际经验,散步给孩子带来了智慧。

散步是孩子接受品德教育的好时机,孩子在散步途中免不了要接触一些人,就必须学会与人交往,父母应以自身的言行来影响孩子,教他对人有礼貌,如早上散步时要会说"早",下午散步时要主动问"好",分别时学会招手说"再见",让他知道懂礼貌的孩子倍受人们的喜爱。与小朋友交往时能友好相处,能合群,关心人,与人共享玩具,互换玩具,玩后物归原主。虽然这时期孩子对物质具有占有欲,会表现出自己的玩具,谁也不让玩,而别人的玩具要去抢来玩,这正需要从小培养,尤其是现代家庭多为独生子女,他们只以为什么都是属于自己的,不会想到别人。加强对孩子这方面的培养,对孩子的心理发展非常重要,而且也为好品德行为的形成打下基础。

散步时能给孩子美的教育,使孩子身临其境感受到大自然及社会上的美好事物的熏陶。人类从婴儿开始,就有对美的追求,喜欢看鲜艳色彩的玩具,听轻柔悦耳的音乐,接近2岁时,那些五彩缤纷的自然世界、丰富多彩的社会生活、赏心悦目的艺术形象都能引起孩子强烈的兴趣和激发孩子爱美的情感。这对培养孩子心灵美、行为美、语言美和环境美的萌芽,是极其有利的。

带孩子散步是每个家庭都能做到的事,特别是住在高层楼房的家庭,更应每天安排按时散步的时间,长期坚持下去,孩子会在体智德美各方面得到全面发展。

悠悠散步能使孩子受益无穷,父母何乐而不为!请千万不要放弃实施早期教育的好时机!

73. 两只巧手比一只巧手好

——发挥大脑左右半球的功能促双手动作协调发展

人们都习惯使用右手,因此使用右手成了理所当然的"标准"。现代文明社会制作的东西都是为使用右手的人设计的,惯用右手的人在各方面比惯用左手的人来得便利,而且效率高。其实,右手和左手结构上完全一样,同生同长,同样能干。但由于多年来传统的习惯,使右手变得比左手能干得多,原因是左右两手受到的"待遇"不同。据说,猴子的两手都很灵巧,虽然它们的智力不及人类,但能自如地使用两手吃东西,做各种动作。就使用左手来说,人类比不上猴子。

那么,人类能不能有两只灵巧的手呢?完全可能。据生理学研究证明:人的右脑主持左侧肢体的知觉和运动,因此左手的活动源于右脑的功能,而左脑主持右侧肢体的知觉和运动,所以右手的活动源于左脑的功能。在婴幼儿时期,大脑正在不断地发育中,如果能根据左右脑的分工特点,在注意发挥左脑功能的同时,也充分发挥右脑的功能,则可以促进左右两手的动作协调发展,提高效率,而且还能促进智力的发展,使双手灵巧。

1岁以前,孩子已学会用手抓握东西,1~1岁半时,孩子已能动手搭积木,拿匙学吃饭,两手动作较准确地拿吃的、玩的东西,做各种动作,双手成为使用工具和与别人联系的媒介,这时期孩子还没有固定偏用哪只手。1岁半以后,孩子使用左右手的偏向,开始显示出来,有的孩子一开始干什么都喜欢用左手。其中有先天遗传因素,父亲或母亲是"左撇子",也有后天环境因素。有人认为:有的母亲在喂奶时,常用右手干其他事,用左手抱着孩子,使婴儿的右手总是被母亲的左臂压住,不能随意活动。而左手则可自由地活动,去摸摸母亲的右乳房,抓抓母亲的衣服等。因此,左手比右手灵活,就总是先伸左手去抓物。还有人认为:1岁以后,孩子喜欢模仿父母的动作,但不善于辨别正反与左右,母亲与他面对面,用右手拿东西给他时,正是向着他的左边,孩子就机械地模仿母亲,与母亲取得一致的方向,将左手伸出来接东西。长久了就习惯用左手取物。3岁左右是决定惯用左手还是右手的年龄,父母应加以注意,最好不让孩子偏用左手或偏用右手,而是双手并用,使左右手都灵巧。

两手灵巧当然比一手灵巧好!因为两只巧手更符合现代生产工具的需要,比一只巧手的工作效率高数倍。父母应从小训练孩子,左右两手同等训练。可采取左右两手分工操作和协作操作的方法。分工操作可以培养孩子根据传统的习惯用右手做方便、效率高的事,如小时用右手拿匙进餐,以后就习惯右手用筷子进餐,小时用右手握笔画图,以后就会右手执笔写字。还有一些非右手使用不可的工具需从小培养以外,其他都

可用左手操作。协作操作也可从小培养,如两手协作搭积木,左右两手都会穿木珠,以后可训练两手协作弹琴或打字等。从小养成双手并用的习惯,两手可以交换操作,使大脑左右半球的兴奋和抑制交替作用,以减少劳累,提高效率,使双手的动作更协调和灵巧。

有的父母认为孩子使用左手不好,常强迫孩子改用右手,孩子惯用左手一时改不过来,就训斥甚至打骂,长此下去,使其大脑占优势的右半球受到干扰,就会造成语言混乱、口吃,甚至自卑,影响性格的发展。其实惯用左手也有优越性,如当今运动员中用左手打乒乓、打网球、甩铁饼的人,在国际比赛中别开生面,大显身手,取得优异成绩的人不少。若是父母只重视训练孩子使用右手,放弃左手训练的机会,使左手得不到锻炼,动作迟钝,感觉不灵敏,两手使用起来差别太大,岂不可惜吗?到底还是让孩子具有两只巧手比一只巧手好!

74. 2岁儿玩什么玩具?

——适合1~2岁幼儿身心发展的玩具

1~2岁是幼儿早期身心发展的阶段,由于大脑皮质活动增强,神经系统机能和骨骼的生长发育进一步发展,使幼儿的身心起着很大的变化。最主要的变化是学会了独立行走后,摆脱了狭小的生活天地的束缚,扩大了对周围环境的接触,从依恋父母逐步转移到依恋玩具,无论什么东西,看见就拿来当玩具玩。活动能力很强,会爬椅桌、上下小滑梯,开始会跑,扶手能跳,手指的动作也较前灵活,会使用笔涂鸦,用匙吃饭。1岁时只能讲单词,满2岁时已能运用3~4个词的简单句表达自己的意愿。虽然使用的词汇很贫乏,但成人对他讲话基本上能理解,由于活动范围扩大,感知的事物多了,注意与记忆等心理活动更加活跃,在语言发展的基础上,思维活动随之发展。

根据这时期幼儿身心发展的特点,可以分为两个阶段来选择适合的玩具。

1~1岁6个月:这时期幼儿虽会独走,但不稳,易跌跤,因此仍可继续玩小推车使幼儿巩固稳步行走,在小推车里可以运载一些小型玩具和积木等,让幼儿将玩具放入车内,推到某处再拿出来玩。拖拉玩具(装有轮子的小动物或各种拖车)是这年龄最喜爱的玩具,如小鸭拖拉玩具,一边拖一边会发出嘎嘎叫声,幼儿越玩越起劲,在玩时也练习了走路。为了活动幼儿的四肢,满足幼儿爱投掷的动作,可以给幼儿做一些沙袋或豆袋、小套圈以及各种球。各种几何图形的积木是幼儿百玩不厌的玩具,幼儿从1岁起可以玩到7岁,开始玩的积木多为正方形、长方形,随年龄增长可以玩三角形、圆形、圆柱形等。1岁时幼儿只会搭2~3块积木,2岁时会用6~8块积木搭高盖房子、搭长条火车。此外,还可玩插棍、木锤床、木串球、套塔等锻炼手指的玩具。玩小电话、娃娃、木偶和各种动物等能促进语言和认识能力的玩具,以及引幼儿发笑的滑稽人、猴子爬梯、母鸡生蛋等娱乐玩具。

1岁7个月到2岁:幼儿已能熟练地走、跑、攀登和投掷。喜欢到处去探索新天地,充满了好奇心。表现得活泼好动,活动的能量大,应选择发展幼儿走、跑动作的玩具如球、车(小三轮车和推车)等,能坐、摇、骑的木马,能投掷的套环、木块、沙袋等,以及发展手指小肌肉活动的彩色蜡笔、积木、木珠和拼图板等。

这时期的幼儿特别喜欢模仿成人的一举一动,如烧饭、扫地等,常会拿厨房里的锅子和扫帚等物来玩,这时父母不妨给他玩一些塑料制的小餐具及锅、炉。可以自制小拖把、畚箕、铅桶等清洁用具,让他模仿着玩,培养幼儿从小爱劳动。为了幼儿模仿语言及促进认识能力,还应配有娃娃、家具、用具式的玩具,汽车、电车等交通工具,电话、乐器类的玩具。塑料小桶、铲、耙、盒、盖等玩沙的玩具,便于幼儿模仿成人用沙做成饼、饭、菜,放在餐具中给娃娃吃。

总之,给1~2岁幼儿玩的玩具,应根据身心发展的特点来选择,应当是幼儿能理解和能掌握的,不能一味追求高级,认为越贵的越好,也不能省钱,该买的不买,如有些拼图的拼块多,图形复杂,幼儿看不懂,有些机枪很贵,幼儿力气小开不动,有些纸制的玩具和游戏棋虽很便宜,幼儿不会玩又易损坏,这样的玩具对幼儿来说,是毫无意义的。

从这时期开始,父母不仅要教育幼儿正确地玩玩具,而且还要培养幼儿玩玩具的好习惯,每次给他玩的玩具不要过多,先拿出一、二样,玩厌了再调换,玩好玩具后要帮助他放在指定的地方,不可乱丢乱放。可以为幼儿在房间的一角安排一个柜子或架子,或大纸箱放置玩具,让幼儿自己想玩就去拿,玩好了就自己放好,让幼儿有自己选择玩具的自由,以增加玩的兴趣。

75. 怎样知道2岁儿的发育水平?

——1~2岁幼儿体格发育与智能发育的测试

幼儿满周岁后到2岁这一时期,体格发育的速度与头一年比相对减慢,而智能发育则较前加快了。

一、体格发育

身长:全年增长约10厘米,为出生时身长的15%~20%,即满2岁时身长为85厘米左右,比出生第一年的增长速度减慢了。

体重:体重增加的速度也比出生头一年减慢,满2岁时体重为出生的四倍,约为11~12千克。一般可以根据幼儿的实足年龄按下列简便公式估计:

体重(千克)＝(实足年龄×2)＋8(千克)

按此公式计算出来的体重是大约的平均数,实际上同年龄的幼儿体重有很大的差异,而且男女幼儿的体重也有差异,一般男重于女,此公式仅作参考。

头围:幼儿头围到2岁时约为48～49厘米。

胸围:满2岁时,幼儿胸围大于头围。胸围与头围的差距是实足年龄数,因此2岁的幼儿,胸围比头围大2厘米,约为50～51厘米。

囟门:前囟门于12～18个月闭合,若是幼儿超过18个月仍不闭合,应带幼儿去儿童保健院检查与诊治,切不可粗心大意。

牙齿:2岁时的幼儿出乳牙18只左右。幼儿出牙数可以用月龄数减去6来估计(如24个月－6＝18只牙)。除了第二乳磨齿尚未出齐外,正常的健康儿其他乳牙都已出齐,但也有少数幼儿未出齐的。

父母应继续重视幼儿的体格发育,应做到每3个月为幼儿测量身长、体重一次,平日注意观察幼儿的发育情况,每半年带幼儿去儿童保健院进行一次全面的体格检查,以便及早发现问题,及早采取措施。

二、智能发育

1～2岁的幼儿已能自由行走,还学会跑,接触外界的机会增多,认知范围扩大了,与人交往也增多了,并有较多的机会去运用语言讲简单的句子与人交往,表达自己的意愿。因此,智能发育也比出生第一年加快,这时期幼儿智能发育的水平,可以对照以下的13个月到24个月幼儿智能发育项目来进行测试。

13～14个月幼儿:

(1)独站片刻,开始独走。
(2)一手同时握2块积木,反复摆弄。
(3)喜欢将玩具放入盒中,放进去再拿出来。
(4)会说3～4个字的单词。

15个月幼儿:

(1)把玩具拿着出示或给人。
(2)会剥糖纸。
(3)会叠起2块方木。
(4)会套圈、插棍。
(5)呀呀学语,会说5个字单词,称呼"爸爸"、"妈妈"。

16~18个月幼儿：

(1)扶一手能上楼梯。
(2)爬上成人的椅子。
(3)走得好,能向后退走 2~3 步。
(4)跑不稳,会踢球,无方向。
(5)自发地用笔乱涂,模仿画线。
(6)叠起 3~4 块积木。
(7)会怀抱娃娃或玩玩具。
(8)会用调羹喂自己吃饭,但部分会撒在桌上。
(9)看图书时能说出或指出物名。
(10)模仿成人所说的词,能说 10 个字。
(11)会说出身体的五个部分：眼、鼻、耳、嘴、头。
(12)能理解成人简单的吩咐：如闭眼睡觉,拾起玩具。

19~24个月幼儿：

(1)跑步稳,能跑 5~6 米。
(2)独自上下楼,一步并一步上下楼梯。
(3)双脚并拢跳。
(4)举手过肩扔球。
(5)会开门、关门。
(6)叠起 6 块方积木。
(7)自己拿调羹吃饭,动作较稳。
(8)手眼协调地穿木珠。
(9)会自动翻书,一次翻 2~3 页。
(10)脱衣时能与成人配合。
(11)模仿成人做家务：如扫地、浇花。
(12)能听从成人的要求做事：如将拖鞋放在床下,把报纸送给爸爸等。
(13)见到什么就说什么。
(14)看图书时能静听成人讲解。
(15)会说三个词连成的一句话。
(16)能分辨有、无、大、小。

第四篇　精灵的小能人

——2~3岁幼儿的心理与教育

76. 小能人的成长

——2~3岁幼儿的身心发育特点与教育

2岁以后,孩子变得懂事多了,明显表露出对周围事物的兴趣和好奇心,喜欢观察、提问,开始有自我中心的意识,喜欢坚持己见,遇事要自己去尝试,常说:"我自己来!"主动性强,表现出很能干的模样,真像个"小能人"。这一时期的幼儿在身心两个方面都具备了作为人的基础能力。

体格发育,在这一年中体重增加2千克左右,约为出生时的四倍,身体增加7~8厘米,约为出生时的二倍。大脑发育最快,3岁左右的脑重约为1 100克左右,是成人脑重的三分之二(成人脑重约为1 400克左右),约为出生时的两倍多。幼儿体质日益增强,运动器官、神经系统的活动日趋完善,神经系统的机能在不断地提高。因而这时期的幼儿朝气蓬勃,精神饱满,活泼好动。

动作的发展,已能在活动中初步掌握了各种大肌肉动作;能行走得很好,熟练地跑,双脚向前跳,不扶栏杆也能上下楼梯,举起手臂投掷等。小肌肉动作逐渐精细,学会扔、拿、推、拉、摆弄各种玩具,会执笔画图,捏泥、折纸、用积木搭简单的造型,并会独自洗手,穿鞋袜,扣纽扣,用勺自己吃饭等。幼儿用手使用工具后,使手指动作更加灵活,手的灵巧能促进智力的发展。这时期幼儿动作的特点是活动具有目的性和模仿性。

语言的发展已进入到初步掌握口语的时期,这时不仅能说简单句,而且能使用复合句与人交往,造句能力逐渐增强,并初步掌握语法结构,除会使用名词和动词外,语句中还增加了副词,形容词和代名词,喜欢说"我"。掌握的词汇增多,3岁时能听懂的词汇达到1 000个左右。

认识能力发展较快,主要靠感知和动作认识事物,爱探索,喜提问,开始能用词对同类物体的特征进行概括,如知道牛奶、蛋、菜、肉都是可以吃的。娃娃、球、积木都是玩具。有了这种概括能力,才出现思维,与此同时幼儿开始想象,如玩娃娃时想象自己是妈妈,绘画时想象画的线条是绳子,线圈是皮球。这时期幼儿开始有了数的概念,能知道区分1个和许多的不同,会顺序数1、2、3。认识物体大小、形状(方、圆),知道早上、晚上的时间概念,以及上、下的空间概念。

情绪正处于迅速分化、情感处于初步萌芽的时期,幼儿的情绪常会因达不到目的或被阻挠而大怒,常用发脾气来争取意欲。开始发现自我,得到别人的称赞会喜悦而笑,被责骂会表示不高兴,见了陌生人会害羞,对人会产生同情心和爱心。2岁后幼儿社会性情感开始萌芽,如知道抢玩具感到难为情,将糖果分给别人吃感到高兴,这是道德感的萌芽。幼儿跌跤了能控制自己的情感不哭,这是理智感的萌芽,幼

儿穿上了新衣新鞋感到高兴是美感的萌芽。

意志行动的明显反应是这时期的幼儿有强烈的独立愿望,要求自己做事,不愿成人帮助。虽然显得有些顽皮和固执,但这是一种积极的心理品质,成人应给予鼓励,耐心指导。以增强独立生活能力,锻炼其意志品质。

根据这时期幼儿的特点,可以采取游戏的方式来锻炼幼儿的身体,发展口语及认识能力,增长知识、智力和能力。在游戏中培养孩子的意志和品德,鼓励幼儿去观察、记忆、思考和想象,增强孩子的主动性、独创性、自信心和坚持力。继续采用观察大自然、游览公园、参观动物园去观察各种动植物,以及经常在给孩子看图书,猜谜语,说儿歌,讲故事,唱歌,识数的过程中培养孩子多听、多看、多说、多想。并鼓励孩子多提问题,启发求知欲。同时应教孩子绘画、捏泥、折纸以及做一些力所能及的家务劳动,培养动手能力。在日常生活中还应重视好习惯和好品德的培养。

77. 不要让孩子养成"拖拉"的习惯

——注意从小培养孩子的时间观念

2岁的明明每天吃饭要一个多小时,3岁的强强边画图边玩边吃东西,时间拖得很长也未画完一幅图,玲玲每晚到了睡觉的时间不肯去睡觉,陪着父母看电视到晚上10点多钟才去睡,华华每天大便也学父亲的样拿一本画书看了半小时坐在便盆上还不肯起来。孩子在3岁前由于父母不重视培养,以致在吃、睡、玩,甚至排便等方面养成了不良的"拖拉"习惯,浪费了时间。

当今社会形势的发展使人们产生了紧迫感,要珍惜时间。我国古代人曾将时间比喻黄金说:"一寸光阴一寸金,寸金难买寸光阴"。良好的时间观念是成才的必要条件,一个人的时间观念如何是与其知识和才华成正比例。很多科学家与伟人自幼具有良好的时间观念,他们珍时胜金,惜时如命。不少教育家都认为要养成孩子珍惜时间,不拖拉的习惯,应从年龄很小就开始,这也是进行早期教育的内容之一。

怎样培养良好的时间观念,养成不"拖拉"的习惯呢?

一提起时间观念,人们都认为是对成人而言,因为时间观念最重要的内涵是讲究效率,要科学地安排时间和有计划地用时间,还要具有自治和自控能力。对于3岁前的孩子总认为年龄小,而忽视了培养。其实应该及早培养,从孕母怀孕开始一直要培养到成人,但各年龄阶段的培养要求和方式不同。

胎儿期:孕母应让胎儿的生活有规律,自己的生活要有规律,按时进餐、睡眠、工作、学习、休息、娱乐、散步等,养成良好的时间观念,就可以给予胎儿以积极的感应时间。正如明代医生万全语云:"子在腹中,随母所闻"。

初生到1岁:新生儿出生后经过一个多星期对新环境的适应后,就会随成人的

生活安排而产生了时间观念。能逐步养成按时睡眠,按时吃奶,按时排便。在新环境中新生儿逐步调节好生理节律,使"生物钟"按时走,随月龄的增长,婴儿也逐步感知时间的概念。到了喂奶的时间会哭着表示要吃奶,吃奶后间隔了一定的时间尿撒出要母亲调换尿布。当睡足吃饱后就要母亲逗乐,玩累了就会在规定的时间自动入睡。若是母亲没有时间观念,不按规定时间安排孩子生活,孩子也会生活混乱,更不可能对时间建立条件反射,也不可能有良好的时间观念。

1~2岁:孩子的动作发展了,并能用简单词来补充动作的不足表示自己的意愿,例如每到清晨醒后就爬起来要起床、穿衣。随后指着毛巾、脸盆要洗脸,走到桌边要吃早点,到了母亲上班时间知道不能拖住母亲不放,会以挥手表示再见。下午到了妈妈下班的时间会要家里人带到门口等妈妈,晚上累了会走到床边要睡觉。这种时间观念形成后,孩子会形成"动力定型",养成不"拖拉"的好习惯。

2~3岁:孩子已能用完整的语句表达自己要求,这时他应该接受早期的时间刺激来锻炼他的语言能力。如教他每天早上7点按时起床,7点半吃早点,8点上托儿所,下午4点半接他回家,6点吃晚饭,晚上8点半上床睡觉。这时期还可以给孩子做一个玩具钟,每天教他拨动指针转到当时的活动时间,使他逐步感知时间,懂得按时间作息。严格遵守时间,如画图画,看画书,玩玩具,做游戏等都要按时进行,按时结束,从小养成孩子守时、遵时、惜时、对时间有紧迫感。这样就不会慢吞吞,拖拖拉拉,因为时间不抓紧,一松懈就会拖长,使孩子注意力易分散,思想不集中,就不能很好地完成交给他的任务。

父母若能从小培养孩子良好的时间观念,就等于给孩子以知识,力量,聪明,美好的开端,因为善于掌握自己时间的人是将会获得高效率工作的人,也是最能出成绩的人。

78. 伶牙俐齿、能说会道

—— 2~3岁幼儿语言发展的特点和培养

2~3岁是孩子口语发展的最佳年龄,这时期是孩子掌握最基本语言的阶段,孩子学话既容易又迅速。尤其对听和说有高度积极性。若是能抓住这个最佳年龄时期进行口语教育,满3岁时孩子就会表现出伶牙俐齿、能说会道,为以后语言的继续发展打下良好的基础。

这时期孩子语言发展的特点是:孩子仍以简单句为主,但复合句的比例迅速增加,是由两个简单句组合起来的。短句逐渐减少,长句明显增多,一般为6~10个词一句的句子,有的孩子甚至说话时会出现16个词以上的句子。词汇量大增,满3岁

时可达1 000个词以上,几乎是1岁半以前的4～5倍。能使用各种基本类型的句子,语句中的词类仍以名词和动词占多数,而形容词、副词、代词的比例在增加,对抽象的连接词和数词还不能很好地掌握。由于孩子接触的事物日渐增多,滋生了好奇心,驱使孩子提出各种问题,开始只会问:这是什么?那是什么?满3岁时就会提出一连串的为什么?如问:"月亮为什么一会儿是圆形,一会儿又不圆"、"爸爸为什么剃胡子"、"妈妈为什么不剃胡子"等在生活中他所发现的问题。在日常生活中孩子还善于模仿,所以除了教孩子说本地通用语(方言)外,还必须教孩子说普通话。

父母在孩子学语时要消除他的胆怯情绪,孩子常在说话时遇到陌生的客人来访而停止讲话,或是在他讲话时受到父母的指责而产生胆怯情绪,这是不利于孩子口语发展的。应该了解孩子的心理,帮助他克服困难,让他自然放松,消除紧张情绪和顾虑,鼓励他参与客人与父母的交谈,使他和客人感情融洽后自由交谈。同时要注意父母对孩子说话的态度,多鼓励、引导,而少制止、指责,以免影响孩子说话的积极性。

父母要正确对待孩子学语中的错误和缺点,对于孩子口吃、发音不准,语句颠三倒四或不完整,都不可故意重复和嘲笑而应予以正确示范。如孩子看见爸爸买来鸭子而高兴大喊:"爸爸买来椰子!"这时爸爸千万不要再重复他讲:"椰子"的发音,以免无形中强化了他错误的发音,而应讲:"爸爸买来的是鸭子"让他跟着学说"鸭子"。这样就将不正确发音纠正过来了。又如孩子说儿语:"糖糖"、"鞋鞋"、"帽帽"等词,成人应以正确的语言和他讲:糖果、鞋子、帽子。千万不要跟着孩子讲儿语,以免难于纠正。孩子在3岁前口吃是由于一时找不到适当的词汇来表达自己的意愿。应该教会孩子学会用语言来调节自己的行动,如说我要什么,我不要什么。有个孩子与父母上公园步行了很长的路,他对父母说:"我走累了,让我坐下来休息一会儿。"

每一个出生正常的孩子都具备以上语言发展的特点及掌握语言能力的生理机制。至于有的孩子语言发展快,有的发展慢,主要在于环境与教育的差异。怎样培养孩子伶牙俐齿、能说会道呢?

父母应通过多种途径来发展孩子的听、说能力,使孩子"耳朵灵"、"眼睛亮"、"脑子活"、"嘴巴讲"。孩子多听、多看、多想、多讲就能使语言能力迅速提高。在家庭中可以经常和孩子对话,让孩子传话给其他人,帮助孩子复述教过的儿歌、诗歌、故事、看图的简单内容,带孩子去参观、散步、旅游、游玩儿童乐园时认识自然环境和社会环境,并从中启发、鼓励孩子说话和提问。还可以采用游戏、看电视、木偶戏、节日表演活动来丰富孩子说话的内容。这样做就能为孩子创造良好的语言环境,让孩子在欣赏中感受语言,在观察中学习语言,在游戏中巩固语言,在交往中运用语言。

父母自己的语言要规范化,说话时发音要正确,吐字要清楚,语调有感情,语法要规范,以作出榜样,便于孩子学习和模仿的要求。2～3岁的孩子因掌握的语词不够丰富,而边说话边思考如何恰当的用词而易发生口吃,有的孩子是由于呼吸肌、喉肌及发音有关器官的紧张而讲话结巴,尤其当情绪激动不安时,口吃加剧,这种现象常发生在2～3岁时,属正常现象,父母不必过分紧张,让孩子想好了再慢慢地讲,一般在几周后孩子会逐渐恢复正常。

语言是人类特有的心理现象,它使人们感知事物,有意识地去注意、记忆、思维和想象,因此语言的发展也能促进智力发展。父母对孩子早期语言的培养千万不能忽视。

79. 故事——孩子的精神食粮

—— 讲故事的作用和孩子的心理特点

孩子都喜欢听故事,常常纠缠着父母讲故事,同一故事反复听多少次,也百听不厌,故事对孩子来说就好比精神食粮一样的重要。但有些父母往往忽略了孩子精神上的需要,不愿花时间为孩子讲故事,强调自己工作忙、家务重、身体累而让孩子自己玩耍,使孩子感到失望。

故事之所以为孩子喜爱,因为它是一种文学艺术作品。它具有吸引人的情节,有生动的人物形象,有优美的艺术语言,有深刻的教育意义。孩子在听故事的过程中不仅能增长知识、丰富词汇、集中注意、启发想象、促进思维、启迪智慧,而且能培养美的情感,良好的品德行为和个性。许多事实证明:凡是智力超群的孩子,在早期接受教育中都有从听故事中获得教益的经历。

德国伟大诗人歌德从2岁开始,他母亲经常有意识地为他讲故事,每天讲完一小段就停下来,让他"且听下回分解",下回的故事情节让歌德去想象。幼小的歌德为此提出各种猜想,有时去和祖母商量,并迫不及待地等着次日听故事,想知道故事情节的发展。第二天母亲讲故事之前,先了解歌德的猜想,然后再继续讲故事,当歌德听到自己猜想对了,就高兴地叫起来。歌德的想象力就是从听故事中培养起来的,并成为他以后诗歌、剧本创作的源泉。

美国"神童"——维尼夫雷特在他还不会说话时,母亲就给他讲希腊、罗马、北欧等国的神话,当他会说话以后,父母就为他讲述圣经上的故事,并用戏剧形式表演给他看,使他于3岁时就会写诗歌和散文。4岁时就能用世界语写剧本,5岁开始,他所写的诗和故事已登载在各种报刊杂志上,由于他听了各国语言的故事,使他学会说八国口语,这时他的知识已相当于中学毕业水平。

此外,还有许多历史上杰出的伟大人物都从小喜欢听故事。如列宁的母亲经常为他讲民间故事,爱迪生的父亲常讲神奇的童话故事给他听,高尔基的外祖母经常为他讲民间传说,鲁迅的奶娘常讲古老的寓言给他听。这些故事都对伟人们后来成为革命家、科学家、文学家有启迪作用。因此,故事是孩子早期成长过程中不可缺少的精神食粮,所起的作用是不容忽视的。

父母讲故事给孩子听,必须要掌握孩子的各个年龄时期的特点来进行方能取得最佳效果。对2~3岁的孩子讲故事应该注意的心理特点。

(1)好动和注意力易分散的特点:好动是孩子的天性,讲故事的时间太长,孩子坐不住,无心听故事。而且这时期是以无意注意为主(即不需要意志努力的注意),易受外来事物及本人的心理状态的影响而分散注意。因此,故事要短小精悍,人物特征突出,能以很短的时间来表达主题,吸引孩子的注意力,时间最好掌握在10分钟左右,到3岁时可以延长到15分钟。

(2)思维的特点是处在两种思维形式的交接期。2岁左右思维是以感知动作中思维为主,接近3岁的,孩子的思维是凭借事物的具体形象或表象联想进行思维的。这时期孩子的思维是与对事物的感知动作和具体形象分不开的,因此,讲故事的语言要生动形象、吐字清楚、用词正确,讲述的速度要随情节的变化而相应地快或慢或作必要的停顿。讲时应有感情,随故事的情节的发展而变化,声调要有轻有重,绘声绘色地模仿各种人物、动物及环境中的声音,可以加些像声词;如大风"呼呼",大雨"哗拉拉",小猫"喵喵"叫,小弟"哇哇"哭等。讲故事时还要有面部表情、眼神,并配以适当的手势、动作,以增强故事的效果。还要运用图书、木偶、玩具等具体形象来配合故事的内容,使孩子感到有兴趣,并易于感知和理解。

(3)好奇心强烈,求知欲旺盛的特点:这时期孩子由于缺少知识和经验,对于一切事物都感到新奇,遇事都要问,听故事时有些是他生活中经历过的事他能听得懂,有些他听了不懂或者还要进一步去探究。因此,讲故事时要满足孩子的求知欲,及时回答问题,对一些不善于提问的孩子,父母要讲到一段后,启发他提问,使他结合故事内容去思考,如"龟兔赛跑"的故事,开始讲一段时间孩子,乌龟和兔子谁跑得快,孩子会回答说"兔子跑得快",讲到结束时可再问"为什么乌龟先跑到呢?"让孩子通过思考再回答。

健康的及有教育意义的故事,是孩子们不可缺少的精神食粮,它能给孩子智慧和美德,将人的心灵塑造得更美好,年轻的父母们,除了采用图书中的童话、寓言、民间故事还可以结合生活中的事物及孩子所表现的行为习惯来自编故事,寓道理于故事中对孩子进行教育。孩子从这些故事中得到的教益,将成为"种子",埋藏在心田里,等待着将来发芽、开花、结果。

80. 一问一答增长智慧

—— 培养孩子的语言和思维能力

孩子提问,父母回答。父母提问,孩子回答。在这一问一答的过程中,不仅促使父母与子女之间的思想感情交流,而且还促使孩子的语言和思维的发展。

2~3岁是发展语言和形成思维的奠基时期,语言是有声的思维,思维是无声的语言,提问是思维的起点。著名的物理学家爱因斯坦说:"……提出问题比解决问题更为重要,因为提出问题所需要的是创造性思维。"大凡有成就的科学家,在孩提时期都善于提出各种问题。可见在早期启发孩子多提问题是何等重要。

孩子在2岁以前,虽不能利用完整的语句来提问,但他接触到的一切新奇的刺激都会在大脑皮质中引起兴奋,产生相应的探求反射。2岁以后,孩子能运用简单句和人交往时,同时也会用语言来表达疑问。提问是从认识所接触的事物开始,多为判断式的提问:"这是什么?""那是什么?"2岁半时,孩子能运用复合语句,他已不满足问"这是什么"了,而进一步去探求事物之间的关系,了解事物发生的原因,常常追问:"这是为什么"、"为什么会那样",譬如孩子问:"树叶为什么会落下来"、"棒冰为什么会融化成水"、"爷爷怎么会没有牙齿"等等。接近3岁时,孩子还会提出一些想象性的问题。如问:"老鼠也会捉猫吗"(孩子看了动画片"猫捉老鼠"后想象出的问题)、"我能长出翅膀飞上天吗"(孩子羡慕鸟在天上飞而提出的问题)。孩子的提问从"知其然"发展到"知其所以然"。它起源于一种好奇心,从心理学的角度来讲,它是一种正常的心理现象。孩子也正是受好奇心的驱使,从提问"这是什么?"到"这是为什么?"的过程中增长了知识,丰富了语言,活跃了思维。

对孩子的提问,父母如何对待呢?

父母应该有问必答,以认真、耐心的态度,浅而易懂的答复去满足孩子提问的要求。对于简单的问题,可以直接回答,对于较难理解或难以回答的问题,可以告诉孩子等弄清楚后再答复,或是去请教了"书本老师"以后再告诉他,这样可以在孩子心目中树立了"书"的权威,以后遇到不懂的事会请父母去翻书,并逐渐养成长大后爱看书的好习惯。若是父母一时未考虑周到,答错了问题,就要及时纠正,重新回答。一般在3岁前孩子不会提出很复杂的问题,只要父母能具有普通的日常生活的常识,就能满足孩子的提问要求。但有些父母对孩子的提问不重视,常常置之不理,或敷衍了事,或表示厌烦,常对孩子说:"别问了,你自己去玩去。""真讨厌,别来烦我了"。殊不知父母这样的态度和情绪,是将好奇心拒之门外,挫伤了孩子求知的积极性,刺伤了孩子的自尊心。以后有了问题,再也不愿向父母提出了,有些父母虽然回答了孩子的问题,但不认真,自己不懂又怕失去威信,就随口乱说。如有个孩子问父亲:"天上星星怎么不掉下来?"父亲回答不出,于是就自编一套道理说:"天上有许多挂衣钩将星星钓起来,就不会掉下来。"这种不科学的回答,造成孩子不正确的概念,会对孩子将来发展产生不利的影响,父母应引以为诫。

除了回答孩子的提问外,父母也必须向孩子提问。在一问一答的过程中,父母可以培养孩子的语言表达能力和思维能力。父母发问时,开始提出的问题应该是简单而易于回答的。如"这是什么"、"小猫怎么叫"等。使他乐于回答,增强自信心,并给予表扬和鼓励。以后可以加深提问,如"公园里有什么好玩的"、"小白兔是什么样子"等。父母提问的内容应和孩子的现实生活密切联系,既不远离他原有的知识基础,又要有助于提高他原来的知识水平,问题不可太难,以免孩子"望而生畏"。也不可太容易,使孩子不需多动脑筋就能答出。这样就达不到积极思维和锻炼语言的目的。提问时还要注意方法和时机,提问的方法不要千篇一律地问"是什么"或"为什么",应多种多样,要有趣味并幽默,将对象拟人化,如问:"太阳公公什么时候起来呀"、"月亮婆婆什么时候变成圆形"(孩子答不出,可每晚让他观察月亮)、"猫和老虎像不像？哪些长得像"等等。提问的时机最好是在孩子情绪稳定,对某些事物发生兴趣时来引起他的注意,再结合当时的情景中的事物提出问题来启发思考。这样就迫使孩子注意观察、努力记忆,并引起对外界事物的兴趣和求知的欲望。

当父母向孩子提出问题后,要给孩子有思考的时间,不急于求得完善的答案,也不要等不及回答而将答案讲出。这样做不仅不利于孩子思维发展,而且会挫伤回答问题的积极性。因为孩子通过思维再用语言表达出自己的答案,是需要一定时间的。在孩子回答问题时,父母要注意他的发音是否正确,词汇是否恰当,语言是否连贯,并帮助纠正,以培养语言的表达能力。

总之,一问一答是培养孩子的语言表达能力和思维能力的有效途径,这是孩子获得知识的钥匙,它能启迪智慧。为了孩子成才,父母应鼓励孩子大胆提问,并学会回答问题的方式方法。

81. 先学"猜猜看"后学"猜谜语"

—— 培养感知、想象和思维能力的好方法

"猜猜看"和"猜谜语"的游戏很能吸引孩子的兴趣。因为它是通过比喻、拟人、象征等表现手法,用精练、生动、有韵律的语言来描述事物的特征。若是在孩子2岁以后能对"猜猜看"的游戏发生兴趣,就能为"猜谜语"的游戏作好准备,经常玩这类游戏,可以激发孩子的求知欲,使他较深入地认识到事物的外形和本质特征。这不仅培养了孩子对事物的感知能力,而且还进一步培养了想象能力和思维能力。

2~2岁半时,先玩"猜猜看"的游戏,这种游戏的范围很广,但猜的内容必须是孩子已经历过或接触到的事物,可以采取听、看、闻、尝、摸等形式来进行。例如,教孩子听声音：

猜猜看！什么人在讲话？（隔着门听家里人讲话声）

猜猜看！什么动物在叫？（成人模仿各种动物叫声）

猜猜看！什么声音在响？（环境中经常听到的声音,如电话声、门铃声、汽车声、鞭炮声、乐器声等）

教孩子看东西：

猜猜看！积木搭的什么东西！（如桥、房子、滑梯等）

猜猜看！纸上画的是什么？（如画香蕉、青菜、鱼等）

猜猜看！面粉捏的是什么？（如大饼、馄饨、油条等）

教孩子闻气味：

猜猜看！这是什么气味？给孩子闻香水、香花、臭豆腐、臭蛋等以及无味的东西等。

教孩子尝尝味:

猜猜看!这是什么味道?给孩子吃糖(甜味)、酱菜(咸味)、醋或酸梅(酸味)、生萝卜(辣味)、苦瓜(苦味)、开水(无味)。

教孩子摸东西:

猜猜看!你摸到什么?给孩子摸不同性质(如棉花软性、石头硬性)、不同形状(如圆形、方形或三角形积木)、不同实物或玩具(如杯、匙、碗、汽车、娃娃)等物。

父母开始教时可以给孩子边看实物边教他猜,以后就将他眼睛遮着,不看实物去猜。孩子平日感知的事物越多,猜对的可能性也越大。表明通过"猜猜看"的游戏能提高孩子的感知能力。

2岁半到3岁时,孩子可以学猜谜语。这种游戏要求孩子要具有一定的认知基础,对事物能比较全面地观察,了解事物的特征,然后通过回忆去想象和思考,才能将谜语猜中。如猜"眼睛"的谜语:"上有毛、下有毛、当中一颗黑葡萄。"孩子必须先认识眼睛和葡萄,并观察到眼皮上边和下边都有毛,眼睛中间有颗黑眼珠像葡萄,了解这些特征后,才能在听到"眼睛"的谜语去联想和思考,将谜语猜中。若无认知基础,不熟悉事物特征,缺乏想象和思考是很难猜中谜语的。

一般适合于3岁左右孩子猜的谜语,应是形象鲜明,浅而易懂,生动有趣的。开始时可猜简单而容易猜中的谜语,可以边看实物边让他猜,如下雨时,带孩子看下雨落入水中的现象,让他猜"千条线、万条线,落到水里看不见"这个谜语。用肥皂洗手时,让他猜"看看像块糕,不能用嘴咬,沾水搓一搓,满身起白泡"。等孩子学会猜简单的谜语后,再教他猜比较深一些的,猜谜时,可以先告诉谜底的范围,如"长鼻子,像钩子,大耳朵,像扇子,四条腿,像柱子,胖身体,像房子",是大象的谜语,在猜时要先告诉它是动物,使他在动物范围中去思考,防止大海捞针,猜不出而失去兴趣。要尽量让孩子自己去猜,若猜错了,要告诉他错在哪里,适当提示,鼓励他继续再猜。

猜谜语是孩子喜爱的一种智力游戏,它可以培养孩子的想象能力和思维能力。大多数好的谜语都是对事物形状、颜色、味道、声音、功用等方面的特点,予以画龙点睛,绘声绘色的描述。孩子猜谜语时,需要按谜面的语言线索把暗射的事物(谜底)猜测性的想象出来,这种发散性的联想和推测是在想象过程中完成的,对想象力是很好的锻炼。如谜语"头戴红帽子,身穿花花衣,早上喔喔啼,叫我早早起",谜底是大公鸡。这个谜语中的三个特征是头上戴红帽子,身上穿花衣,会啼叫人起。孩子会将这三个特征结合日常生活中的事物去联想,并在反复的思考中得出是红鸡冠,花羽毛,会啼叫的大公鸡。在想象的过程中也训练了思维能力。

父母可以多和孩子玩猜谜语的游戏,要有意识地从他感知到的事物中,运用"猜猜看"和"猜谜语"的好方法去鼓励孩子去猜。经常猜谜语,孩子逐步学会"猜"的诀窍,不仅对"猜中"有兴趣,还会跟父母一起学编谜语,使他的感知、想象和思维能力不断地提高。

82. 往大脑图书馆多储藏"书"

——感知经验的储存和运用

有学者研究认为：人的大脑好比是一个庞大的图书馆，大脑可以储藏的知识和实践的经验，比世界上最大图书馆的储藏量要多得多。但是每个人大脑图书馆的储存的知识和实践经验的质和量都不一样。这是因为每个人先天禀赋不同，更重要的是各人从早期开始接受环境的刺激和教育不同。因此，孩子需要有一个健康的大脑，适时的环境刺激和早期教育。

孩子要具备一个健康的大脑，是取决于先天的遗传和胎儿期的营养和保健。

适时的环境刺激：根据心理研究证明，感官是接受外界刺激的窗口，人的认识能力始于视、听、触、嗅、味等感知觉。早在婴儿时期，这些感觉器官就不断地接受外界刺激，婴儿的大脑将这种刺激通过神经系统的运输传导，储存在大脑里，随着身体各部分器官的发育和神经系统的成熟，感知觉能力也在不断地发展，并逐渐深入地进行加工，将从环境刺激获得的感知经验在大脑里进行分类，如婴儿在5~6个月时将认识的人分为亲人与陌生人储存在大脑里，会以行动来表现；见了亲人要抱，见了陌生人就躲避。幼儿在2~3岁时能将感知的经验归类储存，如知道香蕉、苹果、梨都是水果一类，鸡、鸭、猫、兔都是动物一类，就好比对大脑图书馆里的"书"（感知经验）进行了分类管理，便于记忆找寻。但是，这种发展不是自然获得的，必须及时地给予适当的环境刺激，才能使感知觉发展。

早期教育是在感知周围所接触的事物中进行的。人类早期的学习，一般分为两个阶段，第一阶段是接受感知经验，好比往大脑"图书馆"储存"书"，若感知经验越多，等于储存的"书"也越多，可为孩子以后学习时取用。孩子以后学习的效果如何，在一定程度上依赖于这个"图书馆"里储存"书"的质和量。第二阶段是使用感知经验，在日常生活中，你问一个2岁半到3岁的孩子："皮球是什么形状的"、"公鸡和母鸡谁会下蛋"等问题时，他的大脑"图书馆"里若有这类的"书"就会正确地回答。接受感知经验和使用感知经验是不可分割开来的，这两个阶段是相互交叉在一起的。早期教育使孩子不断地接受感知经验，同时又将储存的经验，取之应用，这对孩子的认识功能的发展过程和发展结果都具有一定的影响。

父母应从孩子出生起，创设良好的环境条件，按月给予适当的环境刺激，随着孩子的年龄增长，结合每一时期身心特点进行早期教育。可以在半岁前重点提供视、听刺激，给孩子多看和多听，半岁后除了视、听刺激外，还应提供小手多触摸，四肢多

活动的条件。1~2岁孩子已会独立行走,开始说话和思考,探索环境中的新鲜事物,应该提供有利于认识能力发展的刺激,如教他认识所接触到的东西的名称和用途。2~3岁孩子语言发展迅速,不仅能理解语言还能用完整的短句表达自己的思想感情,抽象思维也开始发展,这时应教给孩子识3以内的数,辨认多少、形状、颜色、大小,还可以利用猜物、看图、儿歌、故事等方式来教孩子理解情节,人物关系,并鼓励孩子提出问题,以培养孩子的观察力、理解力和判断力。在孩子大脑"图书馆"中不断地增添新的"书",也就使孩子大脑中不断地储存感知经验及各种知识,这对促进孩子身心健康发展,长大后成长为全面发展的人打好基础。

要孩子建立一个量多质高的大脑"图书馆",还必须同时培养孩子的注意力和记忆力,因为注意是学习的门户,孩子要获得任何感知经验和知识技能,都需要注意集中。而记忆则是储存感知经验和知识的仓库。孩子感知过的东西,思考过的问题,学过的动作等都需要记忆保持、再认和回忆,才能为孩子在以后的学习中随时取用。

83. 你看!"2"像不像小鸭?

—— 在生活中运用实物形象教幼儿识数

幼儿在认识事物的过程中,不仅需要认识事物的外形特征,了解其用途、名称,同时也需要获得物体的数量关系。数的概念是比较抽象的,对于3岁前的幼儿来说,学起来比较困难。若是通过游戏的方式,结合生活中的实物形象来进行识数,是完全可以学会的。

一般2岁左右的幼儿,尽管还说不出数词,但对不同数量的糖果会产生不同的选择反应。通过训练,2岁半左右的幼儿能按父母所说的去拿出相应的1~3个物体。还有部分3岁的幼儿对3以内的数会进行比较,并掌握它们之间的关系。如知道1个加上1个是2个,2个再加上1个是3个,3个拿走1个是2个等等。

幼儿在生活的环境中存在着各种数量的东西,2~3岁幼儿在生活中接触数量的机会实在太多,那么怎样利用实物去进行识数呢?

认识"许多"和"1"个:孩子早在1岁以后虽不会说出数词,但常表现出喜欢多的糖果、饼干。到2岁时什么东西都要好多好多。因此,要孩子区分"许多"和"1"个是最早阶段的识数。这时可以让孩子在许多糖果中拿1粒给自己吃,告诉他说"1",然后再教他分给爸一粒,妈一粒,边分边教他讲"1粒"。教孩子认识"1"是很重要的,因为"1"是数的基本单位,任何数都是由若干"1"组成的。孩子在游戏时,可以经常地让孩子来认识"1"和"许多"的区别,如在装有许多积木的盒子中,让孩子拿出一块放在桌上,教他

区分并说出哪是"许多"个,哪是"1"个。逐步使孩子感知"许多"和"1"的概念。

认识3以内数的形成:教2～3岁孩子识数是与认物联系在一起的,可以先从孩子自身来识数。如教孩子对着镜去找出"1"个嘴巴,"1"个鼻子,"2"只眼睛,"2"只耳朵。然后再到爸或妈脸上找是否一样。教孩子认识"1"个和"2"个。当孩子认识了"1"和"2"以后,进一步教孩子理解"2"可以分为"1"和"1"。可以拿出两粒木珠(或纸包水果糖),让孩子数有2粒,孩子能说出"2"粒后,就和他做"猜猜看"的游戏。将两粒糖分别握在左右两手中,让孩子猜猜每只手里有几粒?使孩子知道"2"可以分为"1"和"1"。孩子巩固了对"1"和"2"的认识后,可以再教孩子认识"3"。成人可以伸出自己的手将拇指盖在弯曲的食指上,伸出小指,无名指及中指三个手指,可以象征性地教他,宝宝最像小手指,妈妈比宝宝高像无名指,爸爸又比妈妈高像中手指。请你数数看我们家有几口人?同时依次让孩子数手指,从小手指开始依次数1,2,3,知道家中有三口人,以后要教孩子在生活中去运用已识的数,如在进餐时教他人数分碗及筷子,按家中人数分每人一个水果(限三口之家),再进一步要求孩子知道3以内数字的形成。在孩子知道"1"个加"1"个是"2"个以后,再教他"2"个再加1个就是3个,可以用积木或皮球等实物加起来示范。在日常生活中还可以在上下楼梯时教孩子数几级,边走边数1,2,3,上楼梯时每上一级就告诉孩子是"1",再上一级就是2,再上一级是3,下楼梯时可先从3数起再下一级是2,再下一级是1,这样孩子就从认数中知道数与数之间的关系。

运用形象教认数字:孩子认物一般都是通过感知物体的外形特征的模式来认识的,因此让孩子认识数字时可以根据数字的形象结合实物,使孩子能通过联想来认识。如写"1"字时可以画一根竹竿。写"2"字时画一只小鸭,对他说:"你看!'2'像不像小鸭?"。写"3"字时画一只耳朵,让孩子看"3"像不像耳朵。根据实物形象孩子认识了"1"、"2"、"3"的数字以后,可以利用日历或台历将1、2、3的数字剪成方块贴在废纸盒反面,再将纸盒剪成方块数字卡。可以多剪几套各种形体的"1"、"2"、"3"数字卡。父母可以利用这些数字卡和孩子玩数字游戏。如"玩对子"游戏。成人从许多卡片中拿出一张"1"的卡片,也让孩子找一张"1"的卡片和成人手中的卡片放在一起成一对,或成人拿一块积木,让孩子找一张"1"的卡片放在积木下,依次再找2或3放在2块或3块积木下。还可以玩"接龙"游戏,成人先示范要求按顺序排列数字,如"1"的卡片后要放"2","2"的卡片后要放"3"。等孩子到了3岁后可依次增加到4～10的数继续玩。

数数:教孩子数数最简单的方法是用嘴说:"1,2,3"。不与其他事物发生关系;另一种方法是点数,是将嘴说出的数与手指一个个指点的数结合起来,用右手食指依顺序从左向右地边指边数。3岁时孩子一般可以从1数到10,孩子能数10以内的数,但仅能掌握实际的意义则只有1,2,3。在点数时常常会出现口说的与手指的不一致的现象,常出现重数或漏数。为了帮助孩子学数数,可以采用念儿歌方式来学,如:

小山数"3"儿歌

有个宝宝叫小山，
小山会数１２３；
１个１个又１个，
合在一起是３个。

十个手指头儿歌

一二三、爬上山，
四五六、抬起头，
七八九、看气球，
两只手、数一数，
有几个、手指头？

十个手指头儿歌可以边念，边教孩子数手指，通过一边数数，一边扳手指，反复操练，熟能成窍，逐步理解10以内的数。

若是父母能经常在日常生活中，通过各种事物，采用实物形象，通过孩子的视觉、听觉、触摸觉等多种感觉器官，让他在直接接触事物中获得数的感性认识。同时孩子在识数时要集中注意去观察，通过记忆、思考去理解数的概念，就比较容易学会。比起有些家长教孩子机械记忆，死记硬背的方法要好得多，因为死记硬背，孩子不去动脑子想，不会分析思考，只能学会死板的、不巩固的知识。而在生活中运用实物形象教孩子识数，由于孩子接触实际，亲身体验，在生活中运用时，又要观察和分析，才能识别，虽然孩子认数、计数不多，但能理解和运用，这对孩子的智力发展很有利，而且父母也不需要特别安排专门的时间去教孩子。可以说这是教3岁前孩子识数的一种好方法。

84. 在地球仪上找姨妈

——抓住兴趣苗子培养认识能力

有一次笔者带２岁半的小外孙去文具店购买绘画笔时，他忽然对橱窗里的地球仪发生了极大的兴趣。正好次日是他的生日，于是我买了地球仪送他，作为生日礼物。他之所以喜欢地球仪是因为这个球五颜六色，比别的球既好看又好玩，只要用手去拨弄一下，就能不停地转动。我想既然他这么喜欢地球仪，不妨抓住兴趣的苗子，试着教他认识世界各国的地图。

开始时，我告诉他这个球与别的球不一样，这球不能拍、不能踢、不能滚、只能转动，它的名字叫做地球仪。球上那红色的像一片树叶的地方是我们住的地方，叫中国，我们都是中国人。那蓝色的是大海，他会唱大海的歌，于是就唱起来了。我说"对"，就和那首歌里的大海一样的海，海里有许多海水，可以坐大轮船在海上开来开去。以后在他玩时，我又进一步教他，在红色的那片中国的地方边上有一个小圆圈，这里就是上海，它靠近蓝色的海边，我们的家就住在上海。他立刻就提出问题："姨妈呢?姨妈到哪里去了?"

他与姨妈感情最好,半年前他姨妈去澳大利亚以后,他一直想念她,我告诉他,姨妈住在澳大利亚,那是片黄色的地方。并指给他看,他高兴极了,说那块地方像个蹲在地上的小兔子,尖出的角是兔子耳朵,他在认识地图时还发展了想象力。后来他每次玩地球仪时都要在球上找姨妈住的地方,对着蓝色的地方唱"大海"歌。

孩子随着年龄的增长,语言及认识能力的逐步发展,对一切事物都感到好奇,喜欢探索,什么都要问。小外孙也是这样。如遇到我的国外亲友来信和寄来的照片,他看到了要问,他们住在哪里?要我指给他看地球仪上亲友住的地方,于是他找到了美国、日本、英国、加拿大的位置。在看电视时,在"世界各地"的电视中他看到了黑人就问:他们住在什么地方?看到海湾战争的新闻,又问他们在哪里打仗,就这样每次接触所看到的都要在地球仪上找他们所在的地方。在玩中,结合他的兴趣及求知欲,活学活用,这样获得的知识,能比较牢固地记忆在小脑子里。

以后,我又"趁热打铁"买了中国地图拼板给他玩,再买了一张中国地图贴在墙上,让他边玩拼板边对照地图上的各省的地形来认识。在寒暑假时,我带他到无锡、宁波、临海去探亲时,将小地图本带在身边,沿途我告诉他到了什么地方,指给他看我们火车经过之地,让他初步了解一些地理知识,逐步地拓宽孩子的知识面,培养了孩子的认识能力。

85."我家里有小轿车"——是想象还是撒谎?

——正确理解孩子特有的"假想行为"

2岁10个月的明明悄悄地告诉同伴说:"我家里有小轿车,今天爸爸开车来接我回家。"其实家里没有小轿车,是他吵着要爸爸为他买了一个玩具小汽车。既然没有这回事,那么,孩子是不是在撒谎?不是。这是由于明明看见玲玲的爸爸经常开了小轿车到托儿所来接玲玲回家,而自己也很想坐一下小轿车,但是家里没有小轿车,因此他想象自己家中的玩具小汽车也会变成小轿车,爸爸也会开车来接他回家,这是孩子所特有的一种"假想行为"。当孩子的心理需求和想象与实际混淆发生矛盾时,就假想出一种事物或某种活动方式来实现自我满足,进行自我调节,于是就产生了"假想行为"。

"假想行为"的发生与发展是和孩子的心理发展和生活情境紧密相连的。其发生的原因,有多种因素,其中最主要的有情绪因素,感知因素及心理需求因素。

情绪因素:孩子情绪和情感的易感性使他很容易动感情,这种情感常常是在活动中、与人交往中表现出来。现代家庭都只有一个子女,限于居住单元式的住房,孩子无同龄玩伴,常感寂寞,但又不甘孤独。由于渴望与人交往,情感能得到交流,孩子往往将娃娃或动物玩具假想为游戏伙伴,与之交谈,表达内心的情感。如孩子将自己扮演为妈妈,给娃娃洗手脸、吃东西、玩玩具,表现出妈妈爱孩子的真实情感。在游戏中孩子很易进入角色,由假变真,扮演得惟妙惟肖。

感知因素:3岁前孩子的感知能力较差,常易将假的和真的,想象的与现实的混淆起来。由于孩子知识储存量少,缺少生活经验与准确的判断,常会说出一些不准确和不符合实际的话。小朋友斐斐看了电视里解放军叔叔用枪打坏人,他也会拿起玩具手枪对着电视开枪,他说:"我帮解放军叔叔打坏人。"

心理需求因素:当孩子对某一事物需求太强烈,而现实又难以实现,他就假想自己已经得到了,以实现自我满足,调节自己的心理需求与现实之间的矛盾,例如本文开头援引的例子,明明说"我家里有小轿车",就是这种心理需求的表现,是以想象来代替现实,以取得心理的平衡。

婴幼儿时期的假想行为是与想象力的发生和发展有密切关系的。1岁前孩子还没有想象,因为,进行想象必须在大脑皮质上建立相当数量的暂时神经联系,并且对它们进行复杂的分析和综合,只有随着经验的积累和言语的发展才能实现,因此这时期也没有假想行为。1～2岁时孩子只有想象的萌芽,在游戏中孩子运用日常生活的经验,将记忆中成人的言行和当时的新情境结合起来,就表现出想象的因素。如孩子为娃娃打针时,他头脑里出现的是医生为他打针的情境,假装自己是医生,娃娃是病人,这时开始有了假想行为。2～3岁的孩子随着言语的发展和生活经验的积累较前增多,他的想象力也开始发展。这时期孩子常将日常生活中或故事图画中的事物,反映在游戏中并表现出来,如自己扮演驾驶员开汽车,或模仿故事"拔萝卜"中的老公公拔萝卜的动作。在开汽车或拔萝卜的游戏中假想行为就产生了,但由于想象处于最初级的状态,想象的内容很简单,创造性成分很少,多为无目的、不自觉的无意想象,要由具体事物引起,才能在游戏中产生假想行为。

孩子的假想行为是一种正常的心理现象,父母不要误认为孩子的假想行为是在撒谎,因为3岁前的孩子几乎还不知道什么是撒谎,他们决不会有意去欺骗人,即使有些孩子做错了事或因某种原因受到成人过分的惩罚、恐吓而产生了恐惧心时,说了些假话,那也是为了避免受到惩罚之故。因此,父母不应将这一年龄阶段孩子发展过程中的一些假想行为斥之以谎言,而随便将"你在撒谎"强加于孩子。而应该正确的理解,积极引导孩子逐步学会区分假想与现实,并继续鼓励孩子在游戏中发挥想象力,为以后阶段孩子进行创造性活动打下基础。

86. "我妈妈有一条尾巴"

——想象力培养的最初阶段

想象是人所特有的心理活动。人在认识世界的过程中不仅感知当前的事物,而且回忆已经历过的事物,还能将保留在头脑中的事物形象进行加工改造,建立新的形象,这就是人们的想象。成人在劳动中进行想象,学生在学习中进行想象,孩子在游戏中也进行想象。

孩子在1岁前还没有想象,1~2岁时只有想象的萌芽。随着语言的发展和经验的丰富,2~3岁时最初阶段的想象力逐渐发展起来。孩子常把在日常生活中的行动迁移到游戏中去时,就表现出想象的心理活动。例如,孩子把眼药水瓶当成奶瓶喂娃娃吃奶;用纸盒当摇篮,用毛巾当被子照顾娃娃睡觉;将靠背小椅当汽车,塑料圈当驾驶盘去开车。拿起小木棍当枪学做解放军等。这些活动表明孩子在进行最简单的游戏中,能回忆过去所感知某些事物的表象,将它附在某些玩具或实物上,把这些玩具和实物想象成他所想的东西。这时期的想象没有预先确定的目的,只是由玩具和实物而引起的,想象的内容简单,创造性成分很少。这与孩子的认识能力的局限、语言和经验的贫乏有关。这种想象是在具体实物的影响下,不由自主地想象出某种事物的形象,称之为"无意想象"。孩子的无意想象随时随地都可发生,如有个3岁的男孩,平日最喜欢玩直升飞机,特别对飞机上的螺旋桨感兴趣,因为用手指一拨就可转动,开了发条转得更快。当他去公园玩时看到了一支有5片朝上长的树叶,他好奇地采下来。将5片叶子中,间隔的2片叶子摘掉,剩下一支上有3片叶子。他得意地说:"这像不像螺旋桨?"在日常生活中孩子的各种活动都和想象有密切的联系。在玩游戏、听音乐、讲故事、画图画、念儿歌等活动中,孩子都能接受外界的事物,在脑子里构成生动具体的形象。

3岁前孩子是以无意想象为主,3岁后在成人的教育影响下有意想象(在孩子活动前有预定目的或主题,根据目的或主题进行构思想象)。父母应善于培养孩子的无意想象,为以后孩子发展有意想象打下基础。这将对孩子成长后进行创造性的智力活动有密切关系。

在早期培养孩子的想象力可以通过以下活动来进行:

(1)在日常生活中培养

在日常生活中要丰富孩子的感性知识,因为想象要在感知经验的基础上进行,知识积累越多,大脑里存在的表象越丰富,想象的范围就越广阔,因此要让孩子多接触现实生活,如去公园认识自然环境中的景物,接触社会生活中的人和事,并结合听故事、看图书来巩固加深认识,充分利用感官来感知他周围的一切事物来进行想象。如有位父亲在教自己3岁的儿子认识动物时,对孩子说:"狗、猫、马、牛、兔、老鼠都有尾巴,我们人与动物不同,人没有尾巴。"男孩想了一想说:"我妈妈有一条尾巴。"于是就指着妈妈头后束着的长发说:"你看!妈妈走起路来,一甩一甩地真像马尾巴。"这孩子把平时在日常生活中观察的事物,与已具有的知识联系起来,进行了形象的想象。

(2)在绘画中培养

让孩子握着笔在纸上再现生活中所见到的事物,借助自己获得的经验来描绘他所想象的事物。孩子开始不会画成形的图画,但不等于他没有想象力,因此父母不必去计较孩子画得好坏,哪怕他只画一条线或一团线圈,凭他自己想象说是什么就是什么,如一条线,他可以说成是油条,或筷子,或草都行,一团线圈,他说是皮球、或太阳、或苹果也行,总之不要限制孩子发展想象力。父母可以在孩子绘画技巧还未掌握之前让孩子在已画好的图形上添画,这样既可以进行练习画图,又可以让孩子自由想象。如画一直线让孩子在上面添画,随他自由想象画的是飞机、树、伞等。画一方形让孩子自由地在上面添画线或点或其他,可以添画成红旗、毛巾、饼干或其他物,还可以画一圆形让孩子自由添画,如说是大饼、气球、太阳等,让孩子自由画,随他自由想象画的是什么。

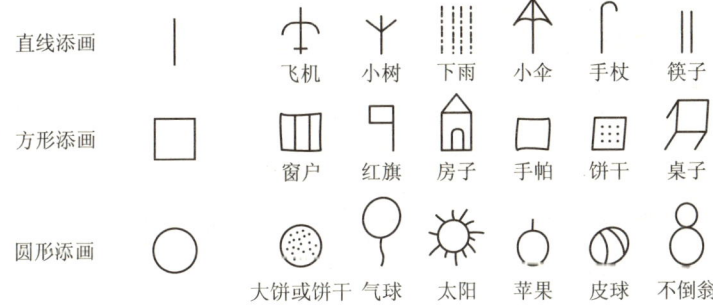

(3)在音乐中培养

让孩子经常听音乐,配合音乐节奏模仿做各种想象的动作,如学风吹树摇,下雨、鸟飞、兔跳、马跑、象走、鸭游水等动作。以后可以进一步根据歌曲词意去想象唱的是什么?如何以动作来配合。

(4)在讲故事和看图书中培养

父母在讲故事或让孩子看图书后,可以提出启发性的问题,让孩子自己去思考、想象。

(5)在游戏及其他活动中培养

孩子在玩娃娃、木偶、各种动物及交通工具等玩具时会自由想象自己扮演成什么角色,还可以通过搭积木、塑料插木等结构玩具,玩沙、捏泥、玩水、玩雪等活动中发展想象。

父母应对孩子富有想象的言行多鼓励,让孩子展开想象的翅膀!

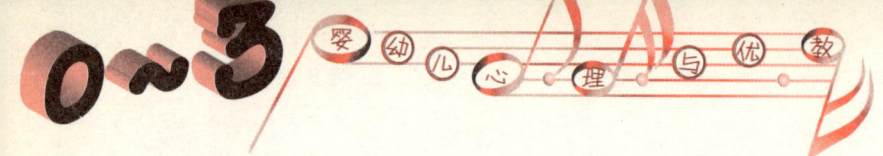

87. "得宠"与"失宠"引起的嫉妒

 —— 如何疏导孩子的嫉妒心

一次偶然的机会在路上听到一个孩子对妈妈说:"妈妈:今天新新'得宠'了!老师请他在黑板上画图,还夸他画得好哩!"妈妈问:"老师请了你没有?"孩子很气愤地说:"没有!我'失宠'了,其实我画得比新新好。我去把他画的揩掉了,老师批评了我。"3岁的孩子对"得宠"与"失宠"的含意还不十分理解,竟会运用起来。这孩子由于未得到老师请他到黑板上画图,又未表扬他,因此认为自己"失宠"了而将"得宠"的新新所画的图揩掉了。这种行为中已萌芽了嫉妒心。

嫉妒是人们之间在交往的过程中,发现自己在才能、名誉、地位、待遇以及生活享受等各个方面不如别人,因而产生羞愧、愤怒、怨恨等组成的一种复杂的情绪状态。

嫉妒是一种心理活动,这种心理活动是从早期的情绪分化而来的。在新生儿期,婴儿得到了生理上的满足,吃饱穿暖了就会表现出愉快的情绪。反之,生理上得不到满足,如饥饿、疲倦、受冷或受热都会出现哭闹,产生不愉快的情绪反应。3~4个月时情绪分化成快乐与苦恼,5~6个月时,苦恼的情绪又分化为惧怕、厌恶与发怒。1岁半以后,从苦恼的情绪中进一步分化为嫉妒和一般的苦恼。这时期如果妈妈抱了别的孩子时,自己的孩子会因嫉妒而哭闹,这种嫉妒是儿童心理发展中的自然现象。

引起2~3岁孩子嫉妒的因素是多方面的,通常在父母的爱,老师的表扬,生活的享受,能力的强弱等方面使孩子自然地流露出嫉妒的情绪。例如:有个独生男孩是全家的宠儿,后来母亲去世了,来了个继母,生了小妹妹,全家人的注意力都转移到小妹妹身上,无意中还和这男孩开玩笑说:"小妹妹多可爱,爸妈不喜欢你了!"孩子信以为真,感到自己"失宠"了而嫉妒小妹,偷偷地打小妹,给妈妈看见了,受到责骂,因此只好到托儿所去把娃娃当成小妹来打。这是他感到失去了父母的爱,而产生的嫉妒心。本文开头的例子是因未得到老师的表扬而产生的嫉妒,此外在羡慕别人的玩具、食物、衣着方面不及别人的好也会产生嫉妒。其他人某种能力比自己强也会产生嫉妒。

对于孩子的嫉妒心,虽是儿童心理发展中的自然现象,但不能听之任之,父母不能忽视,应及时疏导,以免发展下去,使孩子形成不良的性格,长此下去孩子长大后会古怪、多疑、粗暴、自卑、执拗或自暴自弃等,这是对孩子十分不利的。因此,父母平时要关心孩子与人相处时的各种表现,一旦发现孩子有嫉妒心的苗子,就要帮助孩子正确地对待,及时疏导。

如何疏导孩子的嫉妒心?可以从以下几方面去进行。

首先:要预防嫉妒心的产生;应尽量避免易使孩子产生嫉妒心理的环境刺激,一旦产生了就要正确对待。例如孩子羡慕邻居家里有熊猫吹泡泡,自己也想要。父母可以用塑料空心管蘸些肥皂水(小杯内用肥皂化成水,不可用肥皂粉化水)和孩子一起玩,一样能满足孩子游戏的需要。

其次,设法使嫉妒的消极作用向积极方面转化;例如,一个3岁的女孩脸上有一大块胎痣,她自己并不感到有什么不好,但听到别人说她"阴阳脸"、"黑面孔",就天天去照镜子,无形中就对别的孩子产生了嫉妒心,有时抓一把泥抹在别的孩子脸上,让人家和她一样。母亲了解到女儿的心情,就告诉她:"胎痣是天生的,电视里常看到黑人、白人,他们也是天生的。这没有关系。你有许多优点,你的眼睛好看,脸长得很美,又会唱歌又会帮助大人做事、很能干。"孩子感到自己有许多好的地方,很高兴,以后这女孩长大了很勤奋、努力学习,小学及中学阶段都是品学兼优的三好学生。这位明智的母亲通过诱导,将孩子嫉妒别人的消极因素转化到积极方面,使孩子向好的方向发展。

其三,要善于激发孩子的自我意识和自信心;当父母见到别的孩子在某些方面比自己孩子好时,不要当孩子的面责怪,说他不如别人,这样会伤害孩子的自尊心和自信心。应该向别的家长请教,吸取培养孩子的经验,结合自己的教育方式方法和孩子自身的不足之处,进行分析,鼓励孩子去改进,有一点小小进步时就要称赞他,让他认识到自己的力量,激发他的自我意识和自信心。例如,孩子画图不及别人好,分析原因是注意力不集中,缺少练习机会。就应该在家中备有笔、纸或小黑板等,让孩子每天有5~10分钟的时间去练习画图,每天画画必有进步,画画好了,自信心自然也增强了。

其四,要帮助孩子自我调节伤害性的感情;有时孩子嫉妒别人时,常会情不自禁地去伤害别人,如抢别人玩具,将别人心爱的东西藏起来,甚至推人、打人、踢人。这样的行为就会伤害别人的感情,父母应让孩子知道自己的错,由于自己对人不友好的行为,造成别人受伤害而不愉快,应去道歉认错,并鼓励孩子与别人和好,以后友好相处。

2~3岁的孩子年龄虽小,但嫉妒心的表现很外露而不加掩饰。父母若稍加注意,就能及时发现,及时疏导,以避免孩子形成不良的性格,产生不良的行为。

88. 孩子的过失和"破坏行为"

——从生理和心理上理解孩子的"破坏行为"

在日常生活中，2～3岁的孩子常会出现使父母不愉快的事，如：进餐时将饭打翻在地上；捧杯喝水时手一松将杯子摔破；外出玩耍时将帽子弄丢；买来的新玩具玩了几天就拆得七零八落；彩色图书也撕得四分五裂。诸如此类的过失为数不少，往往被父母认为是"破坏行为"。

从心理学的角度来分析，幼儿的"破坏行为"可分为"无意破坏"和"有意破坏"两类。

2～3岁孩子的过失主要是"无意破坏"。因为这时期幼儿脑与骨骼肌肉的神经联系虽已接通，但它们之间的联系缺乏"练习"，反应和协调机能还很弱，以致脑、眼、手、足之间的协调还不能一致，大脑分析事物及判断事物之间的时间和空间的距离，物体重量和体积的程度都感知得不够准确，所以远未达到"熟练化""自动化"的程度，不能像成人那样"得心应手"。同时由于大脑皮质各个区域的成熟有先后顺序，人体"注意神经元"所在的皮质额叶区最后成熟，所以幼儿易出现注意力不集中或易涣散的现象。因此，孩子就难免发生一些过失，这是"无意破坏行为"，主要是由于生理原因造成的，父母不应责怪孩子，应该正确理解，原谅孩子的过失。

这时期的孩子也常会发生一些"有意破坏行为"，特别是在玩游戏中时有出现。如孩子用积木搭了一座高楼房，自鸣得意地拍手叫好，当大人看了赞扬时，他突然将积木推倒；他要求成人折纸鸟、纸猴给他玩，但玩了一会儿都揉成纸团扔来扔去地玩。大人生气，他却玩得很开心，觉得好玩。从心理角度来看，这时期幼儿的心理特点是好动、好奇和喜欢探索。他们已具有一定的活动能力，喜欢玩游戏，但他们的兴趣不在于游戏的内容和形式，而在于游戏活动本身。如对积木搭成什么模样；纸鸟折成后有什么用处都不去关心，而用手推倒积木，一声巨响地倒下；纸鸟虽好看但揉成纸团扔来扔去、抛向天空、散在地下，更感到新鲜有趣。他们以这种"有意破坏行为"来显示自己的力量，通过自己的力量来探索，这也是孩子自我意识表现的一种方式，他觉得怎么好玩就怎么行动。这些"有意破坏行为"是2～3岁孩子心理发展过程中的自然现象，应看作是正常健康的现象，父母应意识到这些"有意破坏行为"中的积极因素，理解孩子的心理需要，因此对他们的行为也应该原谅，不过在原谅的同时还要了解孩子的动机，即为什么出现这种行为，既要发现和肯定其中的积极因素，满足孩子探究事物的心理需求，又要使孩子明白自己的行为造成的物质损失和不良后果,并耐心地引导孩子懂得应该怎样正确地玩,如告诉孩子积木搭成高楼房若不推掉就可以让娃娃和小动物去住,在房子四周做游戏。折的纸鸟、纸蝴蝶不揉坏可以系上绳子跑,还可以随风飞动,多好玩。经过启发教育,孩子明白过来就会正确对待,逐步会意识到自己行为不对。

随着年龄的增长,神经系统的反应和动作的协调能力增强,结合父母合理的教育,孩子到了3岁后,这种"有意破坏行为"会逐渐减少。长到6～7岁时就能理解和遵守各种规则及各种游戏的玩法后,"有意破坏行为"会逐渐抑制,以后又会逐渐消失。因此,父母应从生理和心理上理解2～3岁孩子的"破坏行为",要正确对待,绝不能以自己不愉快的心情,简单粗暴地去处理。

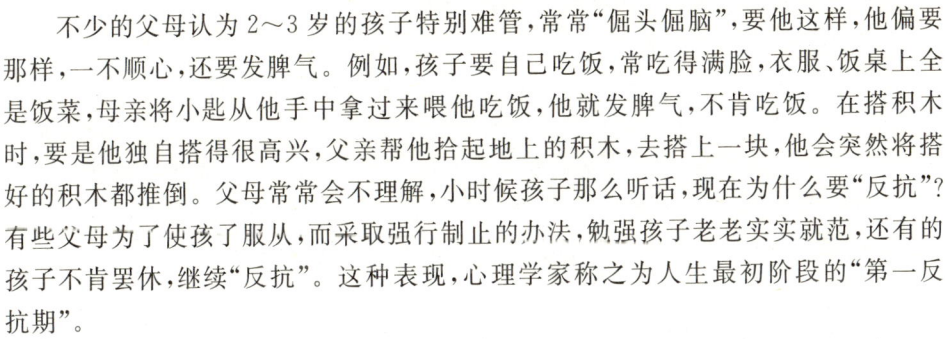

89. 什么都想自己干

——正确理解和对待孩子的"第一反抗期"

不少的父母认为2～3岁的孩子特别难管,常常"倔头倔脑",要他这样,他偏要那样,一不顺心,还要发脾气。例如,孩子要自己吃饭,常吃得满脸、衣服、饭桌上全是饭菜,母亲要把小匙从他手中拿过来喂他吃饭,他就发脾气,不肯吃饭。在搭积木时,要是他独自搭得很高兴,父亲帮他拾起地上的积木,去搭上一块,他会突然将搭好的积木都推倒。父母常常会不理解,小时候孩子那么听话,现在为什么要"反抗"?有些父母为了使孩子服从,而采取强行制止的办法,勉强孩子老老实实就范,还有的孩子不肯罢休,继续"反抗"。这种表现,心理学家称之为人生最初阶段的"第一反抗期"。

对于"反抗期"父母不必担心和烦恼,而应正确地去理解孩子的心理。因为2～3岁的孩子身心发展方面,已经能够自由行动,活动范围扩大了,掌握了基本的语言与人交流思想感情和进行思维的想象。知道自己的名字,会用代名词"我"、"我的"来表示"我自己吃","我自己做"的意愿,自我意识在不断地发展,并有了自己的主见。能初步评价是非好坏,加上现代社会信息化的影响,孩子的知识面宽,好奇心、求知欲强烈,因此孩子积极要求独立自主,反对父母对他进行种种干预和限制。虽然孩子的行为有许多不足之处,但从发展的观点来看,却是儿童心理发展中积极和进步的表现,标志着孩子的独立性、主动性和意志的发展。实际上是孩子要求"自立",应该称这时期为"自立期"。

在这个时期中,父母应该正确地对待孩子,不能再像对待小婴儿那样,怕孩子摔跤,怕孩子饿了,怕孩子不会玩,什么都包办代替去做。这样会养成孩子的依赖性,

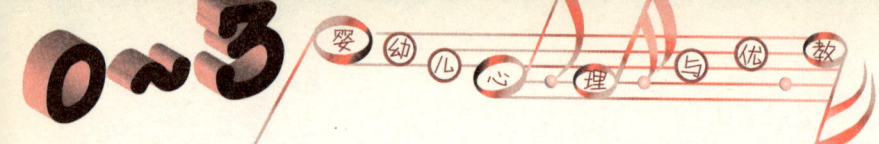

孩子长大后就会缺少独立和自主的能力。应该像小鸟已长出翅膀后,母鸟让小鸟"放飞"一样来扶植孩子的要求独立和自主的愿望。即使孩子有一些小小的"反抗",父母也不要去强制孩子服从,以免挫伤孩子的自尊心,父母此时要把眼光放远一些。对于孩子的"反抗性"的问题,德国心理学家海茨曾经研究过,他将100名2~5岁的儿童分为反抗型和顺从型两组,进行追踪调查他们的发展行为,一直追踪到青年时期,结果表明:反抗型的孩子84%成长为意志坚强、有判断能力的人。这种品质在顺从型的一组里只有24%,而其中大多数是缺乏判断力,要依赖别人生活的青年。由此可见,幼儿期孩子的"反抗"是孩子心理的正常发展,只要父母正确地理解和因势利导,就可以使孩子可贵的独立性、主动性和自尊心,向有利于健康成长的方向发展。

父母对待这时期的孩子应该做到:

(1)让孩子自己动手做他能做的事。父母积极地鼓励孩子,为他创造条件,满足他的需要,以达到他的独立自主的愿望。如吃饭时,事先准备两把调羹,一把给孩子自己吃饭,另一把调羹由父母边喂他吃,边教他怎样吃,期间不要忘记赞扬孩子自己吃得好,使孩子能显示自己的力量,更喜欢自己动手学做力所能及的事。

(2)教会孩子简单的活动技能。孩子的能力有限,虽然他什么事都想自己干,但由于动作还不协调,往往做不好,这时候父母不能因为他做不好而代劳,剥夺了孩子学习的机会,而应具体示范,教孩子如何去做。如穿衣时,孩子自己扣纽扣,花许多时间才扣上一个,或者一个也扣不上,或者纽扣对不齐。家长可以先解开自己的纽扣,再示范地扣给他看,让他学着将纽扣从衣服下面对齐,一粒一粒地扣起来。又如洗手,先教他擦肥皂,再两手对搓,再搓手背,然后用水冲净肥皂沫。

(3)要尊重孩子的人格。孩子正处在自我意识开始萌芽的时期,开始认识自己的力量能使物体发生变化,虽然年龄小,但也有自信心和自尊心。如孩子看见家里来了客人,主动地去将糖果拿出来招待客人,但不慎打翻在地上。这时家长对孩子的过失不应表示不满,不可当客人的面来批评孩子,以免伤害孩子的自尊心。此时只能请他拾起来,下次当心点,还应表扬他会主动招待客人,是个好孩子。

总之,父母了解了儿童处在"第一反抗期"的心理,才能正确地对待孩子,正确地引导孩子独立,自主地去做他愿意干的事,在实际做事中,才能发展孩子的探索能力、创造能力、想象能力以及解决问题的能力。父母们,放手吧!让孩子自己的事学着自己干,将来!你的孩子一定会成为自理、自立、自强的人。

90. 用扫帚柄开灯

——创造性思维培养的初始阶段

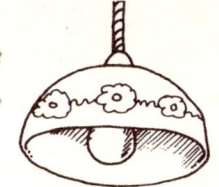

3岁的祺祺想去上厕所,天黑了,他请妈妈去开厕所里的灯,妈妈正忙着烧饭,让他等一会儿,他等不及了就自己去厕所,一会儿电灯亮了,妈妈奇怪地问:"谁开的灯?"祺祺得意地说:"我自己!"妈妈问:"开关那么高,你怎么够得上?"祺祺去门后拿出一把扫帚说:"是它帮忙开的!"原来祺祺曾经看见过妈妈的东西掉在床下,就是用扫帚扫出来的。他看见扫帚柄那么长,就举起扫帚柄撳开关,一撳灯就亮了。瞧!孩子的变通能力多强,这是创新,是孩子创造性思维发出的火花。

智力的核心是思维。2~3岁的孩子正处在思维发展的初始阶段,重视早期可以促进思维的迅速发展,智力提高。因此,父母应对孩子在进行单向思维的基础上,进一步对孩子进行逆向思维和发散性思维的训练,为发展创造性思维打下良好的基础。

一些父母在训练孩子进行思维时,总是按一种模式去进行,如教孩子分辨人物的关系时,告诉孩子:"你是爸爸妈妈的乖儿子","爸爸是爷爷的儿子","你是爷爷的孙子"。或是在指导孩子观察事物,推理时说:"上海西郊有个公园。"这个公园是动物园,动物园里有猴子、海狮、大象等动物。这种思维模式叫单向思维。

若是父母仅以单向思维去训练孩子,则会使孩子形成一定的思维定势,会影响孩子思维的批判性、广阔性、准确性和敏捷性的发展,因此还必须从孩子所接触的生活着手,进行逆向思维。例如,孩子在单向思维的基础上已知他是爸爸妈妈的儿子,他是爷爷的孙子。这时可以反问他:"爸爸妈妈的儿子是谁?""爷爷的孙子是谁?""爷爷的儿子又是谁?"又比如孩子已知道青蛙是小蝌蚪的妈妈,可以反问他:"蝌蚪的妈妈是谁?"由此可知逆向思维是一种可逆思维,其思维方式同单向思维相反,单向思维是从顺向揭示对象,而逆向思维则是以反向揭示对象。在日常生活中,应该结合孩子的认识能力,就地取材来发展逆向思维,就能帮助孩子准确地判断事物,强化信息,头脑灵活。经常训练还能解决现实生活中的一些问题,对孩子长大后学习、工作和适应环境都有帮助,特别对将来学数学有利。

发展孩子的创造性思维,必须进一步训练发散性思维。所谓发散性思维,是一种不依常规,寻求变异,从多方面寻找答案的思维方式。训练发散性思维必须以单向思维和逆向思维为基础,在生理上它起着巩固已形成的暂时神经联系,并建立新的神经联系网络的作用。比如孩子过去通过教育和观察,认识了许多汽车,以后你问他:"你看到街上有哪些汽车?"他会动脑去联想后说出:"街上有小轿车、公共汽车、电车、面包车、洒水车、救火车、救人车（急救车）、抓坏人车（警车）、大吊车（起重车）。"这时孩子的思维是处于最佳状态，将他平时所看到的听到的不受限制地尽情发挥。发散性思维具有流畅性、变通性、独特性的特性。它的思维进程：畅通无阻、联想丰富、灵敏迅速；思维方向：是多角度、多层次、随机应变、触类旁通；思维结果：新颖独特、信息量大。有个孩子喜欢玩球，常观看电视中的体育节目，有一次，爸爸问他："你知道有多少种球？"他的思路一打开，就说了好多种球：足球、篮球、排球、棒球、乒乓球、羽毛球、皮球、气球、雪球、地球、火球（太阳）、月球（月亮），最后竟说出头球（大脑左右半球合成的头脑，是从父亲书里看到的，也听讲过的），这是发散性思维产生的效果，它不受目标限制，能自由探索，充分发挥想象力，突破原来的知识圈，提出新观念。

创造性思维是指创造新形象或新事物，或创造性地解决问题的思维活动，它的主要特点是新颖性、独特性。其中包括两种基本成分：一种是发散性思维（扩散思维或求异思维），一种是集中思维（聚合思维或求同思维）。两者有机结合构成了各种水平的创造性思维。

发散性思维是创造性思维的主导成分，因此，父母培养2~3岁孩子的思维能力，先要从感知事物着手，让孩子多看、多听、多想、多做，积累了知识经验，就能活跃思维，丰富想象，使发散性思维得到充分地发展，这也是促进智力高度发展的重要环节。为了孩子聪明伶俐、智力超群，应及早培养创造性思维。

91. 小树要经得起风霜

——适当的"劣性刺激"能锻炼孩子心理承受力

近年来，大量的社会调查表明：现代儿童的身心日趋脆弱，常表现出怯懦、任性、自私、孤僻、懒惰等心理状态。究其原因，来自家庭中老人娇惯，父母宠爱，宁愿大人省吃俭用，辛苦劳累，不让小孩吃苦受累，遇事包办代替，无限制地满足需求，孩子处在养尊处优的地位，俨然像家中的"小皇帝"。不少生理学家、心理学家及教育专家认为：这些孩子是家庭"给予"他们的太多，"约束"他们的太少，除了给予他们生理和心理上必需的"良性刺激"外，还必须给予适当的"劣性刺激"。

所谓"良性刺激"是指能满足人的生理心理需要，使人愉快的外界刺激。而"劣性刺激"是指令人不满意、不舒服、不愉快的外界刺激。适当的"劣性刺激"对常被娇惯宠爱的孩子来说，是必需和有益的。这将会对孩子成长后适应复杂的社会环境，经受各种挫折和困难，具有一定的心理承受能力。就如同小树要经受得起风霜，才能成长为久经风吹雨打的大树。

2～3岁的孩子虽小,但也可根据这时期的身心发展特点给予一些"劣性刺激"。如:

"饥饿"刺激:父母要让孩子领受一下饥饿的滋味,因为有些孩子的营养补品多,零食不离口,经常挑食拒食,饭到嘴边没胃口。终日处在饱腹状态,食欲减退,必然影响身体健康。我国中医育儿理论记载:"欲求小儿安,应忍三分饥与寒"。这句话很有道理,要让孩子感觉饭菜味美,不妨有意识地给一点"饥饿"刺激,饿了就能使食欲旺盛。同样,孩子在心理上也需要"饥饿"刺激。每个孩子都有欲望,需要得到"满足感",父母如果无限制地满足他的一切欲望,就会失掉"欲望感"。因为欲望满足得过多,孩子的兴奋感会处于饱和状态,就会失去追求的热情。为了让孩子对外界的事物产生兴趣,父母就要制造欲望的空腹状态,让他有"饥饿感"。比如有些父母为了满足孩子喜欢玩玩具的欲望,买了各种不同的玩具,让孩子坐在堆积如山的玩具中尽情地享受。对于3岁前的孩子来说,过多的玩具会使他们兴趣不专一,见异思迁。这是因为父母在孩子产生欲望之前,就给予一大堆玩具,玩具多了就会东挑西捡,不能专心地去玩。相反,当孩子缺少玩具时会产生欲望,有"饥饿"感,当他迫切地想玩时,给他一个玩具,产生的效果就大不相同,他会专心地玩,而且玩的时间长,玩得更津津有味。

"困难"刺激:孩子从小生活在父母温暖的怀抱里,没有什么可为难的事,即使遇到一些困难,也不用愁,父母会保护他,帮他解决困难,在这种环境中长大的孩子,生活一帆风顺,长大后稍遇困难,就束手无策,表现出胆小怕事,依赖成性,意志薄弱。特别是在受到了打击或不顺心的时候,心理上就承受不了,往往造成不可挽救的悲剧。如有个别的青年考大学未录取,或失恋而轻生。因此,父母有必要在婴幼儿时期就给孩子一些适当的"劣性刺激",有意识地设置一些困难障碍,让他通过自己的努力去克服,从中培养他解决问题的能力,增加心理承受能力和锻炼克服困难的意志。比如,孩子学走路,会跌跤,要让孩子克服困难,在多次跌跤后,终于学会走路;要孩子独自一人关了灯入睡,就需要他克服胆小、惧怕的心理;喜欢睡懒觉的孩子,早上不肯起床,上托儿所常常迟到,父母不妨安排好生活日程,让他早睡早起,有意识地培养清晨早起,跑步锻炼,以锻炼孩子的意志。从日常生活的小事中,要让孩子感到人生的道路并不是畅通无阻的,而碰到困难和障碍却是经常有的事,若是孩子从小能不畏艰苦,学会克服困难,将来就能承担重担。父母应让孩子接受一些"劣性刺激",经受一些小挫折,对孩子来说也是一种教育。

"劳累"刺激:一般父母都会认为2～3岁的孩子小,做不了什么事,因此遇事由父母包办代替,孩子从不劳动,只习惯吃吃、睡睡、玩玩,不知什么是劳累,以后就会逐渐变得懒散、依赖、怕累、怕苦,不劳动,活动少,缺乏锻炼,不仅对身体发育不利,而且还会影响智力发育和促使不良性格的形成。因此,孩子虽小也要让他做一些力所能及的事,如学习自己穿脱鞋袜、洗手洗脸、整理玩具等,还可以帮助

大人做些小事,如拿报纸、浇花等。

"批评"刺激:孩子都是喜欢听好话,受到表扬和赞赏就高兴,听见别人说他不好或做错了事,就噘起嘴不高兴,甚至哭闹,扔东西,赖地不起,有的孩子还会打人骂人,还有的会"抗拒"报复。因此,父母要让孩子从小学会分清是非,知道对错,明辨什么事可做,什么事不可做,使孩子懂得规矩,使他知道做了好事,会受到表扬;做了不对或不好的事要听父母的劝告,否则要受批评。使他感受到"约束"不敢随心所欲。比如,有一个孩子到爷爷房里翻抽屉里的东西,奶奶叫他别翻,他反而生气地去打奶奶,还发脾气将抽屉里的东西扔得一地,妈妈看见了就批评他,而他反而大哭。这时妈妈和他讲道理,要他承受"批评"的刺激,去将东西拾起来,对爷爷奶奶说"对不起"。几次批评后,孩子再也不乱翻爷爷的抽屉了。

其实"劣性刺激"也是一种教育,能锻炼孩子心理承受力。就像小树一样,经受了风霜雨雪后能长得更为壮实。

92. 不可忽视暗示效应

——暗示对孩子心理和行为的影响

一双竭力感知周围世界的小眼睛和小耳朵,时刻在注意观察父母的一举一动,倾听父母的一言一语。虽然父母对孩子没有明确的表示,要求他去看什么、听什么、做什么,而孩子却出人意料地表现出一系列有规律的行为变化。这种在有意或无意的情况下,使孩子心理和行为所发生的变化,称为暗示效应。

暗示可以分为两大类,即无意识的暗示和有意识的暗示。

无意识的暗示往往是没有明确目的,是在无意中使孩子产生暗示效应。如有一个2岁半的男孩家里来了一个陌生的客人,初次见面客人就很喜欢这男孩,拉着他的手说:"这孩子真乖,叫什么名字呀?"男孩偷看了客人一眼,马上躲到母亲背后不响,妈妈说:"还说他乖哩,又不肯叫人。"妈妈再三催他叫叔叔,孩子就是不叫。这是由于暗示引起的认生,这种暗示是属于无意识暗示中的反暗示,这种暗示引起的效应往往与暗示者的主观愿望相反,在暗示过程中,暗示者(母亲)将被暗示者(孩子)在无意之中判定为不肯叫人的孩子,而被暗示者则不知不觉地也就扮演成一个不乖的、不叫人的角色。

有意识的暗示是有明确目的性,是有意识地暗示孩子,使他产生预定的效应。例如,妈妈带孩子去医院打预防针时,看见别的孩子因不肯打针而哭闹不休。妈妈对孩子说:"打针有什么可怕的,就像给蚊子叮一下,勇敢的孩子打针是不哭的。"孩子受到妈妈有意识的暗示,立刻伸出手臂请护士打针,还说:"我勇敢!不怕痛,阿姨您快点打针呀!"孩子真的忍住了疼痛,不哭也不叫,护士夸他是个勇敢的好孩子,孩子脸上露出了得意的微笑。这是孩子接受了有意识暗示的效应。

暗示表现的方式,一般是通过语言的形式来进行的,但也可以通过手势、表情或其他暗号来示意。例如,来访的亲友送给孩子礼物时,妈妈用点头微笑示意,暗示孩子接受礼物对亲友说谢谢。爷爷生病卧床休息,孩子在旁边玩得高兴、大声欢笑,爸爸用食指放在嘴唇上,暗示孩子不要出声干扰爷爷休息,孩子接受了暗示,立刻停止笑声,安安静静地玩,轻声轻气地说话,以免吵醒爷爷。这是通过表情和手势所起的暗示效应。

人们在感觉、知觉、记忆、想象、思维、情感和意志等方面都能受到暗示的影响。如前例孩子不肯叫来访的客人是情感受到反暗示的效应。男孩打针不哭一例是意志受到暗示的效应。

在日常生活中,父母常会不知不觉地对孩子进行无意识的暗示,也会有目的和有要求地进行有意识的暗示。但有些父母在暗示时,往往忽视了暗示效果,而达不到教育孩子的目的。因此,父母对孩子进行暗示时,还必须注意性别、年龄、知识经验、个性特点以及当时的场合、环境、时间等因素。由于暗示的效果是因人、因时、因地而异,而暗示又只存在于无对抗态度的条件下,才能发挥其效能,这是产生暗示效应的先决条件。否则不仅不能产生暗示效应,还可能产生逆反心理。父母必须掌握这些特点和规律,才能对孩子的教育起着良好的暗示效应。

93. 孩子争吵不一定是坏事

—— 在争吵中学会辨别是非和与人相处

1岁前,孩子是在家庭中父母保护下生活,没有什么使他为难的事,只喜独自玩,没有与人协作共处的要求,因此与人争吵的机会也比较少。

2岁以后,孩子的动作、语言的迅速发展,由于好奇心的驱使,要求到各处去探索新事物,不愿关在家庭中独自玩,喜欢有玩伴,因此开始从父母的保护下投身于群体中去接触小伙伴。但孩子还不懂如何与人相处,更不会与人协作玩耍,仍然像在家庭中一样,事事以自己为中心,于是就免不了发生矛盾,就容易争吵。

孩子之间的争吵,常常是为了一个玩具、一把小椅子,或是一辆推车等小东西,甚至为了一些小事情而争吵。这时期,孩子还不能以语言明确地表达他的意图,不易为别人理解,往往由于词不达意、使人误解,也会引起冲突而争吵。

接近3岁时,孩子的自我意识和独立行动充分表现出来,常常以主观愿望从事,未顾及别人,这时的争吵不仅是被动的,而常会主动地去侵犯、招惹玩伴而引起争吵。

虽然孩子之间的争吵是常有的事,但是遇到孩子争吵时怎么办?

首先,父母应该有正确的认识:孩子争吵不一定是坏事,不要以成人的观点来看孩子的争吵,因为有的孩子争吵是不良的习惯或不正确的教养方法造成的,有的争吵是由于孩子不明是非,不懂与人交往而引起的,要区别对待,若是处理得好,孩子就能受到教育,学会分辨是非,与同伴友好相处,共同协作游戏。比如,有两个孩子为了争夺皮球而争吵,这时父母不妨参与到他们之中去,一起玩皮球,教给孩子各种玩法,在游戏中,父母让孩子知道为了皮球争吵,两人都玩不成,两人一起玩,才其乐无穷。经常教育孩子友爱相处,久而久之,孩子就懂道理,而不会再争吵。

其次,父母应让孩子学会自己去解决问题:有时孩子争吵并不严重,父母不必立刻去干预,可在旁冷静观察孩子是怎样对待别人,怎样处理问题,有时孩子也会自己解决问题。比如,有个男孩正在骑三轮童车,看见一个女孩正在玩电动车,于是就放下自己的三轮童车,去抢女孩的电动车,两人争吵起来,女孩子坚持不肯,后来男孩把三轮童车推过来和女孩商量调换电动车玩一会儿,女孩未曾玩过三轮童车,也感到新鲜有趣,于是两人就交换玩,各玩各的,两人都玩得很高兴,将争吵的事也忘了。可是有的父母常常过早地去干预孩子之间的争吵,怕自己孩子吃亏而去保护,有的父母生气地训斥孩子,甚至双方家长相互埋怨,也争吵起来,殊不知孩子的事一会儿吵、一会儿好,在家长怨气还未消时,孩子早已和好了,因此家长要让孩子学会处理自己的事,别使他失去了锻炼自己交往能力的好机会。

其三,父母应结合争吵情况加强对子女的教育:孩子争吵时常常会争得无法自己解决问题,在双方情绪激动时,父母应先将孩子分开,并分别了解各自孩子的争吵原因,然后再和孩子讲清道理,让孩子知道自己也有不妥之处。比如,在公园里,有两个孩子争玩摇马,一个女孩抢先坐上了摇马,正准备摇时,未料到一个小男孩走来将她推下来,女孩跌痛了,大哭起来,这时双方家长并没有责怪或庇护自己的孩子,而是各自对孩子讲道理。女孩家长对自己孩子说:"小弟弟想玩摇马,他年龄小,还不会和你商量,又不懂公园里摇马要排队轮流玩,就只顾自己要玩,把你推下来跌痛了,你看,他妈妈还在讲他不对,他下次就知道了。"小男孩的家长也教育自己的孩子:"公园里的玩具是大家玩的,要排队轮流玩,小姐姐先坐在摇马上玩,你要等他玩好后再玩,不可以自己想玩就推人,你看小姐姐跌痛了,快去问她痛不痛,要说'对不起'。"通过这件事要让孩子懂道理,逐步学会分清是非,培养同情心和与人友好交往的感情。

孩子之间的争吵是不可避免的,父母应从小对孩子加强早期教育,通过日常生活中孩子遇到的一些小事,让孩子知道应该如何对待,并以父母自身的良好行为作孩子的好榜样,潜移默化地影响孩子。通过父母的身教言教,孩子会减少与人争吵,逐渐学会礼貌待人、关心他人、与人友好相处,并具有初步的是非观念和交往能力,对孩子良好性格的培养,适应集体生活环境十分有利。

94. 音乐——开启孩子智慧宝库的"金钥匙"

——婴幼儿的音乐启蒙教育

著名的文学家雨果曾说:"开启人类智慧的宝库有三把'钥匙',一把是数字,一把是文字,还有一把便是音符"。在古今中外的名人专家中,有不少是具有相当好的音乐修养或音乐专长的人,如我国的思想家孔子和诗人李白、白居易等人。外国的诗人莎士比亚,文学家托尔斯泰,科学家爱因斯坦,剧作家肖伯纳等人,从他们和音乐的关系中可以体验到音乐对智力开发的作用。

音乐对0~3岁孩子的智力开发更具有启迪作用,对孩子大脑的锻炼有潜移默化的效益。凡是通过音乐教育的孩子,他们的智力都在原来的基础上有相应的提高,这是因为音乐能刺激孩子的大脑皮质,促进脑细胞的发育及脑功能的提高。人的大脑左右两半球具有不同的功能,左半球的功能主要是语言、书写文字、计算等侧重于逻辑思维,又称"逻辑半球"。右半球的功能主要是艺术活动、空间图形认知等,侧重于形象思维,又称"情感半球"。由于人类在长期的发展中所形成的左脑较右脑更为发达的不平衡结构,若以音乐开发孩子的尚未发展完善的大脑,能使左右脑平衡发展,这对开发孩子的智力有着特殊作用。音乐就具有这种作用。

用音乐来开发孩子的智力,必须及早根据孩子的生理和心理发展的规律,给孩子以音乐的启蒙教育。0~3岁的孩子正处在听觉感官发展的关键时期,早在胎儿时期,听觉感官的发展就先于其他感官,出生后听觉感官的发展比其他感官快而需求多。如孩子在2个月左右能向声源转头。5个月婴儿对音乐能表示出明显的情绪反应,听到音乐后能手舞足蹈,并对听过的音乐开始有记忆。1岁左右孩子能分辨出音高和音低的声音。2~3岁时,孩子的思维联想能力开始萌芽,能感受音乐的情感。由于孩子天性好动,音乐又能给以动的刺激,优美的旋律和节奏能激起孩子愉快的情绪。早期音乐启蒙教育是符合孩子身心健康发展的需求,使孩子的情趣和智慧同时滋生。

怎样对孩子进行早期的音乐启蒙教育?主要是从小多利用孩子的听觉器官并辅以其他感官进行训练。

用耳多听:让孩子从倾听音乐中去分辨音调的高低、强弱,节奏的快慢,注意选择适合孩子听的欢快、悦耳的儿童歌曲,比如小兔乖乖、两只小象、小鸭和小鸡等。还可以听一些轻音乐或中外古典名曲,比如《采茶扑蝶》《天鹅曲》《小夜曲》《蓝色的多瑙河》等。别以为孩子听不懂,但他能在美妙的旋律中得到美的享受,启迪美的心灵和智慧。要注意避免噪音,以刺激孩子听觉疲劳,情绪不安。

用眼多看：让孩子看成人唱歌时嘴一张一合的动作，看跳舞的姿势，看面部表情，看乐器的弹奏等，这些正确的姿势，准确的动作，使孩子的大脑从视觉中通过注意、观察获得感性的信息。

动嘴多学：孩子除了看、听以外还要动嘴去学成人唱歌。因此，成人唱歌时要发音准确、吐字清楚，便于孩子模仿。歌词要通俗、口语化，词曲结合要动听上口，易懂易学，音域不可过高或过低，难度过大了不易学会，歌曲的节奏、呼吸、吐字、旋律等要适于孩子学唱表达的能力。

动手动足多模仿：让孩子听音乐做模仿动作来表达音乐里的人物、动物及其他事物的姿态，比如教孩子跟着音乐的旋律、节奏模仿小鸟飞、马跑、兔跳、大象走、开飞机、摇小船等形象动作。或根据歌词大意模仿动作，比如唱《小鱼歌》时，随歌词"河里小鱼游游游，摇摇尾巴点点头，一会儿上，一会儿下，好像快乐的小朋友"。可以用两手前后摆动、点头、手举上、手向下和拍手等动作来表演。要求孩子用手或用脚跟随音乐的节奏打拍子。可先用两块积木敲节拍，也可用两手掌对拍，还可以用左右两手摇摆像指挥一样地按节奏打拍子，用两脚踏着节拍走路。

用脑多思考：听音乐需注意，唱歌要记忆，模仿表演须思考和想象，都要用脑。

孩子学音乐要牵动身体里众多的生理器官，并需要相互配合，协调一致地接受刺激，作出反应。可以说音乐的启蒙教育是一门综合性的训练，也是一门综合性的艺术教育，它是孩子不可缺少的"精神乳汁"，使孩子在哺育"精神乳汁"中接受音乐的感染和熏陶，使感受力、思考力、想象力、创造力以及欣赏和表演能力逐步提高。父母应创造条件，用音乐的"精神乳汁"去哺育孩子的"音乐细胞"，让孩子从小受到良好的音乐启蒙教育。

95. 画出心中的世界

——早期绘画着重培养孩子的想象力

2岁左右的孩子只要拿到笔，就喜欢到处乱画，弄得墙上、地上、桌上、椅上都是奇形怪状的图形。这时期孩子正处在"涂鸦"（即随想象乱涂）阶段，喜欢涂涂画画。父母应该主动地提供笔和纸，满足孩子想画的愿望。

当孩子学画时，有的父母要求过高，一定要孩子画得像模像样的，看见孩子画些乱糟糟的线条，不成形的画时，就指责孩子画得不好，将自己的意图强加在孩子身上，要求孩子"应该这样画"、"不准乱画"。这样对待孩子，将会影响孩子学画的积极性，扼杀孩子想象和创造的欲望。

怎样教孩子学画？父母应根据不同年龄特点提出不同的要求。2～3岁的孩子生理上正处在生长发育的早期阶段，神经系统的发育还不够完善，大脑皮质抑制的能力较差，手指小肌肉的协调动作还不灵活，因此握笔画图的动作往往不能服从于自己的意志行事。孩子要想画的东西就不可能像模像样地表达出自己的意愿，只好以动作和语言来补充其意。孩子的心理上具有兴趣性、探索性、模仿性、创造性的特点，因此，他们之所以对画图感兴趣，是把画图当成一种游戏，手指握着笔在纸上探索，随着手指握着笔活动的痕迹，在纸上出现一些不规则的点、线、圈组成的图形，虽然看上去不成形、不像样，但是对孩子来说，这是他们凭自己的早期经验，在模仿和想象中创造出的奇迹！父母应该珍惜孩子的兴趣萌芽，丰富的想象力和可贵的探索精神。结合这些特点，对2～2岁半的孩子只要求他们对画图感兴趣，让他们正确握笔在纸上随意画，他们开始时是乱画，但不久将在乱画丛中出现不规则的线条、斜线、波形线等。这时主要是要他讲出画了什么？像什么？启发他的想象力。2岁半到3岁时，孩子可以学画直线和横线、圆圈，并可与成人合作画添画（成人画主要部分，孩子添画缺少部分，如画毛巾，成人画一长方形"▢"，孩子添画直线线条成"▦"），还可以画手指点画（用食指蘸色颜料、点在纸上画）。画得好的孩子，到了满3岁时可以画娃娃头，简单的小动物和一些简单的图形。

培养孩子画图的最初阶段，除了要求孩子要坐得端正，以正确姿势执笔作画外，应该着重于想象力的培养，因为想象画是孩子反映"心中的世界"最重要的方法，3岁前的孩子虽不能画出像样的想象画，但在画图的同时能萌发出想象的苗子。可以从以下几方面去培养孩子的想象力：

（1）通过观察去想象：经常带孩子去观赏大自然的美丽景色，观察生活中美好的事物，欣赏美丽的图片画册及成人的作画等，可以给予孩子美的感受，丰富知识，便于模仿及启发想象。例如，孩子看见下雨，就用笔在纸上画了一条条斜线，还边画边说："下雨了！下雨了。"另有一男孩在院子里看见飞机在天上飞，就用笔画了一直一横的两根线，还在旁边打了几个小点，（如图十一），他说是小鸟和飞机比赛，看谁飞得快。

（2）通过看图讲故事去想象：父母用生动、形象的语言，讲述有趣的故事，启发孩子去思考，引导孩子去回忆想象，鼓励孩子大胆地将自己感知最深的事物画出来。比如有个3岁的女孩听了"玲玲迷路找妈妈"的故事后，在画图时她画了一幅

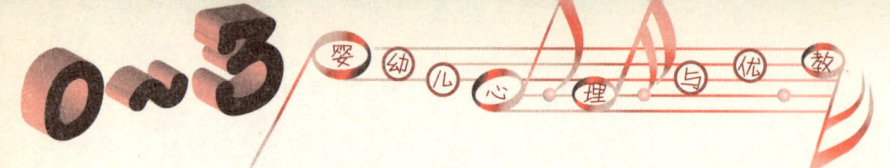

"玲玲在哭"的画(如图 由一个大圆圈和三个小圆圈及许多小点组成)。

(3)通过游戏去想象:父母和孩子玩画图游戏时,启发孩子在动手画时要动脑去想。如父母在纸上画许多圆圈,让孩子在上面添画,并鼓励他描述出像什么东西(如图: 圆圈上面画一条直线像苹果, 圆圈右面画一条横线像蝌蚪, 圆圈下面画一条线像气球。 圆圈两边各画一条横线像手表。 圆圈下面画一个圆圈像不倒翁)。

孩子在画图中,通过注意观察,努力记忆,积极思考,尽情想象,画出了心中的世界,迸发出智慧的火花。

96. 孩子能经常看电视吗?

——电视对幼儿身心发育的影响

电视机是家庭文化生活中不可缺少的娱乐工具,人人爱看电视,尤其是孩子更爱看。这是因为电视以一种生动的画面,辅之以语言、音乐和音响的效果来展示各种有趣的内容,满足孩子的视听需要。现代家庭中,不满1岁的婴儿已是"观赏"电视的常客,有些2～3岁的孩子已经开始和父母"争抢"电视频道了。

对于孩子看电视,父母采取的态度各有不同,有的父母认为多看电视能增加孩子的见识、开发智力,不妨让孩子多看看,有的父母则持不同态度,认为看电视会伤害孩子的视力,影响健康,而禁止孩子看。父母对孩子看电视褒贬不一,到底应该不应该给孩子看电视?应从电视对孩子身心发育的影响来分析"利"与"弊",可以帮助父母正确地对待孩子看电视的问题。

先谈谈孩子看电视的"利":

电视有利于促进孩子的视、听能力的发展。电视机一按,屏幕上就出现各种各样的图像,并伴有生动的解说和优美的音乐。形象的动作和声音的变化同时刺激孩子的感官,产生积极的刺激作用,促使感知觉反应灵敏。

电视有利于培养孩子的认识能力,便于模仿与学习,它能传递给孩子许多形象性的知识,特别是平常不易看得到的事物,如"动物世界"节目中的动物,"祖国各地"中小朋友的生活情况,以及有趣的动画片等,这些内容与孩子的生活贴近的形象,易于引起孩子去注意和记忆,而对其中感到有趣、容易理解的事,会使孩子去模仿去学习。

电视有利于提高思维能力和想象能力。孩子在看电视时,有些内容是从未见过的,感到新奇会引起提问,特别是一些科学幻想性的动画片,更能促使孩子去思考,激发孩子的求知欲和想象力,甚至在自己想象中去找答案。

电视有利于孩子语言的发展,便于孩子模仿学语,正确发音。电视节目主持人常以标准的普通话,口齿清楚的发音,伴以形象生动的表情,来描绘电视内容。特别是电视广告中的语言更能吸引孩子注意和模仿,因它的声光效果,动作夸张,节奏明快,简短扼要,直截了当的表现手法使孩子产生浓厚的兴趣。况且这些广告每天重复播放同样的语句,孩子能直接模仿说话的发音和声调。

再谈谈电视之"弊":

不适当地看电视也会给孩子带来一些弊端,尤其对幼小年龄的孩子长时间地经常看电视会使身心发育受到影响。

电视会影响孩子的视力:孩子看电视常在屏幕前面就座,由于离荧屏近,屏幕强光的刺激会使眼睛睫状肌调节能力降低,使晶状体变凸,而导致视力下降,甚至近视。

电视会影响孩子的骨骼发育:孩子生性好动,不愿久坐,但电视能吸引孩子兴趣,使他长时间久坐,但不能始终保持端正的坐势,而易使尚未定型的脊柱发生异常弯曲现象,影响骨骼发育。

电视会影响父母与子女之间的心灵交流的机会,父母让孩子长时间的默默无语地观看电视,减少了直接对话、谈心的机会,还会失却父母个别教导孩子的机会,孩子的会话能力、思维能力也会减少锻炼。而电视给予的知识往往是直接的形象,"灌输"式的,好比填鸭一样,让孩子"囫囵吞枣",接受片断的、零碎的知识,很难建立起正确的概念。

电视的惊险、恐惧的内容还会引起孩子精神紧张及不良情绪反应。例如,有些孩子晚间跟着父母看惊险武打片,紧张的情节,残暴的动作,常会使孩子精神过度紧张,以致发生梦呓和哭闹,影响心理正常发展。

这样看来,看电视对孩子有利也有弊,若是父母能正确地引导,合理地安排,还是可以适当地让孩子短时间地观看电视,但要注意以下几点:

(1)要保护孩子的视力:2～3岁的孩子每次看电视的时间不要超过15分钟,到满3岁时可延长到20～30分钟,以免孩子眼睛疲劳。看电视的坐位与屏幕距离至少2米左右,坐的姿势要端正地靠在椅背上,房间光线不可太暗,应该开盏小灯,以保护视力。

(2)要养成良好的看电视的习惯,看电视不要影响正常的生活规律和作息制度,不要影响睡眠时间,不要边看电视边吃饭,不要躺在床上看电视。

(3)要选择适合孩子看的内容:应选择富有教育性、趣味性、美感性,能为儿童所能理解的节目,以巩固孩子已具有的知识,在此基础上扩展眼界、增加新知识。

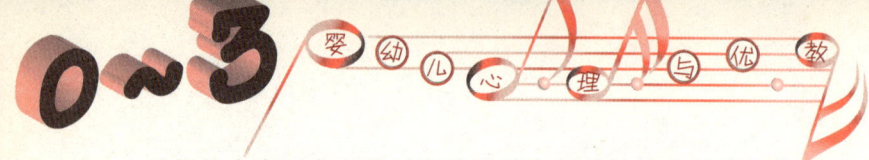

选择的内容还应有助于培养孩子良好的性格和品德行为。

（4）要家长陪伴观看电视,因为在观看时,父母可以不断地根据孩子已具有的知识来联系电视中出现的各种知识进行讲解,鼓励提问,并能及时给予解答。

因此,2～3岁的孩子是可以看电视的,但要在父母指导下,陪同孩子一起看,不要将电视交给孩子看管,自己去做其他事,而放任自流,也不要严禁孩子观看电视,以免失去接受外来信息及增进知识的好机会。

97. 让孩子欢欢喜喜渡过人生的第三关

——培养孩子对新环境的适应能力

人生的道路上要经过无数次难关,从胎儿到新生儿要闯过人生第一关,来到人间时要适应与胎内生活完全不相同的新环境。以后母亲产假期满,婴儿从家庭到托儿所要经过第二关,去适应与家庭生活不一样的小集体生活环境。当孩子超过3岁时,幼儿从托儿所升级到幼儿园将渡过人生的第三关,需要适应新的生活和教育上的严格要求,孩子渡过这三道难关都需要在生理上和心理上具有对新环境的适应能力。国内外不少心理卫生专家认为:培养人具有良好的适应环境的能力,是保护其身心健康的关键。

一般来说:孩子生活的环境在他们各个年龄阶段都具有相对的稳定性,在这相对稳定的阶段,他们的衣、食、住、行、游戏、求知和社交等方面都会产生相应的需要,形成相应的习惯。然而,孩子所处的环境不可能一成不变,他们的家庭环境常会因父母工作调动去外地、出国、离异等等不同的原因而使生活环境发生变化。随着孩子年龄的增长,孩子从家庭进入到托儿所、幼儿园,将来还要进小学、中学、大学,新的环境必然对孩子提出新的要求,于是原有的需要和习惯与新的环境产生了矛盾和冲突,这种矛盾和冲突反映在心理上,必然会使孩子感到不习惯,不能适应,甚至会不愉快。有的孩子由于环境的变化而引起心理和行为的异常表现。例如:有一个3岁半的男孩,原在托儿所大班,他已适应托儿所生活,后转入幼儿园,按理他也应该能适应幼儿园的集体生活,哪知出乎意料之外,他比起从未进过托儿所的孩子哭闹得更凶,每天早上不是赖床不起,就是不愿上幼儿园。为什么已经适应了托儿所集体生活的孩子,反而不能适应幼儿园的生活呢? 经了解分析,发现这男孩在托儿所大班属年龄最大的,能力最强的孩子,经常帮老师做事,照顾年龄小的孩子,常受到表扬,小朋友们也在游戏中听他指挥怎么玩。到了幼儿园进入到最小的一班,有的孩子比他能力强,他当不成"小老师",班里的小朋友都把他当着小弟弟看待,又没有听到老师经常的表扬,而产生一种失落感。由于环境变了,自尊心受到伤害,心理失去了平衡,而使他感到幼儿园不及托儿所愉快,自觉不如别人而想念托儿所。后来幼儿园老师觉察到了他的这种心理状态,多了解、关心他,适当地请他做一些力所能及的事,并适当地表扬他,再与家长联系给予适当的教育,才逐步使他的心理得到平衡而逐渐适应幼儿园生活。

怎样使孩子欢欢喜喜上幼儿园、去适应新的生活环境呢?父母在孩子入园前要做好各项准备工作,入园后做好联系工作,配合幼儿园教育好自己的孩子。

入园前的准备:

让幼儿园老师掌握孩子的情况:除了使老师知道孩子在家或在托儿所的饮食,睡眠,健康和大小便等情况外,还要介绍孩子的个性特点,兴趣爱好,父母或家人的教育方法。

让孩子渴望入幼儿园:做好孩子入幼儿园的心理上准备,可先带孩子去参观幼儿园,让他熟悉幼儿园生活的环境,认识班级老师,并使他知道老师能歌善舞,会讲故事能画图,还会为孩子做很多好玩的玩具,使他对老师有好感而产生渴望早日入幼儿园的心情。

入园后的教育与联系:

初入园的时候,父母要对孩子说几句鼓励的话,让他知道现在长大了,能干了,到幼儿园里要自己吃饭、睡觉、上厕所,自己事应当自己做,还要懂规矩有礼貌。孩子若表现好,就要及时表扬,以增强他的自信心。若遇孩子刚去怕陌生而哭时,父母也不要担心,允许他哭,让他发泄一下,过一段时间会自然转好,每个孩子情况不同,适应过程也不同。幼儿园的丰富生活和有趣的教育会使他们消除不愉快的情绪,而使他们逐步适应集体愉快的生活环境。

入园后孩子适应了幼儿园生活,父母不要以为松了一口气,孩子已渡过难关,从此孩子的教育就全由幼儿园管,自己就可以不管了。这种想法是不利于孩子成长的。父母应配合幼儿园进行教育,关心孩子在体、智、德、美等方面的全面发展,经常与幼儿园交流情况,共同为孩子的教育成长进行讨论研究。让孩子在父母和幼儿园老师的共同关心教育下愉快地渡过人生的第三关!

98. 在玩中学习

——玩是最适合孩子心理需要的学习方式

当今父母望子成才心切,常常要孩子学知识、学音乐或绘画等技能。人们总认为孩子喜欢玩,占了许多时间,是浪费了宝贵的光阴。因此,常听见一些父母在埋怨:"这孩子真顽皮,就知道玩!""一天到晚玩,什么也不懂。"他们将孩子的"玩"和"顽皮"等同,把"玩"和"学习"对立起来,其实玩就是在学习。玩也是接受教育的一种方式,因为"玩"能锻炼身体,"玩"能增长智慧,"玩"能培养品德,"玩"中还能感受美的教育。孩子在玩时,能学到许多知识和生活的本领,而这种教育是在欢乐的气氛中获得的,不感到有精神压力,何况玩是孩子的天性,在玩中学习是最易为孩子所接受的。

孩子刚学会走路就学会自己玩,什么东西只要他能拿到,就当玩具玩,也喜欢与父母逗乐,玩"躲猫猫"的游戏,一会儿跑到门背后躲藏起来,一会儿又跑到父母面前,反反复复地跑来跑去、躲躲藏藏,自己乐得哈哈笑,成人还以为他在"发疯"。孩子在玩的欢乐中,身体得到了锻炼,有利于健康生长发育。

2岁后,孩子喜欢玩"娃娃家游戏",他模仿着妈妈在家请客人吃饭的模样,自己做主人,请木偶、小兔、小鸡、小猫和小狗扮演客人,请它们坐在一起进餐,拿萝卜请小兔吃,给小鸡吃青菜,请小猫吃鱼,喂小狗吃肉骨头(若是有几个小朋友或成人参与到游戏中扮演客人,那样玩起来就更有乐趣)。在玩娃娃家的游戏中,孩子通过自己的思维、想象等心理过程,将平日学到的知识和经验,回忆后再显示出来,运用到游戏中去进行模仿。孩子在玩中不知不觉地巩固了所学的知识和生活经验,活跃了思维,进一步增长了智慧。

有些游戏是孩子单独玩不起来的。一定要与人合作起来才能玩,如玩跷跷板、"猫捉老鼠"游戏等需要与人合作玩,具有集体性的特点,孩子在玩中养成相互协商、共同合作的友好关系,遵守一定的规则,为了达到目的,还需要克服一些困难,这些都有利于培养孩子勇敢、坚强、积极和主动与人友好交往的好品质,为孩子良好性格与良好品德的形成打下基础。

孩子在玩时,常常需要各种各样的玩具、游戏材料、音乐、图片等,在玩中接触到生动的语言,形象的图画,有趣的玩具,多变的结构材料,悦耳的音乐旋律等都能使孩子欣赏艺术的美。如孩子玩"小白兔乖乖"的游戏中,自己戴上兔妈妈的头饰,披上彩色纱巾,请同伴扮演小白兔,一起唱歌、跳舞。有时又合着音乐的节奏模仿兔跳、鸟飞、马跑的姿态,在玩中体现着孩子像一支艺术的小花,正在含苞待放,他们在玩中得到美的感受和薰陶。

可见玩就是学习,在玩中孩子的体、智、德、美几方面都得到了全面发展,父母应该每天安排充分的时间让孩子去玩,但不能放任自流,要根据孩子的年龄创造各种条件,让孩子学会主动地玩,自己去探索玩中的乐趣、玩中的奥妙,从玩中得到学习、得到教益。

99. 3岁儿玩什么玩具?

—— 适合2～3岁幼儿身心发展的玩具

2～3岁的幼儿体质日益增强,神经系统的活动日益完善,神经功能不断地提高,因而朝气蓬勃,精神饱满,独立活动的愿望很强烈。由于活动进展得较前复杂及多样化,而促使其注意、记忆、思维等心理活动进一步发展,想象力开始萌芽,进而产生了新的需求和兴趣。这时期又是语言发展的关键期,幼儿能运用语言与人交往,特别喜欢提问,对周围的一切事物都感到新奇有趣,到处探索,表现出强烈的求知欲。由于扩大了眼界,动作和语言的进一步发展,幼儿的模仿能力也有了新的进展。2岁前幼儿仅仅会模仿成人的动作及简单的词汇组成的句子。3岁时,幼儿已能扮演生活中所接触到的角色。模仿各种人物的动作、语言来表达他们的思想感情,扮演得维妙维肖。

根据这时期幼儿身心发展的特点,可以选择以下多种多样的玩具。

发展动作的玩具:幼儿的动作逐步带有目的性,能有目的地走、跑、跳、爬、攀登、平衡和投掷。这时期可以为幼儿准备一些头饰,以增进活动时的兴趣。如戴上猫的头饰去学猫轻轻地走路;戴上象头饰模仿大象笨重地慢步走,戴上马头饰学马一样快跑;戴上兔头饰学兔跳;戴上滑稽人的面具学着在平衡木上走钢丝,练习身体平衡的能力。家中要备有小椅、小凳,让幼儿当玩具排列着开汽车或开火车,也可将小椅放在大椅边让幼儿学习攀登。一些绳子、竹竿、橡皮筋也可作为玩具,让幼儿玩跨绳或跨橡皮筋走来走去,或将绳子橡皮筋放高一些,让幼儿从下面爬来爬去,骑着竹竿当骑马。此外,还可以选择小三轮车学着双脚轮换蹬踏的动作,娃娃推车可学妈妈推着娃娃去散步。

父母在节日或假日时,带幼儿上公园或儿童乐园去玩大型运动玩具如跷跷板、滑梯、攀登架、秋千、浪船、转椅等都是有利于幼儿大肌肉的活动。公园草地上最适宜玩皮球、沙袋、降落伞、飞碟、套圈等投掷玩具,幼儿通过了这些活动,使全身各个部位的肌肉和骨骼获得锻炼,并促进身体灵活,动作协调。

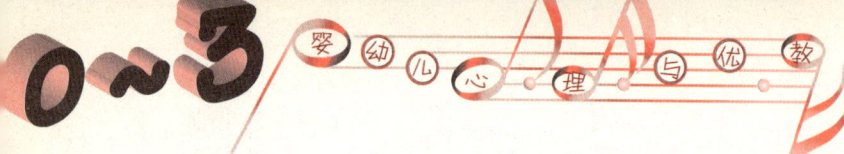

发展语言及认识能力的玩具：此类玩具能丰富幼儿知识，启迪幼儿智慧，如：简单的拼图玩具（数字拼图、动物拼图、水果拼图、六面拼图等）。接龙玩具（水果接龙、动物接龙、交通工具接龙等）。操作玩具（纽扣板、拉链板、结构积木、塑料珠、插木、胶塑结构玩具等）。此外，还可玩小电话、木偶、小镜子、玩具录音机和电视机等以促使幼儿边玩边练习说话。

社会性玩具：幼儿通过模仿，扮演各种角色去认识自己和周围的世界，没有玩具就无法进行角色游戏。社会性玩具有娃娃家角色的玩具，如娃娃、家具、餐具、用具等。玩医院角色的玩具，如听筒、针筒、药盒、药瓶等。玩托儿所角色的玩具，如木偶、小钢琴、小黑板、桌椅及图书画册等。玩商店及小菜场的角色玩具，如各种纸制的蔬菜、水果、食品、衣服等。幼儿在他们自己的小社会里，将自己扮演成主角，父母和其他家庭成员是配角，来表现角色的思想行为，从而进入到假想的成人世界，这对幼儿适应社会生活环境极为有利。

娱乐玩具：能使幼儿愉快欢乐，玩具具有动作，造型滑稽有趣，如不倒翁、机器人、小熊吹泡泡、娃娃吃奶等。进行表演、化装、跳舞活动的玩具，如头饰、彩带、各种小乐器、木偶等。

科学性玩具：幼儿在玩的过程中进行观察和思考，边操作，边探索，发展幼儿的好奇心和求知欲，并能帮助幼儿获得日常生活有关的科学知识。这类玩具有玩沙、水、雪的工具如塑料碗、杯、瓶、漏斗、喷水壶、铲、耙、桶、塑料小船、动物及各种印刻模型等。有镜面玩具如小镜子、万花筒等，有风动玩具如风车、气球等，有齿轮玩具如机动车、机动动物和人等。此外，还有一些现代新玩具如声控、光控玩具，磁性玩具都有利于引导幼儿获得科学操作经验，有利于智力开发。

幼儿能玩这么多种玩具，父母不用样样都花钱去买，可以利用家中的废物来自制玩具，这不仅是为了省钱，主要的是体现父母对孩子的爱和关怀，让孩子看父母制作玩具也是给孩子受教育和学习自己动手操作的榜样，使孩子会使用和爱护玩具。

自制玩具可以利用各种废旧物品如利用塑料瓶剪去瓶口做杯子，圆棒冰棍划上几条线成了体温表，扁平的圆盒打开穿上一根绳成了电话。娃娃家的餐具更可利用药瓶盖当碗，纸杯冰淇淋盒下面挖一方洞当炉子，半边破皮球当锅子，冰淇淋小匙当调羹，棒冰棍作筷子。孩子玩的火车及拖拉玩具都可用饮料铝罐和可乐瓶制成，医生用的听诊器可用一个小圆盒侧面打两个小孔，将绳子穿入孔中打结后盖好盒盖作为听筒，绳子的两端穿上两只牙膏盖作为耳塞即成。此外，还可以利用自然界取之不尽的树叶、果核、贝壳、螺丝壳等自制玩具。父母在生活中收集各种废旧物品积累起来，可以为幼儿制作各种有趣的玩具。

100. 怎样知道3岁幼儿的发育水平？

——2~3岁幼儿体格发育和智能发育的测试

2~3岁的幼儿在人的身心两个方面都具备了作为人的基础能力,也可以说有相当大的一部分能力是在3岁之前打下基础的,因此这时期幼儿的体格发育和智能发育都与人的基础能力有关。父母必须密切注意幼儿的发育情况,这时期幼儿的体格发育比2岁前生长的速度显著减慢,而智能发育则因脑的重量,细胞数及结构与成人的差别不太悬殊,大脑的功能加强了,智能发育也比前一时期加快些。

一、体格发育：

身长：一年中身长增长6~7厘米,满3岁时约为91~92厘米。一般可采用以下的正常身长简易计算法来估计,女孩略低于男孩的身长。

身长(厘米)＝75厘米＋(年龄×5)

体重：一年约增重2千克,满3岁时体重约为13~14千克左右,可参考以下正常体重的简易计算法：

体重(千克)＝(足岁数×2)＋7千克

头围与胸围：3岁的幼儿头围约49.63厘米,胸围约51.17厘米。

牙齿：20只乳牙全部出齐。

二、智能发育：

2~3岁是幼儿语言迅速发展的时期,幼儿已能用语言表达自己的思想感情,会主动提问。由于语言的发展及扩大了对外界事物的认识,使幼儿的注意、记忆、思维、想象能力进一步发展,从而促进了智能发育。

现将2~3岁幼儿智能发育的几项主要的测试项目列出供父母参考：

2岁~2岁6个月幼儿：

(1)会脱袜、穿鞋,但不会系鞋带。

(2)能脱下外衣。

(3)会用手帕擦鼻涕。

(4)能骑小三轮自行车。

(5)会用双脚交替跳(向前跳1~2米)。

(6)会从台阶或平衡木板上往下跳(高度15厘米)。

(7)会投球入篮(篮高约为85厘米左右)。

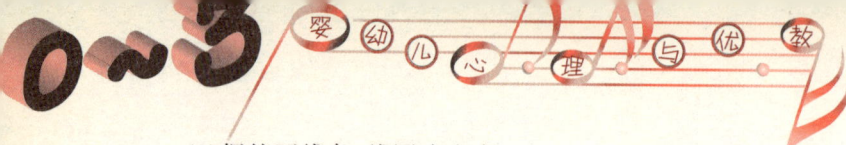

(8)握笔画线条、线圈或十字。
(9)会玩简单的拼板(圆形、正方形、三角形拼板)。
(10)能说出自己的姓名。
(11)会提问(这是什么？那是什么？)。
(12)认识红色。
(13)认识2～3张图画。
(14)区别一个和许多个。
(15)区别上、下、前、后。

2岁6个月～3岁幼儿：

(1)独脚立(约3～5秒钟)。
(2)双脚交替上下楼梯。
(3)用积木模仿搭成桥形。
(4)用手指一页一页地翻图书。
(5)自己右手握调羹、左手扶碗进食，极少撒出。
(6)会脱简单的衣裤。
(7)认识绿色、黄色。
(8)能说出自己的性别。
(9)说出图画书中的人物和动作。
(10)能回答问题。
(11)能说出父母的姓名。
(12)会使用代名词：我。
(13)会使用连接词：和、跟。
(14)会说简单的儿歌6～8首。
(15)会口数1～5的数，识别1、2、3。

附 录

一、婴幼儿体格发育指标参考表（上海地区，2005 年制定）

1. 市区 0～6 岁男童体格发育五项指标评价参考值

（表一）

年龄	体重（kg）					身高（cm）		头围（cm）		胸围（cm）		坐高（cm）	
	X̄	S	X̄-15%	X̄-25%	X̄-40%	X̄	S	X̄	S	X̄	S	X̄	S
初生	3.32	0.37	2.83	2.49	1.99	50.02	1.64	34.39	1.13	32.80	1.46	33.43	1.28
1月—	5.06	0.59	4.30	3.80	3.04	56.09	1.97	38.09	1.20	37.61	1.91	37.39	1.63
2—	6.20	0.69	5.27	4.65	3.72	59.97	2.23	39.64	1.15	40.07	1.96	39.92	1.82
3—	7.24	0.74	6.16	5.43	4.35	63.11	1.99	41.21	1.13	41.89	1.94	41.97	1.56
4—	7.89	0.72	6.70	5.91	4.73	65.84	1.98	42.50	1.33	43.02	1.72	43.32	1.68
5—	8.40	0.86	7.14	5.30	5.04	67.90	2.10	43.45	1.32	43.64	1.85	44.29	1.76
6—	8.91	1.01	7.57	5.68	5.34	69.87	2.33	44.32	1.39	44.33	2.16	45.39	1.85
8—	9.40	0.93	7.99	7.05	5.64	72.59	2.36	45.53	1.17	45.18	1.82	46.63	1.99
10—	10.15	0.92	8.63	7.61	6.09	75.61	2.34	46.36	1.18	46.27	1.66	47.81	1.60
12—	10.55	1.12	8.97	7.91	6.33	78.30	2.67	46.89	1.16	46.65	1.75	49.05	2.17
15—	11.21	1.11	9.53	3.41	6.72	81.67	3.30	47.71	1.23	47.67	1.81	50.59	2.01
18—	11.80	1.08	10.03	3.85	7.08	84.41	3.04	48.18	1.12	48.51	1.86	51.96	2.05
21—	12.68	1.18	10.78	9.51	7.61	87.87	2.95	48.78	1.27	49.50	1.79	53.40	1.94
2 岁—	13.50	1.43	11.48	10.13	8.10	91.72	3.33	49.30	1.23	50.20	2.09	55.34	2.33
2.5—	14.53	1.64	12.35	10.90	8.72	96.10	3.48	49.74	1.19	51.21	2.11	57.23	2.36
3—	15.43	1.66	13.11	11.57	9.26	99.34	3.73	50.07	1.25	51.64	2.06	57.95	2.42
3.5—	16.59	2.18	14.10	12.44	9.95	102.79	4.22	50.57	1.20	52.48	2.26	59.62	2.61
4—	17.76	1.94	15.10	13.32	10.66	106.27	3.70	50.84	1.21	53.55	2.34	60.92	2.20
4.5—	18.92	2.33	16.08	14.19	11.35	109.91	4.36	51.17	1.29	54.43	2.64	62.47	2.21
5—	20.40	2.64	17.34	15.30	12.24	113.86	4.44	51.39	1.11	55.73	2.52	64.01	2.32
5.5—	21.59	2.78	18.35	16.19	12.95	116.78	4.67	51.73	1.25	56.75	2.84	65.06	2.37
6～7 岁	23.46	3.09	19.94	17.60	14.08	121.06	4.54	52.15	1.25	57.85	3.15	67.16	2.34

注：X̄ 为平均值，S 为标准差。

市区 0~6 岁男童体格发育五项指标评价参考值

（表二）

年龄	体重（kg）						身高（cm）					WHO X̄-2SD 体重（kg）					
	P3	P10	P20	P50	P80	P97	P3	P10	P20	P50	P80	P97	月龄	0岁	1岁	2岁	3岁	4岁
初生	2.64	2.85	2.98	3.31	3.65	4.07	47.12	47.80	48.50	50.00	51.30	53.17	0	2.4	8.1	9.9	11.4	12.9
1月—	3.92	4.30	4.52	5.05	5.55	6.21	52.46	53.79	54.50	56.20	57.52	60.00	1	2.9	8.3	10.1	11.5	13.0
2—	4.92	5.35	5.62	6.15	6.76	7.55	56.00	57.20	58.20	59.80	61.70	64.19	2	3.5	8.5	10.2	11.7	13.1
3—	5.82	6.23	6.63	7.22	7.80	8.80	59.60	60.54	61.30	63.00	64.80	67.19	3	4.1	8.7	10.3	11.8	13.3
4—	6.63	6.97	7.25	7.85	8.50	9.26	62.02	63.36	64.02	65.70	67.50	69.56	4	4.7	8.8	10.5	11.9	13.4
5—	6.80	7.35	7.69	8.36	9.16	10.08	64.12	65.20	66.00	68.00	69.80	71.75	5	5.3	9.0	10.6	12.0	13.5
6—	7.24	7.67	8.07	8.90	9.67	10.94	66.17	66.80	67.74	69.90	71.80	74.23	6	5.9	9.1	10.8	12.1	13.7
8—	7.74	8.24	8.60	9.33	10.20	11.23	68.20	69.80	70.70	72.50	74.70	76.88	7	6.4	9.2	10.9	12.3	13.8
10—	8.60	9.05	9.40	10.10	10.83	12.28	71.71	72.80	74.00	75.60	77.66	80.09	8	6.9	9.4	11.0	12.4	13.9
12—	8.63	9.18	9.68	10.42	11.39	12.67	73.05	74.94	76.10	78.20	80.60	83.48	9	7.2	9.5	11.1	12.5	14.0
15—	9.32	9.80	10.21	11.10	12.06	13.51	75.08	77.70	79.48	81.50	84.32	87.89	10	7.6	9.7	11.2	12.6	14.2
18—	9.95	10.47	10.86	11.75	12.73	14.02	79.00	81.00	82.00	84.00	87.02	90.55	11	7.9	9.8	11.3	12.8	14.3
21—	10.60	11.09	11.75	12.75	13.60	15.31	82.25	83.65	85.30	87.95	90.50	93.03						
2岁	10.97	11.72	12.30	13.41	14.95	16.19	85.11	87.26	89.00	92.00	94.76	97.33						
2.5—	12.01	12.74	13.20	14.24	15.82	17.91	89.50	91.70	93.28	96.00	99.16	103.12						
3—	12.75	13.40	14.05	15.31	16.65	19.05	92.62	94.75	96.40	98.95	102.60	106.50						
3.5—	13.33	14.17	14.74	16.11	18.41	21.23	96.45	97.80	99.18	102.15	106.72	112.50						
4—	14.45	15.18	16.27	17.62	19.36	21.30	97.96	101.50	103.34	106.40	109.26	113.12						
4.5—	15.17	16.00	16.70	18.93	20.73	23.70	101.38	103.86	105.96	110.00	113.94	117.73						
5—	16.28	17.50	18.19	20.00	22.82	25.65	105.75	108.46	110.02	113.50	117.58	122.95						
5.5—	17.11	18.17	19.14	21.32	23.93	27.46	106.98	110.96	113.10	116.70	120.90	126.05						
6—7岁	18.60	19.54	20.65	23.39	25.84	30.88	112.70	115.23	117.42	121.25	124.94	129.70						

注：P50 为平均值，P3 为低限度，P97 为高限度，P3～P97 为正常范围。

2. 市区0~6岁女童体格发育五项指标评价参考值

(表一)

年龄	体重(kg) $\bar{X}$	S	$\bar{X}-15\%$	$\bar{X}-25\%$	$\bar{X}-40\%$	身高(cm) $\bar{X}$	S	头围(cm) $\bar{X}$	S	胸围(cm) $\bar{X}$	S	坐高(cm) $\bar{X}$	S
初生	3.23	0.37	2.75	2.42	1.94	49.59	1.53	34.06	1.03	32.60	1.45	33.26	1.35
1月—	4.67	0.54	3.97	3.50	2.80	55.06	2.03	37.05	1.23	36.56	1.63	36.72	1.50
2—	5.66	0.60	4.81	4.25	3.40	58.70	2.11	38.79	1.06	38.73	1.72	39.13	1.63
3—	6.68	0.61	5.68	5.01	4.01	62.03	1.91	40.35	1.08	40.70	1.67	41.08	1.65
4—	7.22	0.67	6.14	5.42	4.33	63.96	1.88	41.21	1.11	41.62	1.83	42.04	1.52
5—	7.66	0.80	6.51	5.74	4.59	66.11	2.09	42.25	1.21	42.35	1.84	43.10	1.79
6—	8.17	0.84	6.95	6.13	4.90	68.23	2.33	43.12	1.20	43.12	1.77	44.36	1.87
8—	8.91	0.98	7.57	6.68	5.35	71.34	2.43	44.44	1.17	44.27	1.88	45.84	1.88
10—	9.41	0.82	8.00	7.06	5.64	73.77	2.54	45.23	1.14	45.43	1.66	46.65	1.75
12—	9.99	0.91	8.49	7.49	5.99	76.90	2.55	45.80	1.15	45.85	1.63	48.19	2.00
15—	10.88	1.36	9.25	8.16	6.53	80.73	2.81	46.54	1.38	46.94	1.99	49.88	1.99
18—	11.11	1.12	9.44	8.33	6.66	82.71	2.67	46.83	1.24	47.28	1.87	50.83	1.88
21—	12.13	1.31	10.31	9.10	7.28	87.16	2.95	47.75	1.23	48.36	1.94	52.69	2.35
2岁—	12.84	1.40	10.92	9.63	7.71	90.43	3.68	48.19	1.34	49.02	1.91	54.32	2.31
2.5—	13.87	1.48	11.79	10.41	8.32	94.65	3.63	48.76	1.11	49.78	2.06	56.26	2.34
3—	14.90	1.64	12.67	11.18	8.94	97.71	3.90	49.28	1.22	50.30	2.13	56.82	2.43
3.5—	15.90	1.76	13.52	11.93	9.54	101.41	3.62	49.53	1.18	50.92	2.13	58.40	2.25
4—	17.24	1.88	14.66	12.93	10.35	105.50	3.67	50.10	1.17	52.16	2.33	60.01	2.23
4.5—	18.52	2.35	15.75	13.89	11.11	109.20	4.35	50.47	1.24	53.02	2.52	61.76	2.45
5—	19.37	2.11	16.47	14.53	11.62	112.54	4.27	50.73	1.24	53.79	2.50	62.99	2.29
5.5—	20.67	2.65	17.57	15.51	12.40	115.98	4.23	50.90	1.30	54.69	3.02	64.54	2.45
6—7岁	21.99	2.75	18.69	16.49	13.19	119.11	4.55	51.28	1.23	55.74	2.88	65.75	2.24

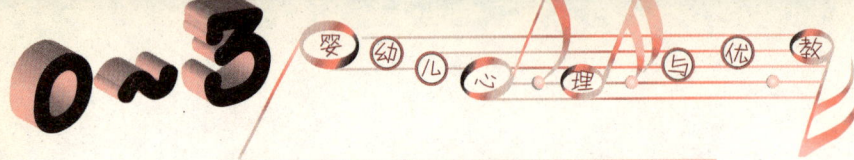

市区 0~6 岁女童体格发育五项指标评价参考值

（表二）

年龄	体重（kg）						身高（cm）						WHO $\bar{X}-2SD$ 体重（kg）					
	P3	P10	P20	P50	P80	P97	P3	P10	P20	P50	P80	P97	月龄	0岁	1岁	2岁	3岁	4岁
初生	2.55	2.72	2.89	3.23	3.52	4.00	46.42	47.50	48.20	50.00	50.70	52.20	0	2.2	7.4	9.4	11.2	12.6
1月—	3.75	3.99	4.21	4.66	5.10	5.87	52.00	52.93	53.40	55.00	56.84	58.70	1	2.8	7.6	9.6	11.3	12.7
2—	4.56	4.94	5.20	5.60	6.20	6.82	54.44	56.00	57.00	58.50	60.50	62.80	2	3.3	7.8	9.7	11.4	12.8
3—	5.51	5.91	6.20	6.65	7.15	8.00	58.22	59.66	60.30	62.00	63.40	66.00	3	3.9	8.0	9.9	11.5	12.9
4—	6.14	6.40	6.62	7.15	7.80	8.63	60.61	61.74	62.48	64.00	65.40	67.99	4	4.5	8.2	10.1	11.6	13.0
5—	6.34	6.71	6.92	7.51	8.32	9.38	61.72	63.68	64.36	66.20	67.80	70.50	5	5.0	8.3	10.2	11.8	13.1
6—	6.87	7.10	7.31	8.16	8.91	9.74	64.03	65.00	66.20	68.20	70.00	73.17	6	5.5	8.5	10.3	11.9	13.2
8—	7.28	7.79	8.18	8.80	9.63	11.31	66.91	68.00	69.20	71.30	73.30	76.13	7	5.9	8.6	10.5	12.0	13.3
10—	8.12	8.42	8.60	9.38	10.09	11.19	68.14	70.53	72.00	74.00	75.80	78.49	8	6.3	8.8	10.6	12.1	13.4
12—	8.57	8.80	9.22	9.90	10.84	11.77	72.50	73.50	75.00	76.70	79.00	82.16	9	6.6	9.0	10.8	12.2	13.5
15—	9.00	9.45	9.90	10.70	11.85	13.99	75.60	77.20	78.30	80.50	82.84	86.48	10	6.9	9.1	10.9	12.3	13.6
18—	9.29	9.79	10.11	11.00	12.00	13.57	77.27	79.28	80.50	82.60	84.84	88.28	11	7.2	9.3	11.0	12.4	13.7
21—	10.24	10.60	11.00	11.82	13.16	15.39	81.78	83.50	84.60	87.10	89.50	93.17						
2岁—	10.50	11.19	11.71	12.65	14.01	16.03	83.34	85.60	87.08	90.20	93.56	97.78						
2.5—	11.40	12.00	12.48	13.90	15.00	17.16	87.50	90.00	91.70	94.80	97.70	101.54						
3—	12.33	12.92	13.48	14.88	16.25	18.20	90.07	92.54	94.70	97.70	100.88	105.14						
3.5—	13.18	13.70	14.26	15.81	17.31	19.34	94.66	96.90	98.30	101.30	104.66	108.13						
4—	13.87	15.01	15.48	17.33	18.67	20.71	98.90	100.78	102.46	105.70	108.60	112.78						
4.5—	14.79	15.60	16.45	18.20	20.44	23.62	100.58	103.70	105.50	109.50	112.50	117.90						
5—	15.99	16.86	17.52	19.26	21.17	23.67	104.33	106.50	109.00	112.90	116.28	120.10						
5.5—	16.82	17.45	18.28	20.35	22.76	26.77	107.90	110.70	112.14	116.30	119.50	123.84						
6~7岁	17.67	18.67	19.40	21.64	24.35	27.80	110.73	113.34	115.30	118.90	122.92	128.28						

附录

3. 郊区 0~6 岁男童体格发育五项指标评价参考值

（表一）

年龄	体重(kg)					身高(cm)		头围(cm)		胸围(cm)		坐高(cm)	
	X̄	S	X̄-15%	X̄-25%	X̄-40%	X̄	S	X̄	S	X̄	S	X̄	S
初生	3.31	0.33	2.82	2.48	1.99	50.35	1.51	34.51	0.97	32.56	1.37	33.42	1.30
1月—	5.07	0.68	4.31	3.80	3.04	56.19	2.22	38.04	1.21	37.32	1.86	37.51	2.04
2—	6.29	0.75	5.35	4.72	3.77	59.95	2.19	39.80	1.33	40.11	2.06	39.92	1.67
3—	7.34	0.78	6.23	5.50	4.40	63.23	2.06	41.18	1.14	41.86	1.82	41.64	1.85
4—	7.75	0.80	6.59	5.81	4.65	65.07	1.93	42.13	1.02	42.61	1.98	42.67	1.84
5—	8.36	0.89	7.10	6.27	5.02	67.18	2.17	43.24	1.08	43.18	2.12	43.73	1.82
6—	8.71	0.87	7.41	6.53	5.23	69.32	2.16	44.22	1.21	43.94	1.87	44.74	1.93
8—	9.43	1.05	8.01	7.07	5.66	72.71	2.51	45.52	1.26	45.06	2.20	46.52	2.00
10—	9.94	1.07	8.45	7.45	5.96	75.63	2.49	46.33	1.34	45.68	2.09	47.73	1.97
12—	10.48	1.16	8.90	7.85	6.29	78.20	2.82	46.68	1.15	46.55	2.03	48.87	1.95
15—	10.99	1.27	9.34	8.21	6.59	81.09	2.78	47.31	1.27	47.16	1.90	50.24	2.02
18—	11.54	1.33	9.81	8.65	6.92	83.65	2.88	47.76	1.12	47.93	2.20	51.53	2.29
21—	12.40	1.26	10.54	9.30	7.44	87.30	3.00	48.58	1.35	49.03	2.00	53.24	2.13
2岁—	13.11	1.51	11.14	9.83	7.87	90.94	3.24	48.93	1.25	49.67	2.20	54.70	2.32
2.5—	14.31	1.55	12.16	10.73	8.59	95.24	3.44	49.57	1.20	50.93	2.41	56.64	2.09
3—	15.07	1.73	12.81	11.30	9.04	98.48	3.69	49.72	1.17	51.46	2.23	57.35	2.08
3.5—	16.10	2.19	13.69	12.08	9.66	101.83	3.96	50.18	1.33	52.36	2.59	58.74	2.06
4—	17.08	2.14	14.52	12.81	10.25	105.45	4.22	50.56	1.15	53.00	2.59	60.11	2.38
4.5—	17.53	2.34	14.90	13.15	10.52	108.32	4.39	50.76	1.22	53.31	2.52	61.47	2.45
5—	18.76	2.69	15.94	14.07	11.25	111.46	4.96	50.85	1.35	54.33	2.96	62.78	2.63
5.5—	19.97	2.99	16.97	14.97	11.98	114.33	4.39	51.30	1.26	55.49	3.43	64.03	2.54
6—7岁	21.09	2.85	17.93	15.82	12.66	118.16	4.31	51.52	1.34	56.40	3.04	65.47	2.37

163

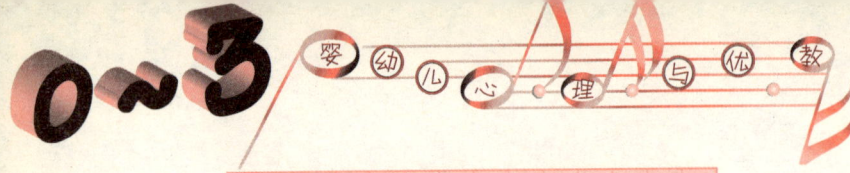

郊区 0~6 岁男童体格发育五项指标评价参考值

（表二）

年龄	体重(kg) P3	P10	P20	P50	P80	P97	身高(cm) P3	P10	P20	P50	P80	P97	月龄	WHO $\bar{X}$-2SD 体重(kg) 0岁	1岁	2岁	3岁	4岁
初生	2.71	2.88	3.03	3.30	3.58	4.00	47.30	48.50	49.10	50.40	51.56	53.07	0	2.4	8.1	9.9	11.4	12.9
1月—	4.00	4.25	4.40	5.04	5.60	6.43	52.50	53.50	54.20	56.10	58.20	60.80	1	2.9	8.3	10.1	11.5	13.0
2—	5.11	5.42	5.73	6.20	6.89	8.14	56.25	57.50	58.06	59.65	62.00	64.10	2	3.5	8.5	10.2	11.7	13.1
3—	6.00	6.36	6.61	7.30	8.07	9.05	59.37	60.40	61.30	63.30	64.70	67.40	3	4.1	8.7	10.3	11.8	13.3
4—	6.21	6.71	7.03	7.65	8.50	9.42	61.36	63.00	63.50	65.00	66.72	69.05	4	4.7	8.8	10.5	11.9	13.4
5—	6.90	7.25	7.63	8.30	9.14	10.18	62.40	64.55	65.60	67.15	68.70	71.20	5	5.3	*9.0	10.6	12.0	13.5
6—	7.16	7.66	8.00	8.65	9.47	10.59	65.38	66.60	67.44	69.20	71.00	74.00	6	5.9	9.1	10.8	12.1	13.7
8—	7.76	8.20	8.60	9.30	10.19	11.81	67.92	69.50	70.50	72.60	75.00	77.86	7	6.4	9.2	10.9	12.3	13.8
10—	8.07	8.52	8.98	9.96	10.84	12.08	71.23	72.50	73.50	75.50	77.76	80.47	8	6.9	9.4	11.0	12.4	13.9
12—	8.70	9.10	9.51	10.35	11.49	13.10	73.00	74.45	75.80	78.35	80.30	83.70	9	7.2	9.5	11.1	12.5	*14.0
15—	8.97	9.75	10.05	10.85	11.85	13.82	75.71	77.50	78.60	81.00	83.40	86.59	10	7.6	9.7	11.2	12.6	*14.2
18—	9.62	10.01	10.37	11.48	12.49	14.29	78.00	80.00	81.32	83.50	86.12	89.08	11	7.9	9.8	11.3	12.8	*14.3
21—	10.37	10.96	11.30	12.36	13.29	15.24	81.55	83.30	84.84	87.30	89.56	92.65						
2岁—	10.64	11.34	11.94	12.90	14.15	16.00	84.76	86.90	88.20	91.00	93.76	97.31						
2.5—	11.39	12.58	13.00	14.11	15.67	17.17	88.88	91.12	92.24	95.30	98.06	102.62						
3—	12.31	13.10	13.72	14.74	16.47	18.70	92.28	94.30	95.52	98.30	101.34	105.74						
3.5—	13.25	13.81	14.48	15.81	17.24	22.19	95.35	97.51	98.60	101.35	104.88	110.92						
4—	13.84	14.76	15.28	16.75	18.76	22.20	97.41	100.14	101.80	105.40	109.10	113.24						
4.5—	13.96	14.84	15.57	17.19	19.25	22.44	99.03	103.10	104.88	108.25	112.12	116.83						
5—	14.85	15.61	16.16	18.33	20.53	25.64	103.43	105.48	107.26	110.60	115.60	121.20						
5.5—	15.53	16.88	17.35	19.35	22.20	27.31	105.99	108.94	110.20	114.40	117.88	123.30						
6~7岁	17.00	17.67	18.72	20.70	23.53	27.47	110.74	112.82	114.84	117.90	121.80	126.48						

* 表示该年龄段 WHO $\bar{X}$-2SD 的值大于本市按年龄测体重 P3 的值

4. 郊区 0~6 岁女童体格发育五项指标评价参考值

(表一)

年龄	体重 (kg)					身高 (cm)		头围 (cm)		胸围 (cm)		坐高 (cm)	
	X̄	S	X̄-15%	X̄-25%	X̄-40%	X̄	S	X̄	S	X̄	S	X̄	S
初生	3.14	0.38	2.67	2.35	1.89	49.25	1.54	33.70	1.15	32.13	1.52	32.69	1.31
1月~	4.73	0.57	4.02	3.54	2.84	55.04	1.88	37.24	1.05	36.56	1.63	36.61	1.60
2~	5.80	0.65	4.93	4.35	3.48	58.74	2.08	38.67	1.04	38.95	1.84	38.96	1.97
3~	6.69	0.63	5.69	5.02	4.01	61.93	1.99	40.22	1.03	40.49	1.64	40.85	1.65
4~	7.19	0.79	6.11	5.39	4.31	63.65	2.07	41.09	1.09	41.44	1.93	41.75	1.73
5~	7.63	0.90	6.48	5.72	4.58	65.48	2.01	42.21	1.12	42.11	2.05	42.32	1.69
6~	8.13	0.87	6.91	6.10	4.88	67.72	2.41	43.25	1.16	43.07	1.96	43.85	1.81
8~	8.89	1.09	7.56	6.67	5.33	71.14	2.54	44.33	1.18	44.26	2.02	45.47	1.95
10~	9.20	0.94	7.82	6.90	5.52	73.85	2.91	44.85	1.16	44.53	1.83	46.52	1.94
12~	9.57	1.00	8.13	7.18	5.74	76.48	3.13	45.59	1.43	44.97	1.95	47.69	2.06
15~	10.35	1.08	8.80	7.76	6.21	80.09	2.89	46.36	1.25	46.20	1.85	49.45	2.12
18~	10.85	1.20	9.22	8.14	6.51	82.38	2.80	46.85	1.34	46.56	1.91	50.67	2.22
21~	11.56	1.21	9.82	8.67	6.93	85.78	3.26	47.28	1.25	47.56	1.97	52.16	1.97
2岁~	12.40	1.39	10.54	9.30	7.44	89.40	3.42	47.92	1.43	48.46	2.03	53.85	2.21
2.5~	13.84	1.64	11.77	10.38	8.31	93.72	3.55	48.45	1.26	49.80	2.35	55.86	1.93
3~	14.70	1.76	12.49	11.02	8.82	97.55	3.59	48.99	1.16	50.61	2.45	56.49	2.61
3.5~	15.34	1.67	13.04	11.50	9.20	100.76	3.71	49.28	1.13	50.68	2.13	57.91	2.10
4~	16.53	2.03	14.05	12.40	9.92	104.07	4.03	49.69	1.32	51.82	2.46	59.36	2.18
4.5~	17.14	2.16	14.57	12.85	10.28	107.04	4.18	49.89	1.20	52.15	2.66	60.38	2.02
5~	18.28	2.33	15.54	13.71	10.97	110.71	4.19	50.13	1.35	53.11	2.77	61.89	2.39
5.5~	18.76	2.30	15.95	14.07	11.26	113.16	4.11	50.28	1.27	53.46	2.73	62.88	2.34
6~7岁	20.88	2.89	17.75	15.66	12.53	117.90	4.46	50.82	1.34	55.24	3.32	64.98	2.57

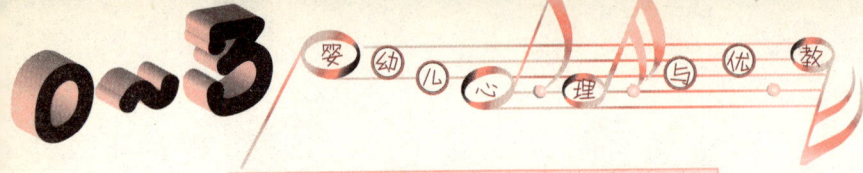

郊区 0~6 岁女童体格发育五项指标评价参考值

(表二)

年龄	体重 (kg)						身高 (cm)					
	P3	P10	P20	P50	P80	P97	P3	P10	P20	P50	P80	P97
初生	2.51	2.66	2.80	3.12	3.44	3.99	46.30	47.18	48.00	49.10	50.64	52.36
1月—	3.87	4.05	4.25	4.65	5.21	6.02	52.00	52.60	53.30	55.00	56.74	58.73
2—	4.58	5.00	5.30	5.76	6.31	7.18	55.17	56.10	57.10	58.50	60.40	63.23
3—	5.57	5.93	6.15	6.68	7.16	8.00	58.13	59.31	60.30	62.00	63.60	65.96
4—	5.64	6.20	6.53	7.13	7.80	9.02	59.55	61.08	61.88	63.70	65.30	67.64
5—	6.05	6.65	6.90	7.50	8.40	9.53	61.65	63.00	63.80	65.40	67.00	69.36
6—	6.67	7.00	7.36	8.05	8.80	10.00	62.68	64.16	65.68	67.70	69.88	72.26
8—	7.14	7.68	8.00	8.73	9.80	10.84	66.69	68.00	69.00	70.90	73.10	76.51
10—	7.73	8.04	8.37	9.15	9.91	11.12	69.46	70.20	71.64	73.60	75.90	79.32
12—	8.02	8.27	8.72	9.47	10.50	11.60	71.40	72.73	73.76	76.50	78.68	82.46
15—	8.64	9.00	9.38	10.24	11.34	12.45	75.05	76.43	77.20	80.20	82.70	85.96
18—	8.77	9.49	9.96	10.70	11.70	13.42	76.96	78.50	79.92	82.50	84.80	87.44
21—	9.69	10.03	10.40	11.49	12.55	13.87	80.30	81.94	83.16	85.60	88.22	92.80
2岁	10.09	10.76	11.17	12.30	13.68	15.22	83.02	85.10	86.30	89.00	92.50	95.95
2.5—	11.10	11.90	12.60	13.63	15.10	17.46	86.61	89.50	90.66	93.65	96.88	100.13
3—	12.01	12.67	13.35	14.30	16.10	18.18	91.87	93.30	94.40	97.10	100.20	105.63
3.5—	12.34	13.22	13.78	15.33	16.68	18.50	93.58	96.30	97.70	100.00	103.90	107.99
4—	13.05	14.03	14.71	16.19	18.50	20.92	97.16	98.80	100.50	104.10	107.54	112.57
4.5—	14.34	14.89	15.44	16.55	18.95	22.02	100.07	102.79	103.58	106.80	110.00	116.36
5—	14.73	15.48	16.13	18.07	20.00	23.60	102.20	105.48	107.56	110.70	114.20	119.44
5.5—	15.21	16.17	16.90	18.46	20.33	23.64	105.41	108.05	109.60	112.95	116.60	122.08
6—7岁	16.32	17.45	18.54	20.50	23.42	27.54	109.30	111.54	113.88	118.00	121.62	126.50

月龄	WHO $\bar{X}-2SD$ 体重 (kg)				
	0岁	1岁	2岁	3岁	4岁
0	2.2	7.4	9.4	11.2	12.6
1	2.8	7.6	9.6	11.3	12.7
2	3.3	7.8	9.7	11.4	12.8
3	3.9	8.0	9.9	11.5	12.9
4	4.5	8.2	10.1	11.6	13.0
5	5.0	8.3	*10.2	11.8	*13.1
6	5.5	8.5	10.3	11.9	13.2
7	5.9	8.6	10.5	12.0	13.3
8	6.3	*8.8	10.6	12.1	13.4
9	6.6	9.0	10.8	12.2	13.5
10	6.9	9.1	10.9	12.3	13.6
11	7.2	9.3	11.0	*12.4	13.7

* 表示该年龄段 WHO $\bar{X}-2SD$ 的值大于本市按年龄测体重 P3 的值

5. 0～6岁男童按身高测体重(体重千克/身高厘米)

身高(cm)	体重(kg)						身高(cm)	体重(kg)					
	P3	P10	P20	P50	P80	P97		P3	P10	P20	P50	P80	P97
48	2.58	2.67	2.76	3.01	3.31	3.65	86	10.90	11.27	11.51	12.50	13.20	13.88
49	2.77	2.86	2.94	3.13	3.35	3.77	87	10.99	11.40	11.87	12.55	13.29	14.46
50	2.86	3.00	3.18	3.40	3.67	4.07	88	11.28	11.67	11.89	12.75	13.52	14.72
51	2.96	3.10	3.23	3.44	3.69	4.29	89	11.65	11.92	12.35	13.10	13.90	15.08
52	3.10	3.26	3.40	3.75	4.05	4.58	90	11.70	12.19	12.55	13.12	14.20	15.91
53	3.52	3.61	3.97	4.23	4.52	5.48	91	11.70	12.20	12.65	13.50	14.40	16.33
54	3.73	3.94	4.30	4.61	5.00	5.64	92	12.17	12.67	13.01	13.76	14.51	16.60
55	3.85	4.30	4.50	4.84	5.20	5.96	93	12.27	12.71	13.02	13.93	15.00	16.68
56	4.53	4.80	4.90	5.20	5.50	6.01	94	12.31	12.99	13.37	14.12	15.23	16.70
57	4.70	4.90	5.02	5.42	5.94	6.51	95	12.73	13.25	13.40	14.26	15.55	16.86
58	4.91	5.15	5.40	5.80	6.19	6.72	96	12.98	13.51	13.86	14.60	15.64	16.97
59	5.37	5.54	5.69	6.10	6.53	7.22	97	13.50	13.88	14.20	15.01	15.93	17.84
60	5.46	5.60	5.90	6.31	6.84	7.74	98	13.60	14.05	14.23	15.04	16.21	17.86
61	5.76	6.00	6.23	6.70	7.18	7.88	99	13.93	14.40	14.55	15.46	16.30	17.92
62	6.02	6.36	6.52	7.00	7.51	8.43	100	13.97	14.63	15.00	15.98	16.95	18.66
63	6.20	6.44	6.79	7.35	7.82	8.66	101	14.01	14.73	15.10	16.08	17.00	18.78
64	6.31	6.80	7.02	7.56	8.20	8.96	102	14.04	14.79	15.13	16.30	17.45	19.98
65	6.60	6.93	7.25	7.71	8.26	9.00	103	14.51	15.10	15.45	16.68	17.95	19.99
66	6.90	7.25	7.50	7.99	8.58	9.14	104	14.86	15.48	15.89	16.90	18.15	20.62
67	7.00	7.30	7.65	8.25	8.80	9.50	105	15.06	15.77	16.20	17.32	18.93	21.44
68	7.26	7.55	7.85	8.50	9.15	9.80	106	15.07	15.82	16.35	17.45	18.98	21.69
69	7.54	7.89	8.12	8.65	9.26	10.00	107	15.35	16.14	16.69	17.81	19.65	22.14
70	7.80	8.10	8.30	9.00	9.60	10.29	108	15.66	16.73	17.17	18.34	19.87	22.20
71	7.92	8.20	8.50	9.10	9.75	10.79	109	16.01	16.81	17.29	18.48	19.96	22.60
72	8.11	8.42	8.68	9.20	9.90	10.91	110	16.35	17.25	17.91	19.01	20.08	22.80
73	8.25	8.67	8.89	9.35	10.01	11.14	111	16.44	17.27	17.98	19.27	20.40	22.99
74	8.26	8.72	9.10	9.70	10.40	11.17	112	16.81	17.39	18.16	19.80	21.35	23.75
75	8.71	9.00	9.28	9.98	10.62	11.69	113	17.18	17.82	18.44	20.01	21.36	24.16
76	8.81	9.15	9.56	10.12	10.76	12.00	114	17.82	18.33	18.90	20.52	22.44	24.22
77	9.05	9.54	9.77	10.25	10.85	12.00	115	17.95	18.36	19.03	20.55	22.88	25.41
78	9.31	9.60	9.91	10.55	11.20	12.40	116	18.27	19.10	19.42	20.81	23.90	25.59
79	9.47	9.64	9.95	10.60	11.40	12.67	117	18.77	19.70	20.15	21.50	24.08	25.64
80	9.60	10.00	10.25	10.71	11.55	12.68	118	18.82	19.86	20.76	22.65	24.69	27.46
81	9.73	10.01	10.30	10.92	11.94	13.05	119	18.89	20.24	21.07	22.73	24.73	28.26
82	9.95	10.30	10.62	11.37	12.11	13.15	120	19.82	20.82	21.60	23.20	25.09	29.19
83	10.20	10.53	10.81	11.43	12.24	13.37	121	19.90	20.87	21.79	24.25	25.95	30.27
84	10.33	10.69	10.93	11.61	12.51	13.47	122	20.22	22.09	22.83	24.54	26.19	31.31
85	10.65	11.06	11.39	12.00	13.00	13.76	123						

6. 0～6岁女童按身高测体重(体重千克/身高厘米)

身高(cm)	体重(kg)						身高(cm)	体重(kg)					
	P3	P10	P20	P50	P80	P97		P3	P10	P20	P50	P80	P97
48	2.54	2.70	2.76	2.98	3.26	3.47	86	10.17	10.66	10.99	11.62	12.63	14.06
49	2.58	2.80	2.91	3.12	3.36	3.96	87	10.34	10.83	11.25	11.70	12.77	14.07
50	2.88	2.96	3.10	3.36	3.57	4.07	88	10.50	11.22	11.52	12.33	13.10	14.24
51	3.02	3.26	3.32	3.56	3.96	4.39	89	10.83	11.34	11.55	12.48	13.34	14.49
52	3.24	3.43	3.64	3.96	4.32	4.82	90	11.01	11.47	11.87	12.60	13.53	14.61
53	3.72	3.90	4.00	4.25	4.57	5.01	91	11.43	11.97	12.26	12.94	13.58	14.94
54	3.97	4.20	4.25	4.54	4.88	5.35	92	11.55	12.10	12.40	13.23	14.18	15.07
55	4.15	4.37	4.50	4.70	5.10	5.66	93	11.73	12.37	12.71	13.40	14.31	15.85
56	4.37	4.50	4.71	5.10	5.49	5.86	94	11.94	12.46	12.90	13.70	14.85	16.07
57	4.46	4.77	4.90	5.35	5.70	6.42	95	12.11	12.67	13.24	14.03	14.85	16.32
58	4.90	5.18	5.29	5.55	6.00	6.60	96	12.55	13.04	13.59	14.30	15.24	16.91
59	5.14	5.40	5.50	5.92	6.50	7.06	97	12.56	13.20	13.67	14.59	15.73	17.30
60	5.31	5.69	5.85	6.25	6.74	7.53	98	13.04	13.53	13.83	14.83	16.02	17.96
61	5.80	6.00	6.11	6.55	7.02	7.69	99	13.27	13.82	14.28	15.35	16.38	18.06
62	5.83	6.14	6.30	6.70	7.20	7.79	100	13.39	13.86	14.31	15.41	16.45	18.12
63	6.05	6.34	6.54	6.97	7.46	8.29	101	13.72	14.11	14.49	15.60	16.71	18.44
64	6.25	6.50	6.75	7.20	7.69	8.55	102	13.91	14.46	15.20	15.96	17.26	18.90
65	6.60	6.80	6.98	7.41	7.95	8.80	103	14.16	14.80	15.20	16.08	17.41	19.30
66	6.70	7.00	7.25	7.79	8.36	9.40	104	14.31	15.14	15.62	16.65	17.80	19.63
67	6.80	7.15	7.32	7.97	8.50	9.58	105	14.78	15.22	15.65	16.70	18.05	19.83
68	6.83	7.15	7.43	8.20	8.76	9.75	106	14.80	15.45	15.87	16.91	18.53	20.24
69	7.30	7.68	7.90	8.43	9.00	9.80	107	14.95	15.54	16.32	17.36	18.81	20.44
70	7.58	7.91	8.17	8.65	9.17	10.16	108	15.38	16.03	16.66	17.72	19.01	21.08
71	7.68	8.01	8.25	8.66	9.26	10.50	109	15.50	16.12	16.79	18.16	19.42	21.40
72	7.73	8.10	8.30	8.91	9.63	10.81	110	15.93	16.48	17.02	18.18	19.66	22.16
73	8.07	8.30	8.55	9.12	9.85	10.88	111	16.04	16.87	17.42	18.66	20.12	22.83
74	8.12	8.58	8.76	9.40	9.99	11.00	112	16.32	16.95	17.60	18.85	20.30	23.43
75	8.23	8.70	8.98	9.55	10.15	11.42	113	16.69	17.42	17.80	19.12	20.85	23.64
76	8.47	8.81	9.06	9.80	10.49	11.49	114	16.81	17.60	18.07	19.51	21.21	23.85
77	8.50	8.90	9.14	9.86	10.55	11.55	115	16.95	17.70	18.41	19.70	22.05	24.80
78	8.79	9.12	9.39	10.00	10.75	11.81	116	17.03	18.82	19.10	20.60	22.41	25.75
79	8.86	9.35	9.70	10.34	11.22	12.11	117	17.48	19.19	19.60	21.17	23.18	25.88
80	9.41	9.64	9.87	10.41	11.29	12.29	118	18.42	19.05	19.78	21.50	23.24	26.08
81	9.50	9.84	10.07	10.86	11.48	12.48	119	18.63	19.35	20.02	21.59	23.29	26.73
82	9.79	9.93	10.21	10.91	11.55	12.63	120	18.66	19.49	20.14	21.86	24.10	27.46
83	9.80	10.00	10.30	11.06	12.08	13.23	121	19.83	20.43	20.88	22.40	24.25	27.51
84	9.82	10.20	10.46	11.35	12.11	13.46	122	19.86	20.80	21.95	23.55	24.34	28.46
85	10.13	10.59	10.88	11.50	12.25	13.75	123						

(以上统计表均由上海市儿童保健所提供)

二、小儿身高、体重、出牙计算公式

1. 身高计算公式(厘米)

2 岁以上:年龄×5+80(厘米)

2. 体重计算公式(千克)

1~3 个月:出生体重+月龄×0.7(千克)

4~6 个月:出生体重+月龄×0.6(千克)

7~12 个月:出生体重+月龄×0.5(千克)

1 岁以上:年龄×2+8(千克)

3. 出牙计算公式:

牙齿数=月龄-6

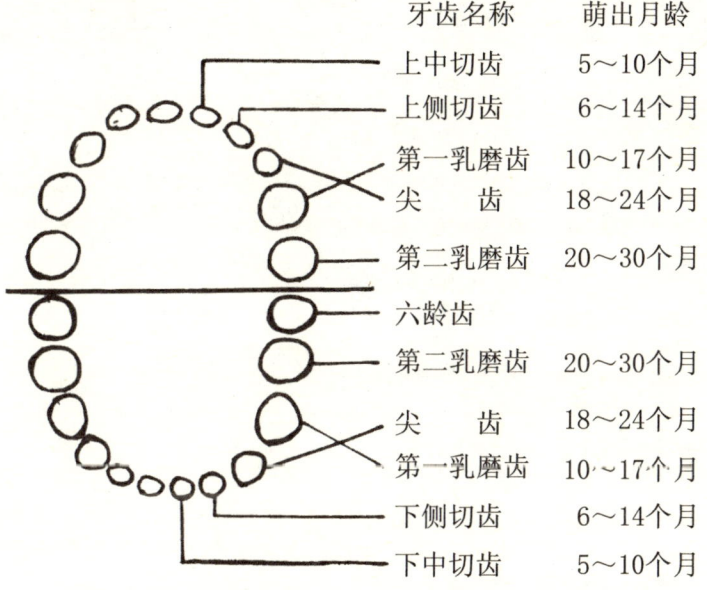

牙齿名称	萌出月龄
上中切齿	5~10个月
上侧切齿	6~14个月
第一乳磨齿	10~17个月
尖　齿	18~24个月
第二乳磨齿	20~30个月
六龄齿	
第二乳磨齿	20~30个月
尖　齿	18~24个月
第一乳磨齿	10~17个月
下侧切齿	6~14个月
下中切齿	5~10个月

三、乳牙萌出的时间与顺序表

顺序	乳牙名称	出牙时间(月)	牙　数		
			上牙	下牙	总计
1	乳中切牙	5~10	2	2	4
2	乳侧切牙	6~14	2	2	4
3	第一乳磨牙	10~17	2	2	4
4	乳尖牙	18~24	2	2	4
5	第二乳磨牙	20~30	2	2	4

四、婴幼儿智能发育筛查(丹佛)参考表

月份	个人与社会	精细动作	语言	大运动
1个月	△小儿仰卧时能注视家长(相距30厘米)	△小儿腿、臂双侧动作对称等同 △视线能随目标移动90°	△听到铃声音有眨眼、呼吸节律和活动改变等反应 △除哭声外,能发出喉音	△俯卧时试举抬头
2个月	△不接触小儿,对他逗笑时,他会微笑			△抬头时,脸与桌面约成45°
3个月	△会自动微笑	△小儿手指能互相接触	△不接触小儿,经逗引能笑出声	
4个月		△视线能随目标移动180° △用摇铃接触小儿手指能握住	△经逗引能发出兴奋的高音或尖声	△抬头时,脸与桌面约成90° △扶小儿坐时,举头正面而稳,不摇动
5个月		△坐在家长腿上,能伸手向着桌面上的玩具		△俯卧时手臂能支撑身体抬胸 △扶站时腿能支撑体重片刻
6个月	△试拉小儿手中玩具会表示拒绝	△能自己拿着饼干吃 △手中握着一块方木,又能注意到第二块方木		△拉坐时,头部始终不后垂
7个月	△对距离较远的玩具有企图攫取的要求	△两个手能同时各握一块积木 △能抓起小丸	△从背20厘米处轻呼名字数次,小儿能向着声音方向转头	△会从伏卧转向仰卧或仰卧向伏卧的翻身 △能独坐5秒钟或更长时间
8个月	△见生人表现出犹疑或有点害羞 △能玩"躲猫猫"游戏	△能把一个手中的积木递交到另一个手		△能扶着硬物体站立5秒钟或更多时间
9个月		△会用两指抓握小丸	△无意识地叫"爸爸"、"妈妈"	
10个月	△能玩拍手或挥手表示再见	△能拿取放在桌上的小方块作相互敲击	△咿咿呀呀地学成人说话	△能自己扶着把手站起来 △会从站到自己单独坐下
11个月	△成人逗引着试取小儿手中的玩具时,小儿能将玩具伸向成人,但不放下	△会用拇指和食指抓握小丸,手掌不接触桌面		△扶站时能把足提起片刻
12个月	△能观察出成人乐意和不乐意的表情并作出相应的反应			△会扶着家具行走 △能独立站2秒钟或更多时间
12~15个月	△需要东西时会作表示,指点或讲出事物名称 △会举杯饮水而洒出不多		△会正确地称呼母亲为"妈妈",父亲为"爸爸"	△不撑住地面能单独弯腰拾起玩具 △步行自如,左右不摇摆
15~18个月	△对扫地等简单家务进行模仿	△能叠稳两块方木 △会在纸上有目的地划线 △经示范能把小瓶(口径1.5厘米)内的丸粒倒出	△至少会针对特殊物体、人或动物讲三个字	△能向后退两步或更多步

(续表)

月份	个人与社会	精细动作	语　言	大 运 动
18~21个月	△喜欢学做简单家务，如收拾玩具、帮助家长取指定的东西	△能叠稳4块方木而不倒	△能指出自己的眼、身或身体的其他部位 △会说两个或更多词表示有意义的短语	△会扶墙或栏杆上楼梯 △不扶任何物体会将球向前踢出
21~24个月	△会脱外衣、鞋、短裤、短袜等 △独立吃饭洒地不多	△不经示范能将丸粒倒出小瓶外	△会看图说出画的名称 △能听懂"给妈妈"、"放在桌上"、"放在地下"中的两个	
2岁~2岁半	△能与小朋友一起玩 △会洗手并擦干 △会穿短裤、短袜或鞋	△模仿画长于2.5厘米歪度不超过30度的直线	从图片上能识别日常用品或常见动物	△能举手过肩抛球 △会双足同时离地向前跳 △能不扶物体独脚站直1秒钟或更长时间
2岁半~3岁	△能穿、脱衣服，区别衣服的前后	△能叠稳8块方木而不倒 △能模仿成人搭"桥"等简单积木	△能说出自己的姓名	△会骑儿童三轮车 △能单足跳过21厘米的宽度
3岁~3岁半	△能扣纽扣	△不受方向的限制，能比较出两条画线的长短 △会模仿画闭合的圆形	△已理解冷、累、饿的含义如问"冷了怎么办？"回答"穿衣服"或"到房间里去"均为正确	
3岁半~4岁	△成人外出时，请其他人陪着小儿，小儿能接受	△经示范，会画出在任何点上相互交叉的两线	△能理解介词。如按要求把积木放在桌面上（下）、椅子前（后） △会说反义词（括号内的）如火是（热）的，冰是（冷）的，妈妈是（女人），爸爸是（男人），马是（大），鼠是（小）	△能用一只脚独立站5秒钟或更多时间（3试2成） △不扶任何物体独脚连续跳2次或更多次
4岁~5岁	△会独立穿衣	△能画出人体3个或更多部位 △模仿画出正方形	△认出红、黄、蓝、绿四种颜色中的三种	△能脚跟对着脚尖向前走4步或更多
5岁~6岁		△能画出人体6个或更多部位	△能讲出球、桌子、房子等常见物品的作用 △能说出日常用品是由什么做成的	△能单足立10秒钟或更长时间 △能抓住蹦跳的球

＊1岁以上小儿是3个月为一年龄组，故年龄跨度较大，在该年龄组里的项目不要求全部通过，但该年龄组以前的项目要求全部通过。

五、婴幼儿饮食和睡眠时间表

年龄	饮食		睡眠时间			
			白天		夜间（小时）	共计（小时）
	次数	间隔时间（小时）	次数	持续时间（小时）		
2个月～	6	3～3.5	4	1.5～2	10～11	17～18
3个月～	5～6	3～3.5	3	2～2.5	10	16～18
6个月～	5	4	2～3	2～2.5	10	14～15
1岁～	5	4	2	1.5～2	10	12.5～13
1.5岁～	4	4	1	2～2.5	10	12～13
3～7岁	4	4	1	2～2.5	10	12～12.5

六、婴儿辅助食品添加顺序表

月 龄	辅 助 食 品
0～1个月	鱼肝油
1～3个月	鱼肝油、菜水
4个月	奶糕、蛋黄、鱼泥
5～6个月	粥、蛋黄、菜泥（碎菜）、水果泥
7～8个月	蒸蛋、饼干、馒头干
8～10个月	加肉末、猪肝末
11个月～	加烂饭

七、婴儿每日食品摄入量参考表

月龄	母乳喂养*	牛奶人工喂养（每千克体重毫升量）	浓鱼肝油（滴）	菜水（毫升）	乳儿糕或米粉（克）	蛋黄（克）	粥或烂面（克）	菜泥或碎菜（克）	蒸蛋（只）	鱼泥（克）	饼干或面包片（片）	肉末或肝泥（克）	烂饭（克）	水果（只）
0~1	随意	100~120	1											
1~	随意	100~120	2	30										
2~	6次	100~120	3	60										
3~	6次	100~120	4	60	15									
4~	6次	100~120	5	60	30	1/4								
5~	5次	100~120	5	90	45	1/2	15	15						
6~	5次	100~120	5	90	30	1	15	20	1/2		1			1/2
7~	4次	80~100	5	90			45	25	1	25	2			1/2
8~	4次	80~100	5	120			60	25~40	1	25	3	25		1
10~12	4次	80	5	120			30~35	50			4	50	30	1

*母乳量不足时，需以牛奶补充。

八、幼儿每日食品摄入量参考表

食品名称	单位	1~2岁	2~3岁
*蔬菜、鲜豆（绿叶占1/2）	克	50~100	100~200
豆制品（豆腐、豆腐干）	克	25	25~50
鱼、肉、猪肝类	克	50~75	75~100
蛋	克	50	50
豆浆或牛奶	克	250~500	250
粮食	克	100~150	150~200
油	克	10~15	10~15
糖	克	10~15	10~15

*可用水果补充

九、儿童每日膳食中营养素供给量

年龄（不分男女）	热能[耳焦]	蛋白质（克）	钙（毫克）	铁（毫克）	锌（毫克）	*视黄醇（微克）	硫胺素（毫克）	核黄素（毫克）	尼克酸（毫克）	抗坏血酸（毫克）	维生素D（微克）
初生～6个月	502.416/千克体重	*2.0～4.0/千克体重	400	10	3	200	0.4	0.4	4	30	10
7～12个月	418.68/千克体重	*2.0～4.0/千克体重	600	10	5	200	0.4	0.4	4	30	10
1岁～	男 4605.48 女 4396.14	男 35 女 35	600	10	10	300	0.7	0.7	7	30	10
2岁～	男 5024.16 女 4814.82	男 40 女 40	600	10	10	400	0.7	0.7	7	35	10
3岁～	男 5652.18 女 5442.84	男 45 女 45	800	10	10	500	0.8	0.8	8	40	10
5岁～	男 6698.88 女 6280.20	男 55 女 50	800	10	10	1 000	1.0	1.0	10	45	10
7岁～	男 7536.24 女 7117.56	男 60 女 60	800	10	10	1 000	1.2	1.2	12	45	10
10～11岁	男 8792.28 女 8373.60	男 70 女 65	1 000	12	15	1 000	1.4	1.4	14	50	10

* 人乳哺育2克/千克体重，牛乳喂养3.5克/千克体重，混合喂养4克/千克体重。
** 1国际单位维生素A＝0.3微克视黄醇。

十、儿童主要食物中铁的吸收率比较（%）

植物性食物	铁的吸收率	动物性食物	铁的吸收率
大米	1.0	蛋	3.0
菠菜	1.3	鱼	11.0
黑豆	3.0	血	12.0
玉米	3.0	鱼肉，猪肉，牛肉	22.0
面	5.0	肝	22.0
黄豆	7.0	母乳	50.0
		牛乳	19.5

附 录

十一、常见食物成分表（食物100克的含量）

类别	食物项目	地区	食部(%)	水分(g)	蛋白质(g)	脂肪(g)	碳水化合物(g)	热能 MJ(kcal)	钙(mg)	磷(mg)	铁(mg)	胡萝卜素(IU)	硫胺素(mg)	核黄素(mg)	尼克酸(mg)	抗坏血酸(mg)
谷类及其制品	稻米(籼、糙)	北京	100	13.0	8.3	2.5	74.2	1.48(353)	14	285	—	0	0.34	0.07	2.5	0
	稻米(标、粳)	北京	100	14.0	6.8	1.3	70.3	1.45(345)	8	164	2.3	0	0.22	0.06	1.5	0
	糯米	北京	100	14.6	6.7	1.4	76.3	1.44(345)	19	135	6.7	0	0.19	0.03	2.0	0
	米粉(大米面)	北京	100	12.4	7.3	6.3	70.5	1.45(345)	—	—	—	0	—	—	—	0
	小麦粉(富强粉)	北京	100	13.0	9.4	1.4	75.0	1.46(350)	25	162	2.6	0	0.24	0.07	2.0	0
	小麦粉(标准粉)	江苏	100	13.5	18.4	1.7	72.5	1.45(346)	31	184	4.0	0	0.26	0.11	2.2	0
	面条(切面)	北京	100	33.0	7.4	1.4	56.4	1.12(268)	60	203	4.0	0	0.35	0.04	1.9	0
	挂面	北京	100	14.1	9.6	1.7	70.0	1.40(334)	88	263	4.1	0	0.30	0.02	2.0	0
	馒头(富强粉)	北京	100	44.0	6.1	0.2	48.8	0.92(221)	19	88	1.5	0	0.10	0.04	1.0	0
	馒头(标准粉)	北京	100	44.0	9.9	1.8	42.5	0.94(226)	38	268	4.2	0	0.31	0.05	2.3	0
	烧饼	北京	100	34.0	7.4	1.4	55.9	1.14(266)	25	260	3.2	0.19	0.21	0.05	2.3	0
	油条	江苏	100	23.0	7.2	17.6	46.9	1.57(375)	62	163	0.8	0.13	0.07	0.03	11.0	0
	小米	北京	100	11.1	9.7	3.5	72.8	1.51(362)	29	240	4.7	0.40	0.57	0.12	1.0	0
	玉米面(黄)	北京	100	13.4	8.4	4.3	70.2	1.48(353)	34	—	—	0.48	0.31	0.10	2.0	—
	芝麻	北京	100	2.5	21.9	61.7	4.3	2.76(660)	564	388	50.4	—	—	—	—	0
干豆类及其制品	黄豆	北京	100	10.2	36.3	18.4	25.3	1.72(412)	367	571	11.0	0.40	0.79	0.25	2.1	0
	黄豆粉	北京	100	5.0	40.0	19.2	28.3	1.86(446)	437	680	13.0	0.48	0.94	0.30	2.5	0
	小豆(赤)	江苏	100	14.9	19.1	2.7	55.5	1.35(323)	67	305	5.2	0.22	0.53	0.12	1.8	0
	绿豆	北京	100	9.5	23.8	0.5	58.8	1.40(335)	80	360	6.8	—	—	—	—	0

175

(续表)

类别	食物项目	地区	食部(%)	水分(g)	蛋白质(g)	脂肪(g)	碳水化合物(g)	热能 MJ(kcal)	钙(mg)	磷(mg)	铁(mg)	胡萝卜素(IU)	硫胺素(mg)	核黄素(mg)	尼克酸(mg)	抗坏血酸(mg)
干豆类及其制品	豆浆(1:8)	北京	100	91.8	4.4	1.8	1.5	0.17(40)	25	45	2.5	—	0.03	0.01	0.1	0
	豆腐(嫩)	江苏	100	90.3	5.3	0.9	2.5	0.16(39)	177	38	1.9	—	0.03	0.05	0.1	0
	豆腐(老)	江苏	100	90.0	7.0	0.4	1.0	0.15(36)	251	78	2.0	—	0.02	0.06	0.1	0
	豆腐干	北京	100	64.9	19.2	6.7	6.7	0.69(164)	117	204	4.6	—	0.05	0.05	0.1	0
	豆腐干(香)	江苏	100	70.0	20.3	1.9	2.6	0.46(109)	936	216	8.0	—	0.02	0.01	0.1	0
	千张	北京	100	41.2	35.8	15.8	5.3	1.28(307)	169	333	7.0	—	0.03	0.04	0.1	0
	红腐乳	北京	100	55.5	14.6	5.7	5.8	0.56(133)	167	200	12.0	—	0.04	0.16	0.5	0
	素鸡	江苏	100	74.0	15.9	2.5	2.5	0.40(96)	1350	173	8.3	—	0.01	0.03	0.1	0
	粉条(干)	江苏	100	15.0	0.3	0	34.4	1.42(339)	27	24	0.8	0	—	—	—	0
	凉粉	北京	100	95.0	0.02	0.01	4.9	0.08(20)	2	1	0.9	0	—	—	—	4
鲜豆类	黄豆芽	江苏	100	91.0	5.1	1.3	1.3	0.15(37)	43	64	0.7	0.08	0.04	0.04	0.5	7
	绿豆芽	江苏	100	95.0	2.0	0.3	1.8	0.08(18)	28	31	0.5	0.03	0.03	0.03	0.4	19
	毛豆	江苏	52	60.0	15.2	7.1	13.9	0.75(180)	100	219	6.4	0.23	0.24	0.03	0.05	6
	四季豆	湖北	95	92.0	1.7	0.5	3.8	0.11(27)	61	43	2.6	0.26	—	0.10	0.5	13
	扁豆	上海	92	90.1	2.5	0.2	5.1	0.13(32)	110	49	2.1	0.07	0.07	0.08	0.8	19
	豇豆	北京	95	90.7	2.4	0.2	4.7	0.13(30)	53	63	1.0	0.89	0.09	0.08	1.0	38
	豌豆	江苏	46	77.7	4.4	0.6	13.2	0.32(76)	38	79	0.1	0.33	0.20	0.04	0.8	22
	蚕豆	江苏	34	72.3	8.8	0.5	13.8	0.40(85)	31	123	1.0	0.06	0.19	0.07	0.1	—
根茎类	甘薯(山芋)	江苏	100	75.2	1.1	0.2	21.5	0.38(92)	—	60	0.8					

176

(续表)

类别	食物项目	地区	食部(%)	水分(g)	蛋白质(g)	脂肪(g)	碳水化合物(g)	热能 MJ(kcal)	钙(mg)	磷(mg)	铁(mg)	胡萝卜素(IU)	硫胺素(mg)	核黄素(mg)	尼克酸(mg)	抗坏血酸(mg)
根茎类	马铃薯(白皮)	北京	88	79.9	2.3	0.1	16.6	0.32(77)	11	64	1.2	0.01	0.10	0.63	0.4	16
	山药	北京	95	82.6	1.5	0.0	14.4	0.27(64)	14	42	0.3	0.02	0.03	0.02	0.3	4
	芋头	北京	85	78.8	2.2	0.1	17.5	0.33(80)	19	51	0.6	0.02	0.06	0.03	0.07	4
	胡萝卜(黄)	北京	89	89.6	0.6	0.3	7.6	0.15(35)	32	30	0.6	3.62	0.02	0.05	0.3	13
	胡萝卜(红)	北京	79	89.3	0.6	0.3	8.3	0.16(38)	19	29	0.7	1.35	0.04	0.04	0.4	12
	白萝卜	江苏	98	95.0	0.7	0.2	2.4	0.06(14)	38	25	1.8	0.01	0.07	0.02	0.2	11
	红萝卜(大)	北京	83	91.1	0.8	0.1	6.6	0.13(30)	61	28	0.7	0.01	0.02	0.03	0.8	19
	青萝卜	北京	94	91.0	1.1	0.1	6.6	0.13(32)	58	27	0.4	0.32	0.02	0.03	0.3	—
	毛竹笋	江苏	43	91.2	2.7	0.4	3.5	0.12(28)	9	39	0.7	—	—	—	—	—
	春笋	江苏	48	92.6	2.1	0.3	3.3	0.10(24)	9	24	0.9	—	—	—	—	1
	冬笋	北京	39	88.1	4.1	0.1	5.7	0.17(40)	22	56	0.1	0.08	0.08	0.08	0.6	4
	姜	北京	100	87.0	1.4	0.7	8.5	0.19(46)	20	45	7.0	0.18	0.01	0.04	0.4	4
	藕	北京	85	77.9	1.0	0.1	19.8	0.35(84)	19	51	0.5	0.02	0.11	0.04	0.4	25
	藕粉	北京	100	10.2	0.3	0.5	87.5	1.50(358)	4	8	0.8	—	—	—	—	—
	荸荠	北京	68	74.5	1.5	0.1	21.8	0.39(94)	5	68	0.5	0.01	0.04	0.02	0.4	3
	慈菇	北京	77	66.0	5.6	0.2	25.7	0.53(127)	8	260	1.4	—	—	—	—	—
	百合	北京	82	65.1	4.0	0.1	28.7	0.55(132)	9	91	0.9	—	—	—	—	—
叶菜类	大白菜	北京	68	95.4	1.1	0.2	2.4	0.07(16)	41	35	0.6	0.04	0.02	0.04	0.3	19
	小白菜	北京	99	93.3	2.1	0.4	2.3	0.09(21)	163	48	1.8	2.95	0.03	0.08	0.6	60

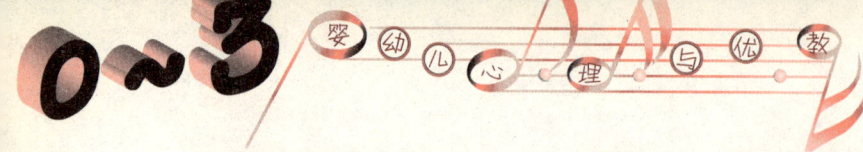

（续表）

类别	食物项目	地区	食部(%)	水分(g)	蛋白质(g)	脂肪(g)	碳水化合物(g)	热能 MJ(kcal)	钙(mg)	磷(mg)	铁(mg)	胡萝卜素(IU)	硫胺素(mg)	核黄素(mg)	尼克酸(mg)	抗坏血酸(mg)
叶菜类	白菜(青菜)	上海	90	94.3	1.6	0.2	2.0	0.07(16)	141	29	3.9	1.30	0.02	0.05	0.5	70
	鸡毛菜(白菜秧)	上海	100	94.0	2.0	0.4	1.3	0.07(17)	75	55	5.0	1.30	0.02	0.08	0.6	46
	卷心菜	上海	100	94.5	1.4	0.2	2.3	0.07(17)	62	28	0.7	0.33	0.03	0.02	0.3	60
	雪里蕻	北京	85	91.0	2.8	0.6	2.9	0.12(28)	235	64	3.4	1.46	0.07	0.14	0.8	83
	苋菜(青)	北京	63	90.1	1.8	0.3	5.4	0.13(32)	180	46	3.4	1.95	0.04	0.16	1.1	28
	菠菜	北京	89	91.8	2.4	0.5	3.1	0.11(27)	72	53	1.8	3.87	0.04	0.13	0.6	39
	莴苣笋	北京	49	96.4	0.6	0.1	1.9	0.05(11)	7	31	2.0	0.02	0.03	0.02	0.5	1
	茼蒿	上海	97	96.6	1.9	0.4	2.5	0.09(21)	65	24	2.1	2.00	0.03	0.06	0.4	2
	芹菜(茎)	江苏	65	93.6	0.5	0.4	3.1	0.08(18)	110	39	3.1	0.06	0.01	0.08	0.2	7
	韭菜	上海	100	91.8	3.1	0.6	2.7	0.12(29)	84	43	8.9	2.70	0.02	0.07	0.5	56
	韭黄	上海	100	95.3	1.7	0.2	1.9	0.07(16)	10	9	0.5	—	—	—	—	—
	蒜苗	北京	83	86.4	1.2	0.3	9.7	0.19(46)	22	53	1.2	0.20	0.14	0.06	0.5	42
	大葱	北京	71	91.6	1.0	0.3	6.3	0.13(32)	12	46	0.6	1.20	0.08	0.05	0.5	14
	洋葱	上海	89	89.9	0.8	0	8.2	0.15(36)	41	39	1.1	微量	0.01	0.01	0.1	7
	麦白	上海	83	93.0	1.4	0.3	3.5	0.09(22)	24	45	1.1	0.02	0.02	0.02	0.4	6
	菜花	北京	53	92.6	2.4	0.4	3.0	0.10(25)	18	53	0.7	0.08	0.06	0.08	0.8	88
	金针菜(干)	北京	100	11.8	14.1	0.4	60.1	1.25(300)	463	173	16.5	3.44	0.36	0.14	4.1	0
瓜类	南瓜	江苏	89	93.0	1.2	0	4.1	0.09(21)	31	40	1.1	0.42	0.02	0.01	0.2	6
	冬瓜	江苏	72	96.9	0.4	0	1.8	0.04(9)	19	6	0.4	0.03	0.01	微量	0.2	15

（续表）

类别	食物项目	地区	食部(%)	水分(g)	蛋白质(g)	脂肪(g)	碳水化合物(g)	热能 MJ(kcal)	钙(mg)	磷(mg)	铁(mg)	胡萝卜素(IU)	硫胺素(mg)	核黄素(mg)	尼克酸(mg)	抗坏血酸(mg)
瓜类	黄瓜	江苏	96	96.0	0.7	0.2	2.0	0.05(13)	31	29	1.1	0.12	0.02	0.04	0.2	11
	丝瓜	江苏	90	93.4	1.4	0.1	4.3	0.10(24)	18	39	0.9	0.09	0.03	0.03	0.3	5
	苦瓜	北京	82	94.0	0.5	0.2	3.2	0.08(18)	18	29	0.6	0.08	0.07	0.04	0.3	84
	西瓜	北京	54	94.1	1.2	0	4.2	0.09(22)	6	10	0.2	0.17	0.02	0.02	0.2	3
	甜瓜(白)	北京	81	92.4	0.4	0.1	6.2	0.11(27)	29	10	0.2	0.03	0.02	0.02	0.3	13
	哈密瓜(白)	新疆	63	89.0	0.5	0.3	9.5	0.18(43)	9	13	0.4	微量	0.09	0.01	0.3	13
茄果类	茄子(紫皮)	北京	96	93.2	2.3	0.1	3.1	0.10(23)	22	31	0.4	0.04	0.03	0.04	0.5	3
	番茄(红)	北京	97	95.9	0.3	0.3	2.2	0.06(15)	8	24	0.8	0.37	0.03	0.02	0.6	8
	柿子椒(青)	北京	86	93.9	0.9	0.2	3.8	0.09(21)	11	27	0.7	0.36	0.04	0.04	0.7	89
咸菜类	榨菜	北京	100	73.8	4.1	0.2	9.2	0.23(55)	280	130	6.7	0.04	0.04	0.09	0.7	—
	萝卜干	北京	100	68.7	1.6	0.4	12.2	0.25(59)	109	69	7.5	0.44	0.07	0.08	1.2	2
	大蒜(糖醋)	北京	53	78.8	1.4	2.1	15.2	0.36(85)	110	40	0.7	—	0.05	0.05	0.2	—
	雪里蕻(腌)	北京	96	83.9	2.0	0.1	3.3	0.09(22)	250	31	3.1	1.55	0.04	0.11	0.5	—
	香椿(腌)	江苏	100	82.7	4.5	0.6	4.8	0.18(43)	175	96	4.6	—	—	—	—	—
	黄瓜(酱)	北京	90	68.5	4.9	0.1	13.5	0.31(75)	—	—	—	—	—	—	—	—
	酱小菜	江苏	100	60.1	4.7	1.0	16.8	0.40(95)	57	96	14.1	—	—	—	—	—
菌藻类	蘑菇(鲜)	北京	97	93.3	2.9	0.2	2.4	0.10(23)	8	66	1.3	—	0.11	0.16	3.3	4
	蘑菇(干)	上海	100	9.0	36.1	3.6	31.2	1.26(302)	131	718	188.5	—	—	—	—	—
	香菇	北京	72	18.5	13.0	1.8	54.0	1.19(284)	—	—	—	—	0.07	1.13	18.9	—

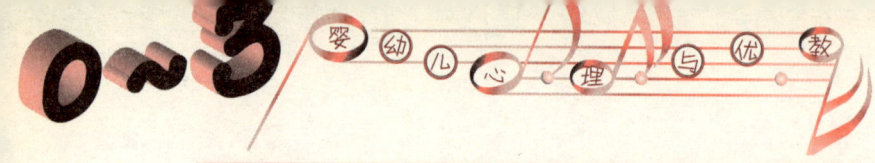

（续表）

类别	食物项目	地区	食部(%)	水分(g)	蛋白质(g)	脂肪(g)	碳水化合物(g)	热能 MJ(kcal)	钙(mg)	磷(mg)	铁(mg)	胡萝卜素(IU)	硫胺素(mg)	核黄素(mg)	尼克酸(mg)	抗坏血酸(mg)
菌藻类	冬菇	北京	100	10.8	16.2	1.8	60.2	1.35(322)	76	280	8.9	—	0.16	1.59	23.4	—
	银耳	江苏	100	15.8	6.6	3.1	68.0	1.36(326)	643	250	30.4	—	—	—	—	—
	木耳	北京	100	10.9	10.6	0.2	65.5	1.28(306)	357	201	185.0	0.03	0.15	0.55	2.7	—
	海带	北京	100	12.8	8.2	0.1	56.2	1.08(258)	1 177	216	150.0	0.57	0.09	0.36	1.6	—
	紫菜	北京	100	10.3	28.2	0.2	48.5	1.29(309)	343	457	33.2	1.23	0.44	2.07	5.1	1
鲜果及干果类	葡萄(圆紫)	上海	87	87.9	0.4	0.6	8.2	0.17(40)	4	7	0.8	0.04	0.05	0.01	0.2	微量
	柚	上海	61	84.8	0.7	0.6	12.2	0.24(57)	41	43	0.9	0.12	0.07	0.02	0.5	41
	橙(甜橙)	北京	73	86.1	0.6	0.1	12.2	0.22(52)	58	15	0.2	0.11	0.08	0.03	0.2	54
	黄岩蜜橘	江苏	80	88.3	0.7	0.1	10.0	0.18(44)	41	14	0.8	—	—	—	—	—
	苹果	北京	81	84.6	0.4	0.5	13.0	0.24(58)	11	9	0.3	0.08	0.01	0.01	0.1	微量
	鸭梨	北京	93	89.3	0.1	0.1	9.0	0.15(37)	5	6	0.2	0.01	0.02	0.01	0.1	4
	桃	江苏	74	82.4	0.8	0.6	14.8	0.28(68)	7	32	0.8	0.02	0.10	0.07	0.6	3
	杏	北京	90	85.0	1.2	0	11.1	0.20(49)	26	24	0.8	1.79	0.02	0.03	0.6	7
	红枣(干)	北京	85	19.0	3.3	0.4	72.8	1.29(308)	61	55	1.6	0.01	0.06	0.15	1.2	12
	荔枝(鲜)	上海	63	84.8	0.7	0.6	13.3	0.25(61)	6	34	0.5	0	0.02	0.04	0.7	3
	香蕉	北京	56	77.1	1.2	0.6	19.5	0.37(88)	9	31	0.6	0.25	0.02	0.05	0.7	6
	甘蔗	湖北	82	78.0	0	0.3	21.3	0.37(88)	18	8	0.8	—	—	0.02	0.06	1
	黑枣(有核)	北京	71	37.6	1.8	0.2	56.2	0.98(234)	67	378	1.9	0.04	1.07	0.11	9.5	—
硬果类	花生仁(生)	北京	99	8.0	26.2	39.2	22.1	2.28(546)	—	—	—	—	—	—	—	0

180

（续表）

类别	食物项目	地区	食部(%)	水分(g)	蛋白质(g)	脂肪(g)	碳水化合物(g)	热能 MJ(kcal)	钙(mg)	磷(mg)	铁(mg)	胡萝卜素(IU)	硫胺素(mg)	核黄素(mg)	尼克酸(mg)	抗坏血酸(mg)
硬果类	花生仁(炒)	北京	96	2.7	26.5	44.8	20.2	2.47(590)	71	399	2.0	—	0.26	0.18	11.7	0
	葵花子(炒)	北京	46	2.2	24.6	54.4	9.9	2.63(628)	45	354	4.3	0.10	0.88	0.20	5.1	—
	核桃仁	陕西	100	4.0	16.0	63.9	8.1	2.81(672)	93	386	2.9	—	—	0.14	1.5	—
	栗子(熟)	北京	78	46.6	4.8	1.5	44.8	0.89(212)	15	91	1.7	0.24	0.19	0.13	1.2	36
	莲子(干)	江苏	98	13.5	16.6	2.0	61.8	1.39(332)	89	285	6.4	—	—	—	—	—
	栗子(生)	陕西	71	48.0	4.6	1.4	43.7	0.86(206)	10	75	1.5	0.03	0.01	0.17	2.0	61
	菱(青)	江苏	43	45.5	5.0	0.7	46.5	0.89(212)	36	165	1.6	—	—	—	—	—
	菱(红)	江苏	45	81.2	2.5	0.3	14.3	0.29(70)	22	121	1.1	—	—	—	—	—
	菱粉	江苏	100	18.5	0.2	0.2	80.8	1.36(326)	26	45	2.2	—	—	—	—	—
	鸡头米(干)	北京	100	11.0	11.8	0.2	75.4	1.47(351)	21	264	96	—	—	—	—	—
畜肉类及其制品	猪肉(肥瘦)	上海	100	29.3	9.5	59.8	0.9	2.42(580)	6	101	1.4	—	0.53	0.12	4.2	—
	猪肉(瘦)	江苏	100	52.6	16.7	28.8	1.9	1.38(330)	11	177	2.4	—	—	—	—	—
	叉烧肉	江苏	100	54.4	26.2	14.6	1.5	1.01(242)	34	177	2.5	—	—	—	—	—
	猪肉松	江苏	100	17.1	54.1	12.4	7.2	1.49(357)	74	542	16.8	—	—	—	—	—
	猪蹄	北京	26	55.4	15.8	26.3	1.7	1.28(307)	—	—	—	—	—	—	—	—
	猪肝	北京	100	71.4	21.3	4.5	1.4	0.55(131)	11	270	25.0	2 610(8 700)	0.40	2.11	16.2	18
	猪肾	江苏	85	78.1	15.9	3.4	1.4	0.42(100)	微量	229	7.1	—	—	—	—	—
	猪血	北京	100	79.1	18.9	0.4	0.6	0.34(82)	—	—	—	—	—	—	—	—
	牛肉(肥瘦)	北京	100	68.6	20.1	10.2	0	0.72(172)	7	170	0.9	0	0.07	0.15	6.0	—

（续表）

类别	食物项目	地区	食部(%)	水分(g)	蛋白质(g)	脂肪(g)	碳水化合物(g)	热能 MJ(kcal)	钙(mg)	磷(mg)	铁(mg)	胡萝卜素(IU)	硫胺素(mg)	核黄素(mg)	尼克酸(mg)	抗坏血酸(mg)
畜肉类其及制品	牛肉(瘦)	江苏	100	70.7	20.3	6.2	1.7	0.60(144)	6	233	3.2	—	—	—	—	—
	牛肝	北京	100	69.1	21.8	4.8	2.6	0.59(141)	13	400	9.0	5 490(18 300)	0.39	2130	16.2	18
	牛肾	北京	85	81.6	12.8	3.7	1.0	0.37(89)	17	198	11.4	102(340)	0.34	1.75	5.1	6
	羊肉(肥瘦)	北京	100	58.7	11.1	28.8	0.8	1.28(307)	—	—	—	0	0.07	0.13	4.9	0
	羊肉(瘦)	江苏	100	67.6	17.3	13.6	0.5	0.81(194)	15	168	3.0	—	—	—	—	—
	羊肝	江苏	100	65.9	21.7	7.3	3.3	0.69(166)	9	414	6.6	—	—	—	—	—
	兔肉	北京	100	77.2	21.2	0.4	0.2	0.37(89)	16	175	2.0	—	—	—	—	—
乳和乳制品	人乳	北京	100	87.6	1.5	3.7	6.9	0.28(67)	34	15	0.1	75(250)	0.01	0.04	0.1	6
	牛乳	北京	100	87.0	3.3	4.0	5.0	0.29(69)	120	93	0.2	42(140)	0.04	0.13	0.2	1
	牛乳粉(全)	北京	100	2.0	26.2	30.6	35.5	2.18(522)	1 030	883	0.8	420(1 400)	0.15	0.69	0.7	微量
	羊乳	北京	100	86.9	3.8	4.1	4.3	0.29(69)	140	106	0.1	24(80)	0.05	0.13	0.3	—
	牛乳(罐头、淡)	北京	100	74.0	7.8	7.5	9.0	0.56(135)	240	195	0.2	120(400)	0.10	0.36	0.2	1
	牛乳(罐头、甜)	北京	100	28.0	3.2	9.2	52.7	1.36(326)	290	228	0.2	120(400)	0.10	0.36	0.2	1
	奶油	北京	100	73.0	2.9	20.0	3.5	0.86(206)	97	77	0.1	249(830)	0.03	0.14	0.1	微量

（续表）

类别	食物项目	地区	食部（%）	水分（g）	蛋白质（g）	脂肪（g）	碳水化合物（g）	热能 MJ(kcal)	钙（mg）	磷（mg）	铁（mg）	胡萝卜素（IU）	硫胺素（mg）	核黄素（mg）	尼克酸（mg）	抗坏血酸（mg）
乳和乳制品	黄油	北京	100	14.0	0.5	82.5	0	3.11(745)	15	15	0.2	810(2 700)	0	0.01	0.1	0
禽肉类	鸡	北京	34	74.2	21.5	2.5	0.7	0.46(111)	11	190	1.5	—	0.03	0.09	8.0	—
	鸡肝	北京	100	75.1	18.2	3.4	1.9	0.46(111)	21	260	8.2	15 270(50 900)	0.38	1.63	10.4	7
	鸡胗	北京	67	75.2	22.2	1.3	0	0.42(101)	48	150	6.6	—	0.04	0.20	4.8	—
	鸭	江苏	51	80.1	13.1	6.0	0.1	0.45(107)	11	145	4.1	—	—	—	—	—
	酱鸭	江苏	70	45.0	26.0	19.3	4.5	1.24(296)	80	160	4.6	—	—	—	—	—
	鸭胗	北京	89	76.1	20.2	1.8	1.0	0.42(101)	47	140	5.3	—	—	—	—	—
	鸭肝	北京	100	70.0	15.1	4.7	6.9	0.58(138)	17	177	0.8	2 670(8 900)	0.44	1.28	0.1	7
	鹅	江苏	66	77.1	10.8	11.2	0	0.60(144)	13	23	3.7	—	—	—	—	—
	鹅肝	北京	100	62.6	15.6	15.9	3.7	0.94(224)	9	174	0.2	—	—	—	—	—
蛋和蛋制品	鸡蛋	北京	85	71.0	14.7	11.6	1.6	0.71(170)	55	210	2.7	432(1 440)	0.16	0.31	0.1	—
	鸡蛋(咸)	湖北	85	64.0	10.4	13.1	10.7	0.84(202)	612	227	6.0	—	—	—	—	0
	鸡蛋白	上海	100	88.0	10.0	0.1	1.3	0.19(46)	19	16	0.3	0	—	0.26	0.1	0
	鸡蛋黄	上海	100	53.5	13.6	30.0	1.3	1.38(330)	134	532	7.0	1 050(8 500)	0.27	0.35	微量	0

183

（续表）

类别	食物项目	地区	食部（%）	水分（g）	蛋白质（g）	脂肪（g）	碳水化合物（g）	热能 MJ(kcal)	钙（mg）	磷（mg）	铁（mg）	胡萝卜素（IU）	硫胺素（mg）	核黄素（mg）	尼克酸（mg）	抗坏血酸（mg）
蛋和蛋制品	鸭蛋	北京	87	70.0	8.7	9.8	10.3	0.69(164)	71	210	3.2	414(1 380)	0.15	0.37	0.1	—
	咸鸭蛋	北京	87	65.6	11.3	13.3	3.4	0.75(179)	—	—	—	414(1 480)	0.18	0.38	0.1	—
	松花(皮)蛋	北京	88	71.7	13.1	10.7	2.2	0.66(158)	58	200	0.9	282(940)	0.02	0.21	0.1	—
	鹌鹑蛋	北京	89	72.9	12.3	12.3	1.5	0.69(166)	72	238	2.9	300(1 000)	0.11	0.86	0.3	—
	骨粉（脱胶）	北京	100	—	—	—	—	—	30 120	13 460	—	—	—	—	—	—
鱼类和其他水生动物类	鳗鱼	江苏	60	74.4	19.0	7.8	—	0.61(146)	46	70	0.7	23.4(78)	0.06	0.12	2.4	—
	海鳗	江苏	70	78.3	17.2	2.7	0.1	0.39(94)	110	235	1.2	—	—	—	—	—
	大黄鱼	北京	57	81.1	17.6	0.8	—	0.33(78)	33	135	1.0	—	0.01	0.10	0.8	—
	小黄鱼	北京	63	79.2	16.7	3.6	—	0.41(99)	43	127	1.2	—	0.01	0.14	0.7	—
	带鱼	北京	72	74.1	18.1	7.4	—	0.58(139)	24	160	1.1	—	0.01	0.09	1.9	—
	带鱼（咸）	北京	68	50.0	24.4	11.5	0.2	0.84(202)	132	113	1.0	144.9(483)	0.01	0.18	1.6	—
	鲳鱼	江苏	64	74.5	11.6	6.2	5.9	0.53(126)	69	97	0.4	—	微量	0.13	2.7	—
	马面鲀	福建	67	79.0	19.2	0.5	8	0.04(91)	174	3.6	—	—	—	—	—	—
	草鱼	江苏	63	77.1	17.7	3.1	1.1	0.43(103)	18	30	0.7	—	微量	0.08	1.4	—
	白鲢	江苏	65	80.9	17.0	6.1	0	0.51(123)	22	86	1.5	64.5(215)	0.03	0.03	1.4	—

(续表)

类别	食物项目	地区	食部(%)	水分(g)	蛋白质(g)	脂肪(g)	碳水化合物(g)	热能 MJ(kcal)	钙(mg)	磷(mg)	铁(mg)	胡萝卜素(IU)	硫胺素(mg)	核黄素(mg)	尼克酸(mg)	抗坏血酸(mg)
鱼类和其他水生动物类	黄鲭	江苏	55	80.2	17.2	1.2	0.6	0.34(32)	40	62	0.7	128.4(428)	0.06	0.04	2.5	—
	鱼松(带刺骨)	北京	100	8.4	59.9	16.4	0	1.62(387)	3 970	2 270	—	—	—	—	—	—
	青鱼	江苏	68	74.5	19.5	5.2	0	0.52(125)	25	171	0.8	—	0.13	0.12	1.7	—
	鲤鱼	江苏	62	76.0	20.0	1.3	1.8	0.41(99)	65	407	0.6	—	—	0.02	1.6	—
	蛤蜊	北京	20	80.0	10.8	1.6	4.6	0.32(76)	37	82	14.2	120(400)	0.03	0.15	1.7	—
	虾米	江苏	100	20.7	58.1	2.1	4.6	1.13(270)	577	614	13.1	—	—	0.07	2.5	—
	虾皮	北京	100	20.0	39.3	3.0	8.6	0.92(219)	2 000	1 005	5.5	—	0.03	0.13	0.9	—
调味品及其他	蛋糕(烤)	北京	100	—	7.6	4.7	65	1.33(319)	41	173	3.0	146.7(489)	0.23	0.04	1.3	0
	桃酥	北京	100	—	5.9	26.5	63	2.14(513)	52	220	2.8	8.7(29)	0.26	0.13	0.5	0
	巧克力(散装)	北京	100	—	5.5	27.4	65.9	2.22(532)	95	192	3.4	25.5(85)	0.03	0.13	0.2	0
	冰淇淋(纸杯装)	北京	100	—	3.7	8.7	23.9	0.79(188)	93	87	0.8	131.4(438)	0.05	0.14	0.2	0
	冰棍(大雪糕)	北京	100	—	4.2	4.4	25.5	0.66(158)	101	99	0.9	102.9(343)	0.06	0.05	0.1	0
	冰棍(奶油)	北京	100	—	1.3	1.4	16.0	0.34(82)	54	36	0.3	16.8(56)	0.02			

（续表）

类别	食物项目	地区	食部(%)	水分(g)	蛋白质(g)	脂肪(g)	碳水化合物(g)	热能 MJ(kcal)	钙(mg)	磷(mg)	铁(mg)	胡萝卜素(IU)	硫胺素(mg)	核黄素(mg)	尼克酸(mg)	抗坏血酸(mg)
调味品	猪油(炼)	北京	100	1.0	0	99.0	0	3.72(891)	0	0	0	—	0	0.01	0.1	0
	植物油	北京	100	0	0	100.0	0	3.76(900)	0	0	0	0.03	0	0.04	0	0
	甜面酱	北京	100	50.8	7.3	2.1	27.3	0.66(157)	51	127	4.5	—	0.08	0.17	3.4	0
	芝麻酱	北京	100	0	20.0	52.9	15.0	2.57(616)	870	530	58.0	0.03	0.24	0.20	6.7	0
	酱油	北京	100	66.9	2.0	0	17.2	0.32(77)	97	31	5.0	0	0.01	0.13	1.5	0
	醋	北京	100	94.8	—	—	0.9	0.02(4)	65	135	1.1	—	0.03	0.05	0.7	0
	味精	江苏	100	3.4	3.4	0	0.9	0.07(16.9)	73	206	1.5	—	—	—	—	0
	白砂糖	北京	100	0	0.3	0	99.0	1.66(397)	32	微量	1.9	—	—	—	—	0
	绵白糖	上海	100	2.6	0.6	0	88.9	1.50(358)	9	7	1.1	—	—	—	—	0
	红糖	北京	100	4.4	0.4	0	93.5	1.57(376)	90	微量	4.0	—	—	0.09	0.6	0
	蜂蜜	北京	100	20.0	0.3	0	79.5	1.33(319)	5	16	0.9	—	微量	0.04	0.2	4
	芡粉	北京	100	13.0	—	0	86.6	1.45(346)	48	12	1.9	0	—	—	—	—
及其他	冰棍(巧克力)	北京	100	—	1.4	1.4	18	0.38(90)	53	40	0.4	15.9(53)	0.02	0.05	0.1	0
	冰棍(小豆)	北京	100	—	0.6	0	11.0	0.19(46)	5	9	0.4	—	0.01	—	0.1	0
	麦乳精	北京	100	—	5.4	6.1	73.5	1.54(368)	175	158	0.3	89.7(299)	0.05	0.18	0.11	0

摘录自中国医学科学院卫生研究所编：食物成分表，第三版（人民卫生出版社，1981）

注 1kcal＝0.00418MJ IU维生素A＝0.3RE（微当量视黄醇）

十二、计划免疫程序表

年龄	疫苗名称						
	卡介苗	乙肝疫苗	脊髓灰质炎活疫苗	百白破	麻疹活疫苗	乙脑疫苗	流脑
出生时	初种	第一针					
1足月		第二针					
2足月			初免第一次				
3足月	OT复查		初免第二次	初免第一针			
4足月			初免第三次	初免第二针			
5足月				初免第三针			
6足月		第三针					
8足月					初免		
1岁						初免二针	
1.5～2岁			加强	加强		加强	
3岁							初免
4岁			加强		加强		
5岁						加强	
7岁	OT复查复种			加强（白破）			加强
10岁							加强
12岁	OT复查复种						
15岁				加强（白破）			
可预防的传染病	结核病	乙型病毒性肝炎	脊髓灰质炎	百日咳白喉破伤风	麻疹	流行性乙型脑炎	流行性脑炎

十三、常见传染病的潜伏、隔离和检疫期限表

病名	潜伏期(天)			患者隔离日期	接触者检疫日(天)
	常见	最短	最长		
麻疹	10～11	6	21	无合并症者疹后5天	14
水痘	12～17	10	24	皮疹全部干燥结痂	21
流行性感冒	1～2	数小时	4	热退后24小时	最后一个病人发病后3天
流行性腮腺炎	10～21	7	35	腮肿消退后1周	21
病毒性肝炎（甲型）		15～50		出院后,继续观察1个月,医院证明痊愈	45
流行性乙型脑炎	14	4	21	隔离到体温正常为止	不检疫
小儿麻痹症	7～14	3	35	自发病起不得少于40天	20
细菌性痢疾	1～2	1	7	停药后第5天作粪便培养,结果为阴性,并取得医院证明	7
百日咳	7～10	2	23	自发病起隔离30天	2周
流行性脑脊髓膜炎	2～3	1	7	临床症状消失后3天。但从发病日计算不得少于7天	7
猩红热	2～5	0.5	12	自发病起隔离10天或症状消失后一周	7

十四、出疹性疾病的鉴别

项目 病名	潜伏期	皮疹	其他症状	血液化验
风疹	2～3周	淡红色斑丘疹，起病当日即出疹，1天内遍布全身。2～3天皮疹消退，无脱屑或色素沉着	耳后，颈后及枕淋巴结肿大，全身症状轻微	白细胞减少，中性粒细胞下降
猩红热	1～5天	红色细小密集，可融合成片，但唇周苍白，发病12～36小时出疹，逐渐扩展。一周左右退疹，留有小片或大片脱屑	多有喉痛、咽喉充血，扁桃体肿大，并可有渗出物，颌下淋巴结肿大，草莓舌等	白细胞增多，中性粒细胞增高
麻疹	10～11天	暗红色斑丘疹，发热3天后出疹，逐渐扩散，2～3天出齐后，第4天起退疹，留有色素沉着	病初有卡他面容，1.5～2天后，口腔出现麻疹粘膜斑，全身淋巴结肿大	白细胞减少，淋巴细胞减少（潜伏期末白细胞可增多）
幼儿风疹	3～7天	玫瑰色斑疹、面部较少，发热3～5天，热降疹出，1天内迅速扩展至全身，1～2天退尽，无脱屑及色素沉着	仅见于乳儿期，高热而精神良好，可伴消化道症状	白细胞减少，淋巴细胞增多

十五、小儿外科选择性手术年龄参考表

疾病名称	手术年龄	备注
唇裂	3～6个月	
腭裂	2～3岁	
舌系带过短	1个月以后	
甲状舌骨囊肿、鳃瘘、腮裂囊肿	2岁左右	需控制炎症后手术
耳前窦道	1岁以后	炎症控制后二周
脐瘘	及早手术	
脐窦	6个月以后	
脐茸	6个月以后	
先天性巨结肠	1岁以后	症状无法控制可及早作结肠造瘘术，1岁以后再作根治术
疝（腹股沟斜疝）	1岁以后	如频繁发作可提早
脐疝	2岁以后	
尿道下裂	3～7岁	阴茎发育过小不宜手术
尿道上裂	4～5岁以后	
输尿管异位开口	及早手术	
输尿管囊肿	及早手术	
膀胱输尿管返流	及早手术	
肾积水	及早手术	
隐睾	3～5岁内	
鞘膜积液	2岁以后	
小阴唇粘着	生后即可手术	
脐尿管囊肿、瘘	及早手术	
包茎	4～5岁以后	包皮管形狭小或多次炎症引起疤痕狭小者才手术，如有排尿困难可提早

(续表)

疾病名称	手术年龄	备注
动脉导管未闭	无年龄限制	
房间隔缺损	4岁以后	
室间隔缺损	有肺高压者2岁前手术	
漏斗胸	畸形明显即可手术	
骨关节结核	早期作病灶清除，晚期作骨性融合术	全身无活动结核灶
骨肿瘤	及早手术	
先天性斜颈	1岁左右	
先天性髋关节脱位	2岁以下	手法复位及石膏固定
	2岁以后	手术治疗
先天性胫骨假关节	1～3岁	手法、内侧松解术
先天性马蹄内翻足	4～6岁	跟髋关节融合术
	10岁以上	三关节固定术
多指(趾)畸形	1岁以内	
并指畸形	3岁以后	
脊髓灰质炎后遗症	5岁以后	
膝内翻("O"形腿)	3岁以内	折骨手术
	8岁以上	手术矫形

十六、最常用化验的正常值

化验名称	正常参考值
红细胞	新生儿 $5.1～6.6×10^{12}$/L(每立方毫米510万～660万)
	儿童 $4.3～4.5×10^{12}$/L(每立方毫米430万～450万)
血红蛋白	新生儿 170～200g/L(每百毫升17～20克)
	儿童 118～139g/L(每百毫升11.8～13.9克)
白细胞总数	新生儿 $10～20×10^9$/L(每立方毫米10 000～20 000)
	儿童 $5～12×10^9$/L(每立方毫米5 000～12 000)
白细胞分类计数	
中性粒细胞	50%～70%
酸性粒细胞	0.5%～3.0%
碱性粒细胞	0%～0.75%
淋巴白细胞	20%～24%
单核白细胞	3%～8%
血小板计数	$100～300×10^9$/L(每立方毫米10万～30万)
红细胞沉降率	长管法：男 0～15毫米/小时
	女 0～20毫米/小时
	短管法：男 0～8毫米/小时
	女 0～10毫米/小时
血葡萄糖	3.9～5.6mmol/L(每百毫升70～100毫米)
血尿素氮	3.2～7.0mmol/L(每百毫升9～20毫克)
血肌酐	88.4～176.8μmol/L(每百毫升1～2毫克)
血清总蛋白	60～80g/L(每百毫升6～8克)

(续表)

化验名称	正常参考值
白蛋白	35～55g/L(每百毫升3.5～5.5克)
球蛋白	15～30g/L(每百毫升1.5～3.0克)
白蛋白球蛋白	1.5～2.5:1
黄疸指数	2～6单位
总胆红素	1.7～17μmol/L(每百毫升0.1～1.0毫克)
直接胆红素	0～7μmol/L(每百毫升0～0.4毫克)
谷丙转氨酶(SGPT)	2～40赖氏单位
谷草转氨酶(SGOT)	2～38赖氏单位
碱性磷酸酶	5～20金氏单位
血总胆固醇	3.1～4.7mmol/L(每百毫升120～180毫克)
血甘油三酯	0.37～0.86mmol/L(每百毫升33～76毫克)
血清淀粉酶	4～32温氏单位
尿淀粉酶	8～64温氏单位
尿液沉渣检查	在高倍视野下红细胞0～3 在高倍视野下白细胞0～5
尿蛋白定性检查	阴性或(±)
尿糖定性试验	阴性
尿胆红素定性试验	阴性
尿胆元定性试验	1:20以下
脑脊液糖	3.3～5.0mmol/L(每百毫升60～90毫克)
脑脊液蛋白	0.15～0.45g/L(每百毫升15～45毫克)
脑脊液氯化物	11～123mmol/L(每百毫升650～720毫克)

十七、家庭常备药物参考表

1. 外用药

药物	用途
酒精	75%酒精用于伤口周围皮肤消毒及体温表消毒,具有杀菌作用 50%酒精用于长期卧床病孩在局部受压部位经常擦洗,促使血液循环,防止褥疮 20%～30%酒精用于高热病儿酒精擦浴
红汞	3%红汞用于粘膜或皮肤消毒,只能用于浅表伤口
龙胆紫	1%用于粘膜化脓性感染,也可涂于口腔粘膜。其杀菌力强,对局部无刺激性无毒性,有收敛作用。外涂后形成一薄膜,保护创面
碘酊	2%碘酊用于皮肤消毒。亦可用于初起的疖子。其有极强的杀菌作用,但刺激性很强,对已有破伤的创口及创面不能用,新生儿不能用
高锰酸钾	1:5 000,将结晶稀释成淡红色时才能使用。用于化脓性伤面的清洗或局部浸泡(如肛裂、尿道口炎)漱口,也可用于各类水果消毒,具有杀菌作用,是一种强氧化剂,浓度不宜过高,以免灼伤粘膜
双氧水	3%用于不清洁伤口的清洗、消毒。它遇分泌物或脓液时能放氧产生大量气泡(若无气泡说明失效)
蓝油烃	用于水、火烫伤和烧伤,也可用于皮肤皲裂
必舒膏	用于头痛、头昏、虫咬、蚊叮、消肿止痒

2. 内服药

药名	规格	用法与剂量	作用、用途及注意点
小儿APC	0.1克/片	3～6个月 1/2片/次 7～12个月 1片/次 2～3岁 1.5片/次	用于小儿高热 偶有恶心、呕吐
安乃近	0.5克/片 针:0.25克/1ml 0.5克/2ml	10～20毫克/千克（口）肌注减半 较小婴儿可用针剂滴鼻,1～2滴/次口服	用于小儿高热,也用于风湿性关节炎
无味红霉素	125毫克/片	每日每千克体重25～50毫克分3～4次	用于葡萄球菌感染。如肺炎、败血症、伪膜性肠炎、肺炎球菌和链球菌感染,流感杆菌感染所致的支气管混合感染。服后可引起腹痛、腹泻、恶心等
麦迪霉素	100毫克/胶囊 200毫克/胶囊	口服:每日每千克体重30～40毫克分3～4次	用于葡萄球菌、链球菌、肺炎球菌引起的感染。如疖、支气管炎、喉炎、膀胱炎等
痢特灵	100毫克/片	口服:每日每千克体重5～8毫克分3次	主要用于菌痢、肠炎,也可用于尿路感染、伤寒和副伤寒。服后有恶心、呕吐、食欲不振、头痛、皮疹等
黄连素	500毫克/片 100毫克/片	5～10毫克/千克/天分3次	用于肠道感染
乳酶生	0.3克/片	口服:2岁以下每日3次每次1片 2岁以上每日3次,每次2片	用于消化不良、肠胀气、小儿腹泻等 不能与抗生素同用
消食妥	100毫升/瓶	饭前服用口服1～12个月,每次3毫升,2～6岁每次6毫升,每日三次	用于蛋白性食物过多所致消化不良以及病后恢复期消化机能减退
必嗽平	8毫克/片	口服:每日每千克体重0.6毫克,分3次	具有祛痰作用,用于支气管炎、哮喘性支气管炎及粘痰难以咳出的小儿 偶有胃部不适
敌咳	100毫升/瓶	口服:每次1毫升/岁,每日3～4次	具有祛痰镇咳作用。用于各种类型咳嗽
小儿化痰止咳糖浆	100毫升/瓶	口服:1～12个月,每次2～3毫升,2～5岁,每次3～5毫升,6～12岁,每次5～10毫升,每日3～4次	用于小儿咳嗽,支气管炎等
非那根	12.5毫克/片	口服:每次每千克体重0.5～1毫克,每日1～3次	抗过敏,并有抑制中枢作用。用于各种过敏性疾病。呕吐晕船、晕车等 有口干、恶心、嗜睡等副作用
扑尔敏	4毫克/片	口服:每日每千克体重0.35毫克分3～4次	抗过敏药,用于伤风、感冒和各种过敏性疾病及虫咬药物过敏反应等。副作用小
板蓝根冲剂	15克/块	口服:一次一块,每日2次,3岁以下减半	清热解毒。用于风热感冒、咽喉肿烂、腮腺炎
羚羊感冒片	24片/瓶	口服:日服2次,每次4～6片,3岁以下减半	流行性感冒、伤风咳嗽、头痛发热
感冒退热冲剂	16克/包	口服:3岁以下每日1包分2次;3岁以上,每日2次,每次1包	

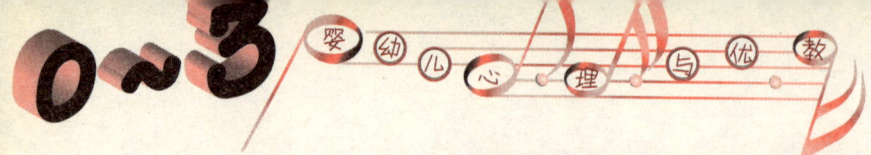

十八、家庭通用量器与法定计量单位比较

家庭通用量器	法定计量单位	家庭能用量器	法定计量单位
20～30滴	1毫升	大奶瓶一大格	约50毫升
一平茶匙	5毫升（糖、粉约5克）		
一平点心匙	10毫升（糖、粉约10克）	一玻璃茶杯	约240毫升
一平汤匙	15毫升（糖、粉约15克）	一小饭碗	约220毫升
小奶瓶一大格	30毫升	一菜碗	约500毫升

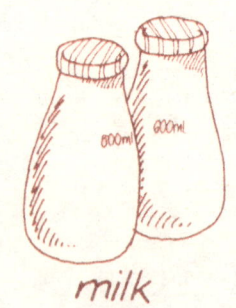